H. Schaefer

Elektrische Kraftwerkstechnik

Grundlagen, Maschinen und Geräte,
Schutz-, Regelungs- und Automatisierungstechnik

Mit 94 Abbildungen

Springer-Verlag Berlin Heidelberg New York

Dr.-Ing. Helmut Schaefer
o. Professor, Lehrstuhl für Energiewirtschaft und
Kraftwerkstechnik der Technischen Universität München

ISBN-13:978-3-540-08865-3   e-ISBN-13:978-3-642-93091-1
DOI: 10.1007/978-3-642-93091-1

CIP—Kurztitelaufnahme der Deutschen Bibliothek

Schaefer, Helmut: Elektrische Kraftwerkstechnik: Grundlagen, Maschinen u. Geräte,
Schutz-, Regelungs- u. Automatisierungstechnik. — Berlin, Heidelberg, New York:
Springer, 1979.

Satz: Roman Leipe GmbH, Hagenbach

2362/3020 — 543210

Vorwort

Innerhalb der gesamten Energieversorgung kommt der elektrischen Energie besondere Bedeutung zu. Dies ist begründet in den hervorragenden spezifischen Merkmalen dieser Energieart, wie masseloser Energietransport, Umsetzbarkeit in jede Art von Nutzenergie und optimal mögliche Anpassung an die Forderung der Verbrauchersysteme. Darüberhinaus steht elektrische Energie wegen der hohen Verluste, der Schadstoffemission und des Einsatzes von Nuklearenergie bei der Erzeugung hinsichtlich der zukünftigen Bedarfsentwicklung im Vordergrund der energiepolitischen Diskussion.

Der Verbraucher fordert eine sichere, ausreichende, preisgünstige und umweltfreundliche Stromversorgung. Die stromerzeugenden Unternehmen fügen dem noch das Verlangen nach wirtschaftlichem Anlagenaufbau und -betrieb und optimalem Maschinenschutz hinzu. Diese Forderungen betreffen im Kraftwerk sowohl den elektrotechnischen als auch den maschinenbaulichen Teil.

Seit 1969 lese ich im Rahmen der Lehrveranstaltungen meines Lehrstuhls und Laboratoriums für Energiewirtschaft und Kraftwerkstechnik der Technischen Universität München über elektrische Kraftwerkstechnik. Dem Erarbeiten der Vorlesungskonzeption liegt eine Themenabgrenzung und Aufgabenteilung zugrunde, die auf dem neuen Studienplan im Fachbereich Elektrotechnik aufbaut. Dabei galt es, den Gesamtkomplex, aufbauend auf den in anderen Vorlesungen ermittelten theoretischen Grundlagen, möglichst anwendungsorientiert darzubieten und das Verständnis für das Zusammenwirken der einzelnen Komponenten und Untersysteme zu wecken.

Schwerpunkte einer elektrischen Kraftwerkstechnik sind naturgemäß der Generator, der Blocktransformator, die Eigenbedarfsanlage, die Schutzeinrichtungen und die Steuer- und Regelanlagen. Bei der Behandlung der damit verbundenen Probleme wird es vielfach notwendig, auch maschinenbauliche Belange mit anzusprechen. Eine eindeutige Abgrenzung zwischen elektrischer und maschinenbaulicher Kraftwerkstechnik läßt sich jedoch nicht ziehen.

Neben dem umfassenden, ausgezeichneten Werk ,,Große Dampfkraftwerke'' von K. Schröder gibt es eine umfangreiche Fachliteratur über Fragen der elektrischen Kraftwerkstechnik, die zum großen Teil detailliert auf die Grundlagen und die konstruktiven Einzelheiten eingeht. Im Bestreben, dem Studenten, aber auch dem im Beruf Stehenden die Möglichkeit einer nicht zu umfangreichen, aber dennoch umfassenden Information zu geben — wie sie immer wieder gesucht wird —, wurde versucht, sowohl die wichtigsten theoretischen Grundlagen zu vermitteln als auch die grundsätzlichen energetischen Charakteristiken und das Zusammenwirken der einzelnen Systemkomponenten praxisgerecht zu erläutern. Ein derartiger Versuch führt zwangsläufig dazu, daß manche Teile des Stoffes nur kurz angesprochen oder gestreift werden können.

Bei der Stoffauswahl, der Formulierung des Textes und der Aufbereitung von Bild- und Datenmaterial wurde ich von meinen Mitarbeitern sehr unterstützt, und manche Hinweise aus den Kreisen meiner Hörer haben mit zur endgültigen Gestaltung des Buches geführt. Mein besonderer Dank gilt meinen wissenschaftlichen Assistenten Dipl.-Ing. W. Piller und Dipl.-Ing. U. Wolff, die mit ihren Beiträgen und Anregungen zur Gestaltung und textlichen Fassung sowie der kritischen Durchsicht des Manuskriptes wesentlich bei der Entstehung dieses Buches mitgewirkt haben.

München, im Oktober 1978   H. Schaefer

Inhaltsverzeichnis

Verwendete Formelzeichen und ihre Bedeutung

Zeichen	Bedeutung
A	Fläche
A	Strombelag
C	Ausnutzungsziffer
C	Kapazität
c_i	Federkonstante
$c_i x$	Federkraft
c_{ni}	Verstärkung
d	Läuferdurchmesser
$d\%$	Bleibende Drehzahländerung
$\underline{E}$	Im Anker erzeugte Spannung
f	Frequenz
f_N	Nennfrequenz
f_o	Leerlauffrequenz
g	Erdbeschleunigung
g	Gleichzeitigkeitsfaktor
$\underline{I}$	Strom, Scheinstrom
I, I_S	Strom, Scheinstrom
I_B	Blindstrom
$\underline{I}_e$	Gesamtstrom im Läufer
$\underline{I}'_e$	Gesamtstrom im Läufer, auf Ständer umgerechnet
I_{eN}	Nennerregerstrom
I_{eo}	Leerlauferregerstrom
I_k	Kurzschlußstrom bei Nennerregung, Dauerkurzschlußstrom
$\underline{I}'_k$	Übergangskurzschlußwechselstrom
I_{kN}	Nennkurzschlußstrom
I_{ko}	Kurzschlußstrom bei Leerlauferregung
$\underline{I}_\mu$	Magnetisierungsstrom
I_N	Nennstrom
$\underline{I}_{R(S,T)}$	Phasenströme in R, S bzw. T
I_W	Wirkstrom
$\underline{I}X_d$	Spannung an der Generatorreaktanz
$\underline{I}_{10}$	Primärer Leerlaufstrom
$\underline{I}_2$	Sekundärstrom
$\underline{I}_{2kd}$	Sekundärer Dauerkurzschlußstrom
$\underline{I}_{2N}$	Sekundärer Nennstrom
i_R	Stromwandlersekundärstrom in Phase R
J	Trägheitsmoment
K	Konstante
K_A	Leistungszahl der Abnehmer
K_E	Leistungszahl der Erzeuger
k	Verfügbarkeitsfaktor
k_o	Leerlauf-Kurzschlußverhältnis
L	Induktivität
l	Länge
M	Drehmoment, Moment
M	Gegenseitige Induktion
M_{el}	Elektrisches Moment
M_{mech}	Mechanisches Moment
M_S	Synchronisierendes Moment
m	Masse
m	Belastungsfaktor
m_o	Lastverhältnis
n	Drehzahl
n	Ausnutzungsfaktor
n_B	Ausnutzungsfaktor bezogen auf die Betriebszeit
γ	Kreisfrequenz
ω	Winkelgeschwindigkeit
P	Leistung
P_B	Blindleistung
P_{inst}	Installierte Leistung
P_S	Scheinleistung
$P_ü$	Übergabeleistung
P_W	Wirkleistung
p	Polpaarzahl
φ	Phasenwinkel
R	Ohmscher Widerstand
r	Reservefaktor
s	Schlupf
T	Zeitdauer
T_n	Ausnutzungsstundenzahl
T_o	Stundenzahl eines Zeitraumes
t	Betriebsdauer
ϑ	Polradwinkel, Lastwinkel
$\underline{U}$	Spannung, Klemmenspannung (Vektor)
U	Spannung, Klemmenspannung
$\underline{U}_P$	Polradspannung
U_V	Verbraucherspannung
U_{20}	Sekundäre Leerlaufspannung
u	Bezogene Spannung
u_N	Bezogene ohmsche Spannung
u_x	Bezogene Streuspannung
u'_φ	Bezogene Spannungsabfälle
u''_φ	Bezogene Spannungsabfälle
$ü$	Nennübersetzungsverhältnis
V	Verlustziffer
v	Geschwindigkeit
W	Arbeit
X	Reaktanz, Blindwiderstand
X'_d	Transientreaktanz des Generators
x	Weg
ξ	Gesamtwicklungsfaktor
$\underline{Z}$	Komplexer Widerstand
Z	Wellenwiderstand

1 Einführung

Elektrische Energie ist heute der wichtigste und zukunftsträchtigste Sekundärenergieträger. Eine ausreichende und sichere Elektrizitätsversorgung ist die unabdingbare Grundlage einer modernen Industriegesellschaft, denn das wirtschaftliche Potential eines Landes wird in entscheidenden Umfang durch den technischen und wirtschaftlichen Stand seiner Stromversorgung mitbestimmt.

Diese hervorragende Bedeutung der elektrischen Energie im Rahmen der Energieversorgung verdankt sie ihren vorteilhaften spezifischen Eigenschaften. Sie gestattet einen masselosen Transport, ist leicht verteilbar und läßt sich mit hohem Wirkungsgrad in jede gewünschte Nutzenergieart umwandeln, wobei im Rahmen dieser Wandlungsprozesse weder Abgase noch feste Rückstände entstehen. Deshalb ist sie in der Anwendungstechnik besonders umweltfreundlich, dient der Rationalisierung des Energieeinsatzes und eröffnet die Nutzung der Sonnenenergie.

Die verschiedenen Stromerzeugungsverfahren setzen die molekular oder atomar in den Primärenergieträgern gebundene Energie indirekt oder direkt in elektrische Energie um. Während heute die Verfahren der Direktumwandlung wirtschaftlich noch nicht genutzt werden können, stellen die ausgereiften indirekten Umwandlungsprozesse die Grundlage der großtechnischen Stromerzeugung dar.

Die Entstehung der Kraftwerkstechnik und damit der Elektrizitätswirtschaft war ebenso wie die der Gas- und Mineralölwirtschaft mit dem Fortschritt der Lichttechnik eng verbunden. Nach der Entwicklung der Lichtbogenlampe entstanden die ersten von Dampfmaschinen angetriebenen magnetelektrischen Maschinen in der zweiten Hälfte des 19. Jahrhunderts. Die Erfindung der Glühlampe und des dynamoelektrischen Prinzips brachte einen erheblichen Aufschwung und führte zum Bau erster Lichtzentralen, aus denen sich dann die Kraftwerke bis zu ihrem heute technisch sehr ausgereiften Stand entwickelten.

Die heute den Kraftwerksbau und -betrieb einengenden Bedingungen im Hinblick auf technische Sicherheit und auf den Schutz der Umgebung und der Umwelt, die ein sehr hohes Maß an Schutzeinrichtungen und zusätzlichen Anlagen erfordern, gab es in der Gründerzeit der Kraftwerke zweifellos noch nicht. Die Freiheit der „Pioniere" erlaubte Bauweisen, die z. B. von den Gutachtern des 1889 in Frankfurt/Main entstandenen Kraftwerkes an der Gutleutstraße so beschrieben werden: „ . . . daß in dieser Gegend Kessel- und Maschinenanlagen keine besonderen Belästigungen hervorrufen . . ., . . . wird das Wasser für die Dampfkessel der städtischen Wasserleitung entnommen und ist daher eine besondere Wasserreinigung nicht notwendig". Die Tatsache, daß das Kühlwasser für das Kraftwerk, im Gutachten „Condensationswasser" genannt, dem Main entnommen und wieder zugeführt wird, ist eine im Nebensatz erwähnte Selbstverständlichkeit, ebenso wie die Ausführung der Dampfleitungen „aus schmiedeeisernen Rohren mit kupfernen Krümmern und schmiedeeisernen Façonstücken".

Die Fragen nach möglichst geringer Belästigung der Umgebung durch Lärm, Schmutz und Abgase, der Wärmebelastung unserer Flüsse und der Probleme der Werkstoffbelastbarkeit berührten den Ingenieur damals noch nicht.

1.1 Entwicklung der Kraftwerkstechnik

Das erste Kraftwerk der Welt ging 1882 in New York mit 6 Generatoren und einer Gesamtleistung von 500 kW in Betrieb. Am 8. Mai 1884 hat als erstes deutsches Kraftwerk das Dampfkraftwerk Berlin Markgrafenstraße den Betrieb aufgenommen, und 1891 lieferte das erste Drehstromkraftwerk in Lauffen aus Wasserkraft erzeugten Drehstrom mit 25 kV zur Weltausstellung nach Frankfurt/Main. Schließlich wurde um 1900 die erste Dampfturbine zur Stromerzeugung in Deutschland eingesetzt. Zu diesem Zeitpunkt gab es im Deutschen Reich 94 Elektrizitätswerke, die eine Leistung von 114 MW für Beleuchtungszwecke und 50 MW für Antriebszwecke bereitstellten.

Bis zum Ende des vorigen Jahrhunderts arbeiteten die Kraftwerke mit handgefeuerten Flammrohrkesseln und Dampfmaschinen mit Auspuffbetrieb. Erst ab etwa 1900 wurde mit Kondensation gearbeitet. Etwa ab 1910 setzten sich Steil- und Schrägrohrkessel durch, deren Roste feststehend oder beschränkt beweglich waren. Grenzen für die Kesselgrößen und die Dampfzustandswerte setzten die Roste und Werkstoffprobleme. Ein weiterer Fortschritt wurde dann durch die Einführung von Wanderrosten etwa ab 1915 erzielt. Durch die Einführung der Kohlenstaubfeuerung ab 1925 konnten die Leistungen erheblich erhöht werden.

Die Dampfzustände lagen vom Beginn des 20. Jahrhunderts bis etwa 1925 bei etwa 11 bis 15 bar und 300 bis 350 °C. Die Wärmeschaltbilder wurden immer komplizierter. Etwa ab 1920 fand die Regenerativvorwärmung Eingang, zunächst nur in zwei Stufen, und dann auch vierstufig bis hin zu den heute üblichen 7 bis 9 Vorwärmstufen. Gleichzeitig begann man auch mit Dampfzwischenüberhitzung zu arbeiten. Um 1940 lagen die maximalen Dampfzustandswerte bei 100 bar und etwa 500 °C und in den 50er Jahren entwickelte sich dann der heutige Standard mit Frischdampf- und Zwischenüberhitzungstemperaturen von 525 bis 560 °C bei 200 bis 250 bar. Der Übergang zu überkritischen Dampfzuständen (650 °C und 350 bar) blieb auf Einzelfälle beschränkt, da die hohen Kosten der dann zu verwendenden austenitischen Werkstoffe trotz technischer Bewährung wirtschaftlich nicht vertretbar waren.

Die Entwicklung zu den heutigen Dampfzuständen wurde vor allem durch den Übergang von Kohlenstoffstählen auf legierte Stähle etwa ab 1930 und die dann folgende Verwendung warmfester Stähle etwa ab 1950 ermöglicht.

Mit den steigenden Drücken und Temperaturen des Frischdampfes stiegen auch die Anforderungen an das Speisewasser. War es bis etwa 1925 ausreichend, das Wasser chemisch zu enthärten, wurde es bei den Naturumlauf-Strahlungskesseln notwendig, eine chemische Vorreinigung durchzuführen. Beim Übergang zu Kesseln mit dem Zwangsdurchlaufprinzip,

der etwa ab 1950 erfolgte, wurde dann die Vollentsalzung selbstverständlich.

Die Turbinen waren bis 1925 eingehäusig, danach bei ein- und zweifacher Zwischenüberhitzung zwei- und drei- bzw. drei- und viergehäusig.

Während die Kraftmaschinen schon um die Jahrhundertwende dem damaligen Bedarf in ihrer Größe angepaßt werden konnten, war man gezwungen, den entsprechenden Dampfbedarf in mehreren Dampferzeugern parallel zu erzeugen. Für eine 5-MW-Dampfmaschinengruppe benötigte man z. B. im Jahre 1905 bei einem Frischdampfzustand von 15 bar und 300 °C insgesamt 12 Kessel mit je 3 t/h Dampfleistung. 1920 mußte ein 16-MW-Turbosatz bei einem Dampfzustand von 15 bar und 360° von 6 Kesseln mit einer Leistung von je 12,5 t/h versorgt werden. Diese damals vorhandene Differenz zwischen der Leistungsgröße der Kessel und der Maschinen führte dazu, daß erst ab etwa 1930 Kraftwerke in Blockbauweise gebaut wurden.

Schon 1914 lief im Kraftwerk Goldenberg bei Köln eine erste Dampfturbine mit 15 MW. Das Werk hatte damals eine Gesamtleistung von 60 MW. Zu diesem Zeitpunkt besaß New York das größte Kraftwerk der Welt mit 90 MW. 1915 wurde das Kraftwerk Zschornewitz bei Halle/Saale mit vier Maschinen zu je 16 MW, also mit 64 MW das größte deutsche Kraftwerk. Seine Leistung wurde bald durch weitere sechs Maschinen auf insgesamt 160 MW erweitert, und dieses Kraftwerk blieb dann für viele Jahre das größte der Welt. 1917 wurde im Kraftwerk Goldenberg der damals größte Turbogenerator der Welt mit 60 MVA bei 1000 min^{-1} installiert, 1927 im Kraftwerk Klingenberg (Berlin) eine Zweiwellenmaschine mit 85 MVA und 1929 in Zschornewitz die ersten beiden 100-MVA-Turbogeneratoren bei 1500 min^{-1} aufgestellt.

Im gleichen Jahr wurden die ersten 160-MW-Maschinen für das amerikanische Kraftwerk Hellgate geliefert. Die ersten 150-MW-Blöcke in der Bundesrepublik Deutschland gingen Anfang der 50er Jahre in Weißweiler in Betrieb; sie waren damals die größten in Europa. In den 60er Jahren wurden in den USA, der Sowjetunion, Frankreich und Italien Anlagen mit 600 MW installiert, während sich England auf eine Standardgröße von 500 MW festlegte. In der Bundesrepublik Deutschland verlief diese Entwicklung etwas zögernder, erst 1962 wurde der erste 300-MW-Satz in Betrieb genommen. Mit dem Bau des Kernkraftwerks Biblis mit einer Einheitsleistung von rund 1200 MW hat die

Bundesrepublik Deutschland jetzt wieder eine Spitzenstellung in bezug auf die Einheitsgrößen.

Mit der Steigerung der Blockgrößen war eine beträchtliche Degression der spezifischen Aufwendungen verbunden. Für 1000 MW Kraftwerksleistung hätte man im Jahre 1923 63 Turbosätze von 16 MW Leistung benötigt, wobei je Turbosatz 7 Kessel, also insgesamt 441 Kessel, nötig wären. Die Maschinenhauslänge würde 1,6 km betragen, die jeweilige Länge der 32 Kesselhäuser 100 m, also insgesamt 3,2 km. Der spezifische Flächenbedarf würde 0,27 m^2/kW, der spezifische Eisenbedarf rund 75 kg/kW und der spezifische Wärmebedarf etwa 29 000 kJ/kWh betragen. Für den gleichen Leistungsbedarf mußten 1952 noch 10 Sätze mit je 100 MW Leistung installiert werden. Der spezifische Flächenbedarf stellte sich damals auf 0,021 m^2/kW. Heute liegt der Flächenbedarf einer derartigen Anlage bei rund 0,009 m^2/kW, und das Maschinenhaus besitzt eine Länge von 159 m. Der spezifische Eisenbedarf liegt unter 50 kg/kW und der spezifische Wärmebedarf bei etwas mehr als 9000 kJ/kWh.

Sehr entscheidend wirkten sich die Verbesserungen der Kraftwerkstechnik und die steigende Größe der Leistungseinheiten auf den spezifischen Verbrauch insgesamt aus. In Bild 1.1 ist die Entwicklung des spezifischen Stein- und Braunkohleverbrauchs der Kraftwerke in der Bundesrepublik Deutschland ab 1950 wiedergegeben. Lag man noch in den ersten zwei Jahrzehnten dieses Jahrhunderts bei Werten von ca. 50 000 kJ/kWh, war dieser Wert schon im Jahr 1950 unter 17 000 kJ/kWh gesunken. Eine Abschätzung der weiteren Entwicklung zeigt allerdings, daß in Zukunft nur noch eine geringfügige Degression zu erwarten ist.

Bei der augenblicklichen Prozeßcharakteristik und den gegenwärtigen technologischen Gegebenheiten sowie den Relationen zwischen Anlage- und Brennstoffkosten hat das Dampfkraftwerk einen Entwicklungsstand erreicht, der sich nicht mehr wesentlich ändern wird. Höhere Dampfzustandswerte würden zwar den Wirkungsgrad noch um einige Prozent erhöhen, der strukturelle innere Aufbau würde sich dabei aber nicht grundsätzlich ändern. Zudem zeigt sich in den letzten Jahren, daß es wirtschaftlich nicht unbedingt erstrebenswert ist, alle thermodynamischen Möglichkeiten auszuschöpfen, sondern die Wirtschaftlichkeit durch andere Maßnahmen zu verbessern, wie z. B. durch Ausnutzung der Kostendegression mit steigender Einheitsgröße, durch Verbesserung der Verfügbarkeit und Verlängerung der Benutzungsdauer.

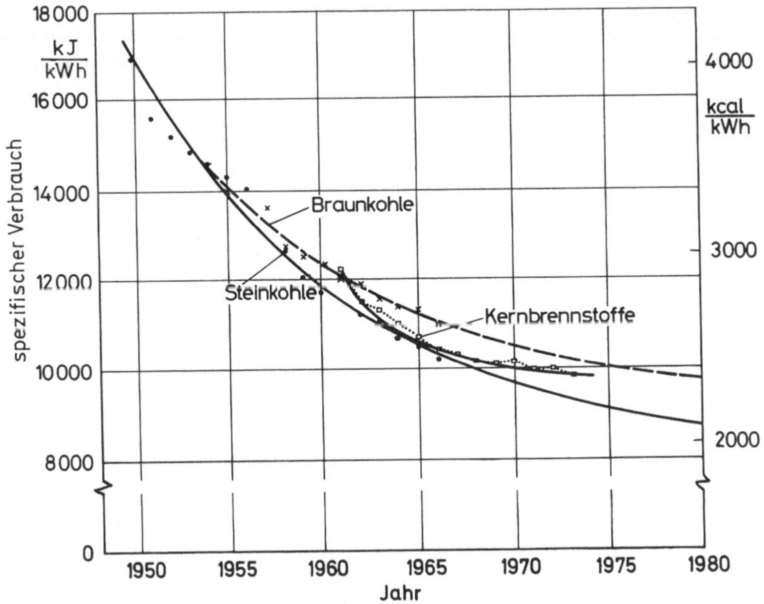

Bild 1.1. Prognose des spezifischen Bruttoverbrauchs für Steinkohle, Braunkohle und Kernbrennstoffe in öffentlichen Kraftwerken der Bundesrepublik Deutschland

Dies gilt umso mehr, als sich 'durch die Umstrukturierung des Primärenergieangebotes die technische Entwicklung z. B. auf das Gebiet des Gasturbineneinsatzes verlagert, so daß heute schon erste Anlagen gebaut werden, in denen Gasturbinen- und Dampfturbinenprozesse kombiniert eingesetzt werden.

1.2 Entwicklung des Verbundbetriebs

1.2.1 Art und Aufgabe des Verbundbetriebs

Verbundbetrieb in der Stromversorgung ist dann gegeben, wenn zwei oder mehrere Stromquellen so elektrisch miteinander verbunden sind, daß die eine anstelle der anderen oder zu deren Ergänzung eingesetzt werden kann und damit ein wirtschaftliches Optimum gestattet. Verbundbetrieb wird möglich, wenn es in derartigen Netzen Schwachlastzeiten gibt, in denen für den Einsatz der Stromquellen Bewegungsfreiheit gegeben ist. Der Verbundbetrieb ist also charakterisiert als weiträumiger, rein elektrizitätswirtschaftlich bedingter Zusammenschluß mit dem Ziel der Kostenverbilligung der an den Abnehmer gelieferten elektrischen Energie.

Als Anfang der Verbundwirtschaft können in gewissem Umfang die 80er Jahre des vorigen Jahrhunderts betrachtet werden, als man neben Gleichstromgeneratoren eine Akkumulatorenbatterie aufstellte und damit zwei verschiedene Stromquellen zur Speisung des Netzes verwendete. Man erzielte hier eine höhere Wirtschaftlichkeit durch die dann mögliche gleichmäßigere Belastung des Generators und den Umstand, daß die Höchstlast der Abnehmer aus Maschinen und Batterie zusammen gedeckt wurde und damit die Leistung der Maschinen kleiner als die Höchstlast sein konnte.

Die besten Bedingungen für den wirksamen Verbundbetrieb ergeben sich bei der Zusammenschaltung von Laufwasser-, Speicher- und Wärmekraftwerken. Die Vorteile ergeben sich dabei vor allem aus

- der Zusammenfassung ausreichend großer Absatzgebiete mit Abnehmern verschiedener Abnahmecharakteristik,
- dem Ausgleich der jahreszeitlich sich ändernden Energiedarbietung aus Wasserkräften durch thermisch-hydraulischen Verbundbetrieb,
- der Eingliederung der standortgebunden Kraftwerke (Wasserkraftwerk, Braunkohlekraftwerk und Kraftwerk für nicht absetz-

bare Steinkohle sog. Ballastkohle) in die Gesamtversorgung,
- der Spitzendeckung durch hydraulische Speicherkraftwerke und Ersparnis von Reserveleistung durch sofortige gegenseitige Aushilfe und
- dem Stromaustausch mit Nachbarländern.

Der Grad, in dem diese Möglichkeiten ausgenutzt werden, kann durch die Stufen Parallelbetrieb, Verbundbetrieb und Verbundwirtschaft bezeichnet werden.

Die erste Stufe des Zusammenschlusses, der Parallelbetrieb, erfordert Vereinbarungen über das Ausmaß der Stromlieferung und deren nähere Bedingungen sowie über die betriebliche Handhabung der Zusammenarbeit (Frequenz-Fahrplan- und Spannungshaltung für die Austauschleistung, gegenseitige Hilfe). Die Vorteile liegen in der Verbesserung der Kraftwerksbelastung, in der erleichterten Reservehaltung und in der Möglichkeit, die Reparaturprogramme der Kraftwerke abzustimmen. Die so erzielten Ersparnisse können den Bau einer Kuppelleitung rechtfertigen. Das liefernde Netz gewinnt einen neuen Abnehmer, das aufnehmende Netz eine zusätzliche Stromquelle.

Treten weitere Partner hinzu, so entstehen Netzverbände. In diesen macht sich ein Ausfall von Kraftwerkseinheiten oder ganzen Erzeugerbezirken beim Verbraucher kaum oder nicht mehr bemerkbar, denn auch die größte Einheit bildet nur einen bescheidenen Bruchteil der in den gekuppelten Netzen verbundenen Gesamtleistung. Die Sicherheit der Stromversorgung wird größer.

Die zweite Stufe, der Verbundbetrieb, bezweckt einen weitgehenden Ausgleich der verschiedenartigen Charakteristiken der Stromerzeugung und des Stromverbrauchs in den einzelnen parallelfahrenden Netzen. Auch in diesem Fall bleiben die Partner wirtschaftlich völlig selbständig, nur wird die Zusammenarbeit enger und die gegenseitige betriebliche Abhängigkeit größer. Der Kraftwerkseinsatz wird gemeinsam nach dem Zuwachskostenverfahren bestimmt, wobei die Wärmekraftwerke entsprechend ihrem spezifischen Wärmeverbrauch und die Wasserkraftwerke so eingesetzt werden, daß auch bei starkem Wasseranfall die häufig zu ungelegener Zeit erzeugbaren großen Strommengen einen gesicherten Absatz finden und kein Wasser ungenützt über die Wehre läuft. Hydraulische und thermische Spitzenkraftwerke werden so eingesetzt, daß die gemeinsame Belastungsspitze der vereinigten Netze mit dem geringstmöglichen Aufwand abgedeckt wird. Die Zusammenarbeit bringt nicht nur die Lastenverteilungen, sondern auch die technischen und planenden Abteilungen in Kontakt.

Auch bei der letzten Stufe, der Verbundwirtschaft, bleiben die beteiligten Partner weitgehend unabhängig, genießen jedoch in bezug auf Planung und Investitionen die Vorteile einer Vereinigung von Gesellschaften, ohne die Nachteile zu großer Konzentration in Kauf nehmen zu müssen. Vereinbarungen über den gemeinschaftlichen Betrieb von Kraftwerken und Leitungen gehören dazu.

Diese Art der Zusammenarbeit ermöglicht es auch, ein gemeinsames Kraftwerk zu bauen, welches naturgemäß nur im Gebiet eines der Partner liegen kann, gemeinsam größtmögliche, also wirtschaftliche Einheiten zu erstellen und hierfür die günstigste Lage auszuwählen. Es ist weiter möglich, daß jedes Unternehmen seine Betriebslastverteilung selbständig arbeiten läßt, wobei aber eine gemeinsame wirtschaftliche Lastenverteilung für jeden Belastungsfall den optimalen Einsatz der Kraftwerke empfiehlt.

Die Praxis entspricht nicht immer dieser begrifflichen Unterscheidung der drei Stufen. Es kommt durchaus vor, daß zwei Unternehmen, deren Zusammenarbeit dem Parallelbetrieb entspricht, sich über den Bau und Betrieb eines gemeinschaftlichen Kraftwerks oder einer gemeinsamen Leitung verständigen oder in gemeinsamem Entschluß durch geeigneten Kraftwerkseinsatz Leerschußverluste, d. h. Verluste an Laufwasserenergie, verhindern. Demgemäß ist auch der Sprachgebrauch meist nicht exakt, so daß wir uns im folgenden des Ausdrucks Verbundbetrieb bedienen wollen, ohne damit den Grad der Zusammenarbeit in den Einzelheiten bezeichnen zu wollen.

Wenn man im Rahmen dieser Ausführungen von Verbundbetrieb spricht, wird man also voraussetzen, daß es sich um verschiedenartige Stromquellen handelt, die im allgemeinen in verschiedenen Kraftwerken stehen, haufig sogar um die Netze verschiedener Unternehmen, daß die Belastungsverhältnisse sowie die Verbindung zwischen ihnen mindestens zeitweise eine ausreichende Bewegungsfreiheit im Einsatz der Stromquellen gestatten und daß diese Bewegungsfreiheit durch Stromaustausch genutzt wird.

Wenn die betriebliche Zusammenarbeit zwischen Stromquellen mit verschiedenartigen Eigenschaften im Rahmen eines Unternehmens erfolgt, pflegt man von innerbetrieblichem Verbund zu sprechen. Form und Grad der Zusammenarbeit entsprechen dabei, schon durch Unterstellung unter einen gemeinsamen Lastverteiler und einheitliche Planung, stets der dritten Stufe, der Verbundwirtschaft. Die Grenze zwischen dem innerbetrieblichen und dem zwischenbetrieblichen Verbund ist jedoch insofern fließend, als teilweise zur Errichtung eines Kraftwerkes eine eigene Gesellschaft gegründet wird, das Werk aber betrieblich dem Hauptlastverteiler des bedeutendsten der gründenden Unternehmen unterstellt wird. Man kann in diesen Fällen im Zweifel sein, ob hierfür die Bezeichnung innerbetriebliche oder zwischenbetriebliche Verbundwirtschaft angemessen ist.

1.2.2 Hoch- und Höchstspannungs-Drehstromübertragung

Grundlage eines Verbundbetriebes ist in jedem Fall ein leistungsfähiges Übertragungsnetz.

Auf der zweiten Weltkraftkonferenz 1930 in Berlin legte O. Oliven einen Plan vor, „dessen Verwirklichung den kommenden Generationen eine Selbstverständlichkeit sein wird". Seiner Zeit weit vorauseilend, schlug er ein Höchstspannungs-Gleichstromnetz von 400 kV vor:

— mit drei Nord-Süd-Linien: Calais — Spanien — Portugal; Skandinavien — Mitteldeutschland — Italien; Schlesien — Wien — Jugoslawien
— und zwei West-Ost-Linien: Paris — Mitteldeutschland — Schlesien; Lyon — Alpen — Österreich — Rumänien — Sowjetunion.

Als Oliven mit seinem Plan hervortrat, war man aber noch mit der Entwicklung von 220-kV-Drehstromnetzen beschäftigt. Hier war A. Koepchen Initiator und Schrittmacher. Die erste 1925 begonnene 220-kV-Leitung Ruhrgebiet — Brauweiler — Vorarlberg — Schweiz verband die Steinkohlen- und Braunkohlenwerke des Nordens mit den Wasserkräften des Südens. Sie war schon damals für einen späteren Betrieb mit 380 kV vorgesehen und wies den Weg zu weiteren Planungen.

Eine zweite Nord-Süd-Verbindung wurde 1938 vom Ruhrgebiet (Ibbenbüren) über das Braunkohlegebiet um Harbke, die Industriegebiete bei Dessau, Schkopau, Erfurt und Nürnberg zu den Wasserkräften der Donau und Isar und weiter über das Industriegebiet bei Ranshofen zu den österreichischen Inn- und Alpenkraftwerken errichtet. Auch diese Leitung war für 220 kV gebaut und für späteren Betrieb mit 380 kV vorgesehen. Das in der DDR verlaufende Teilstück ist heute anderen Zwecken zugeführt, so daß dieses System die ihm zugedachte Aufgabe nicht mehr erfüllen kann.

Von den von Oliven vorgeschlagenen Energietrassen ist bisher nur die mittlere Nord-Süd-Linie mit hochgespanntem Drehstrom in Betrieb. Die Ost-West-Linien wären allerdings viel bedeutungsvoller, weil sie die Spitzen und Senken wegen der verschiedenen Ortszeiten verbreitern und damit in gleichem Maße verringern würden.

Im 2. Weltkrieg hat sich das deutsche Verbundnetz sehr bewährt. Als am 16./17. Mai 1943 schwere Luftangriffe auf die Eder- und die Möhnetalsperre erfolgten und durch starke Beschädigung der Sperrmauern rund 400 MVA Leistung auf einen Schlag ausfielen, konnte durch Lieferungen aus verschiedenen anderen Energiebezirken Deutschlands ein langfristiger Netzzusammenbruch vermieden werden.

Mit dem Wiederaufbau der deutschen Wirtschaft nach dem 2. Weltkrieg waren der Ausbau der Wasserkraftwerke im Alpenraum sowie der Wärmekraftwerke im Rhein-Ruhr-Gebiet und eine Steigerung der Transportleistungen im Verbundnetz einhergegangen. Berechnungen führten für das Jahr 1960 zu Transportleistungen von 600 bis 900 MVA im Süden und von 1700 MVA im Norden. Da diese Leistungen schon bald darauf nicht mehr ausreichten, ergab sich die Notwendigkeit einer Erhöhung der Spannung auf 380 bzw. 400 kV. Die erste deutsche 380-kV-Leitung über 340 km von Rommerskirchen bei Köln nach Hoheneck bei Stuttgart wurde Anfang Oktober 1957 in Betrieb genommen. Sie ist durchlaufend als Doppelleitung für eine Belegung mit zwei Systemen (Viererbündel; Stahl-Aluminium-Seil mit dem Querschnitt St/Al von 40/240 mm^2 je Leiter bei einem Teilleiterabstand von 400 mm und einem Erdseil aus Stahl St von 40 mm^2) ausgelegt.

Inzwischen ist das 380-kV-Netz weiter ausgebaut worden. Im Jahr 1957 wurden in der Bundesrepublik Deutschland 6004 km Stromkreislänge mit 380 kV betrieben. (Das 220-kV-Netz umfaßte rund 15 663 km). Mitte Dezember 1967 ist die 380-kV-Verbindung von der Umspannanlage Tiengen (Baden-Württemberg) nach Laufenburg (Schweiz) zum ersten Mal eingeschaltet und damit eine neue leistungsstarke, zusammenhängende Verbindung von der Ruhr und aus dem rheinischen Braunkohlenrevier zum Wasserkraftschwerpunkt der Alpen geschaffen worden. Die neue Verbindung erweitert die Kapazitäten der bestehenden 220-kV-Verbindungen auf mehr als das Doppelte und kann allein mehr als 1500 MW, d. h. fast ein Drittel des Spitzenbedarfs der Schweiz aus dem Jahr 1966, transportieren.

Die Spannung 380 kV ist keine Grenze nach oben. Die Deutsche Verbundgesellschaft, Heidelberg, hat die Planung von Drehstromnetzen höchster Spannungen aufgenommen. In den USA werden für eine Überlagerung über die dortige 500-kV-Spannungsebene schon 1100 kV in Erwägung gezogen. In Kanada sind

Tabelle 1.1. Elektrizitätsaustausch 1960 bis 1975 in GWh bei der öffentlichen Versorgung der Bundesrepublik Deutschland und bei der Deutschen Bundesbahn

Jahr	Austauch mit dem Ausland			Austausch mit der DDR		
	Bezug (+)	Lieferung (−)	Austausch-saldo	Bezug (+)	Lieferung (−)	Austausch-saldo
1960	5 829	1 653	+ 4 176	7,6	0,0	+ 7,6
1965	8 905	4 703	+ 4 202	19,4	0,1	+ 19,3
1970	13 879	6 205	+ 7 674	33,7	0	+ 33,7
1975	15 727	9 954	+ 5 773	45,8	0	+ 45,8

Jahr	Austausch der Bundesbahn			Gesamter Austausch		
	Bezug (+)	Lieferung (−)	Austausch-saldo	Bezug (+)	Lieferung (−)	Austausch-saldo
1960	127	146	− 19	5 964	1 799	+ 4 165
1965	43,4	24,1	+ 19,3	8 968	4 727	+ 4 241
1970	124,2	80,1	+ 44,1	14 037	6 285	+ 7 752
1975	109,2	1,5	+ 107,7	15 882	9 956	+ 5 926

seit dem Jahr 1965 für die Übertragung der Energie der Wasserkräfte an den Flüssen Outardes und Manicouagan nach Montreal über rund 600 km Freileitungen mit 735 kV in Betrieb.

Tabelle 1.1 zeigt den Elektrizitätsaustausch der Bundesrepublik Deutschland mit dem Ausland. Die Bundesrepublik Deutschland ist ein wichtiger Partner im europäischen Verbundbetrieb. Hier vollzog sich mit der 1951 gegründeten Union pour la Coordination de la Production et du Transport de l'Electricité (UCPTE) eine sehr interessante Entwicklung. Die UCPTE umfaßt die acht Staaten Belgien, Bundesrepublik Deutschland, Frankreich, Italien, Luxemburg, die Niederlande, Österreich und die Schweiz. Durch völlig freie Mitarbeit einer Reihe von an der Führung ihrer Versorgungsunternehmen beteiligten Personen — also nicht von Körperschaften oder Verbänden — können, losgelöst von allen behördlichen Vorschriften oder Genehmigungspflichten, notfalls auch rasche Entschlüsse gefaßt und unmittelbar in die Tat umgesetzt werden. Diese namentlich für Reserve- und Aushilfsstromlieferungen wichtige Liberalisierung des Stromaustausches oder von Lastverschiebungen hat sich ausgezeichnet bewährt. Um welche Größenordnungen es sich handelt, zeigt Bild 1.2.

Danach hat Österreich am 19. September 1973 nach dem Stand von 3 Uhr nachts 173 MW bei einer eigenen Netzlast $P = 2674$ MW von der Bundesrepublik Deutschland eingeführt und am gleichen Tag, Stand 11 Uhr vormittags, 854 MW bei $P = 4042$ MW dorthin ausgeführt. Die zusammengeschaltete, parallel arbeitende Gesamtleistung im UCPTE-Netz, betrug an dem genannten Tag rund 122 800 MW. Ein ähnliches Bild zeigt sich am 21. November 1973. Um 11 Uhr dieses Tages betrug die gesamte grenzüberschreitende Leistung der Bundesrepublik Deutschland ca. 308 MW; die gesamte Netzlast innerhalb des UCPTE-Netzes erreichte ca. 127 100 MW.

Die Zusammenschaltung großer Drehstromnetze verlangt naturgemäß eine sorgfältige Planung und vorausgehende ausgedehnte Untersuchungen, die sich auf die elektrischen Grundfragen, die Leitungen, Transformatoren und Stationen, die Nachrichtenverbindungen und eine sicher arbeitende automatische Frequenz- und Leistungsregelung sowie den Netzschutz beziehen.

Neben der UCPTE gibt es noch weitere Zusammenschlüsse, so zwischen Frankreich, Spanien und Portugal; Dänemark, Norwegen, Schweden und Finnland; Italien, Jugoslawien und Österreich.

Die DDR betreibt seit Oktober 1960 den Austausch elektrischer Energie mit der Tschechoslowakei, Polen und Ungarn, und zwar im Rahmen der Mitgliedsstaaten des Rates für gegenseitige Wirtschaftshilfe (Comecon).

Es gibt eine Reihe von großen und mittleren Industrieunternehmen, die im Verbundbetrieb mit der öffentlichen Versorgung stehen, entweder um die Bereitstellung eigener Reserveleistungen zu ersparen und Reservestrom beziehen zu können oder um zur Ergänzung der Lieferungsmöglichkeiten der Eigenanlage regelmäßig Zusatzstrom, im allgemeinen von einem öffentlichen Versorgungsunternehmen, zu beziehen. Der dritte Grund besteht in der Möglichkeit, freie Energie aus der Eigenanlage an das öffentliche Netz oder an andere abzugeben. In manchen Fällen steht allein schon die Frequenz- und Spannungshaltung durch das öffentliche Netz im Vordergrund.

Die Abgabe an das öffentliche Netz erfolgt in erster Linie durch Zechenkraftwerke, aber auch durch Unternehmen der chemischen Industrie, der Mineralölindustrie usw. Während der Steinkohlenbergbau neue Kapazitäten errichtet, um verstärkt Elektrizität aus Steinkohle zu erzeugen und den Strom in das öffentliche Netz einzuspeisen, werden von anderen Industriezweigen neue Anlagen meist nur dann aufgestellt, wenn große Dampfmengen für die eigene Produktion erforderlich sind, die aus dem Gegendruckbetrieb bei der Stromerzeugung gewonnen werden. Der übrige Teil des zusätzlichen Elektrizitätsbedarfs wird aus dem öffentlichen Netz bezogen. Die Entwicklung zeigt, daß es für die Industrie zum Teil vorteilhafter ist, den Strom vom öffentlichen Energieversorgungsunternehmen (EVU) zu beziehen als ihn selbst zu erzeugen. Eigenanlagen und öffentliche Versorgung sollen als Diener der Gemeinschaftsaufgabe in einem Verhältnis gegenseitiger Zugehörigkeit stehen. Das schließt nicht aus, daß beide Partner auf dem Gebiet der Strompreise, die im Verbundbetrieb zu zahlen sind, ihre eigenen Vorstellungen haben. Der Verbundbetrieb schließt meist Verbrauchergruppen mit verschiedenartiger Lastganglinie zusammen. In besonders geeigneten Fällen kann über die Tarifpolitik meistens auch durch Vertragspolitik eine Vergleichmäßigung von Senken und Spitzen erreicht werden, z. B. durch Zu- und Abschaltung großer Lichtbogenöfen in der chemischen Industrie, die wegen Speichermöglichkeit der zugeführten Erdgase in den Pipelines

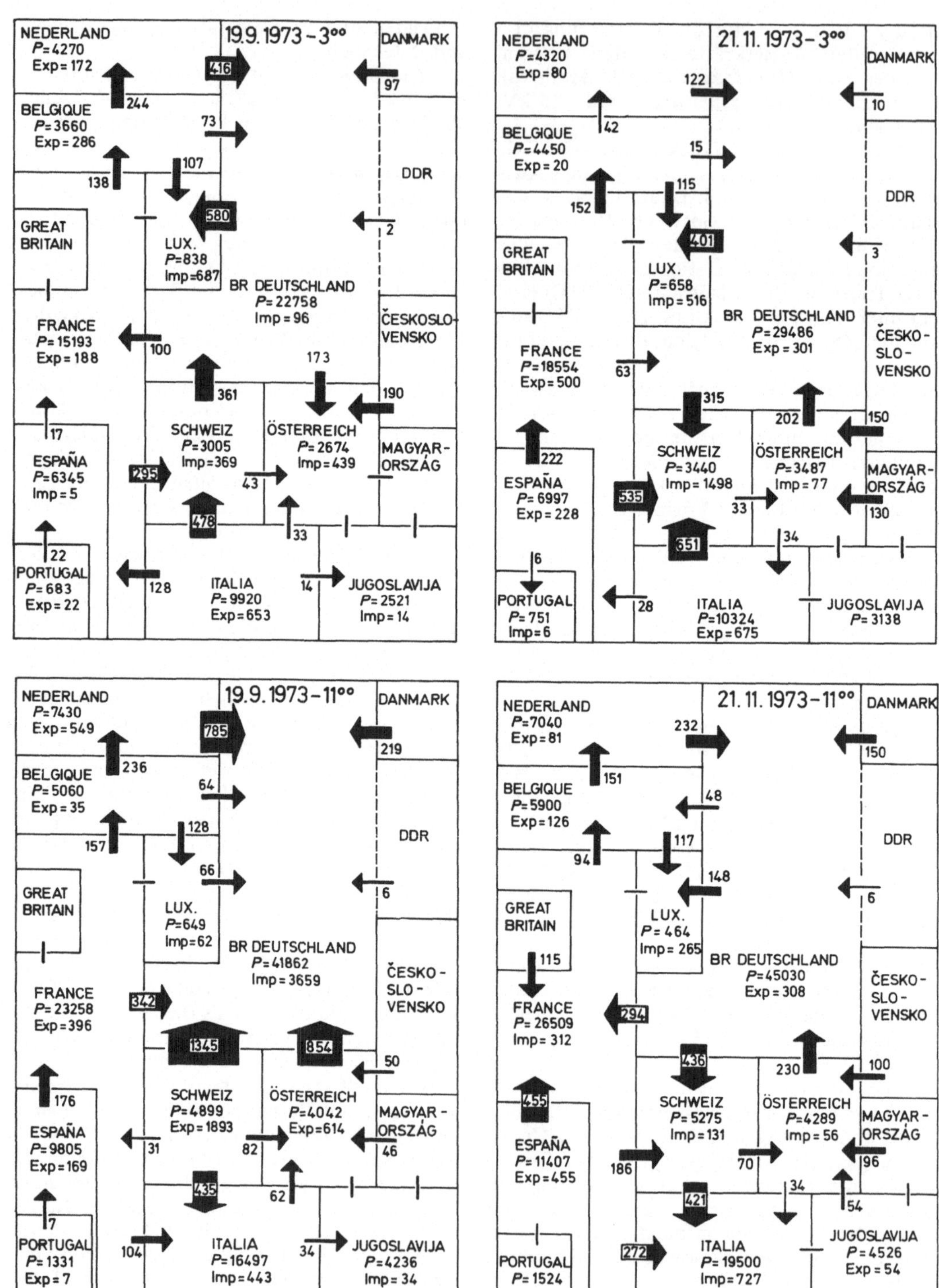

Bild 1.2. Leistung des Energieflusses am 19. Sept. 1973 und 21. Nov. 1973 (alle Werte in MW)

und der Zwischenprodukte nach den Lichtbogenöfen trotzdem einen kontinuierlichen Ausstoß erzielt. Wie bei den öffentlichen EVU die Vereinigung Deutscher Elektrizitätswerke (VDEW), so betreut die Vereinigung Industrielle Kraftwirtschaft (VIK) die industriellen Kraftwerksunternehmen.

1.2.3 Hoch- und Höchstspannungs-Gleichstromübertragung

Mit der Übertragung von 60 MW mit ± 200 kV vom Kraftwerk Elbe der Elektrowerke AG zum Umspannwerk Marienfelde der Berliner Kraft- und Licht-AG (Bewag) sollte Anfang 1945 in Deutschland der erste Schritt von der Drehstrom- zur Hochspannungs-Gleichstrom-Übertragung (HGÜ) getan werden. Die Anlage wurde aber demontiert und 1950 auf der Strecke Kashira — Moskau für eine Übertragung mit 200 kV einpolig gegen Erde und 30 MW verwendet. Von 1946 bis 1966 entstand eine Reihe von HGÜ-Anlagen; die beiden größten mit einer Leistung von je 1400 MW bei einer Spannung ± 400 kV und 1750 kA stehen in Kalifornien. Beide Freileitungen sind je 1400 km lang. Für die Bundesrepublik Deutschland interessant ist die 1965 geschaffene Verbindung zwischen dem europäischen Festland und Skandinavien. Diese Konti-Skan-Verbindung überträgt 250 MW mit 250 kV einpolig gegen Erde bzw. See von Göteborg (Schweden) nach Aalborg (Dänemark) und umgekehrt. Zweck dieser Anlage ist die Übertragung billiger Wasserkraftenergie von Schweden über Dänemark in die Bundesrepublik Deutschland. Auch zwischen England und Frankreich ist eine HGÜ durch den Ärmelkanal hindurch errichtet worden. Ihre Leistung beträgt 50 MW, ist also gering. Allein die Verbindung der Insel mit dem europäischen Festland ist politisch interessant.

Bemerkenswert sind zwei in Afrika im Bau befindliche Anlagen:

— Cabora Bassa-Apollo (Südafrika) mit 1920 MW und ± 533 kV bei 1800 A über eine Strecke von 1360 km (Fertigstellung 1975 — 1979),
— Inga-Shaba (Zentralafrika) mit 560 MW und ± 500 kV über 1800 km (Fertigstellung (1976).

Die deutsche HGÜ-Forschung wird maßgebend von der 400-kV-Forschungsgemeinschaft durchgeführt, die sich auch mit den Planungen und Arbeiten zur Vorbereitung der 750-kV-Drehstromübertragung befaßt. Im Rahmen der ersten Stufe erfolgten u. a. die Planung und der Aufbau einer HGÜ-Modellanlage im Umspannwerk Rheinau der Rheinisch-Westfälischen Elektrizitätswerke AG (RWE). Die zweite Stufe dient dem Bau einer synthetischen Prüfanlage für Stromrichterventile und die dritte der Errichtung einer Leistungsprüfungsanlage für Stromrichterventile für die deutsche Elektroindustrie.

Wichtige technische Fragen der HGÜ-Technik betreffen in der Hauptsache die Stromrichter, Kurzschlußvorgänge, Koronaverluste, Hochfrequenzstörungen, die Isolation, Erdrückleitung und Gleichstromschalter. Die HGÜ wird auch zur Begrenzung von Kurzschlußströmen, zur Blindbedarfsbegrenzung und zur Verbindung von Netzen mit unterschiedlicher Frequenz benutzt. Man spricht hierbei von der HGÜ-Kurzkupplung. An derartigen Problemen wird in allen Ländern gearbeitet, die an der HGÜ interessiert sind.

1.3 Struktur der Stromerzeugung in der Bundesrepublik Deutschland

An der Stromerzeugung in der Bundesrepublik Deutschland sind beteiligt die öffentlichen EVU, die industriellen Eigenanlagen und die Kraftwerke der Bundesbahn. Insgesamt waren 1975 rund 74 GW Brutto-Engpaßleistung installiert. Davon entfielen rund 58 GW (77,4 %) auf Kraftwerke der öffentlichen Versorgung, rund 16 GW (20,7 %) auf Industrieanlagen und rund 1 GW (1,9 %) auf bahnstromliefernde Kraftwerke.

Von der gesamten installierten Engpaßleistung sind 5,6 GW Wasserkraftwerke, also ca. 7,5 %. Von dieser gesamten Wasserkraftleistung sind bei den öffentlichen EVU rund 5,1 GW installiert. Die gesamte Engpaßleistung der öffentlichen Versorgung ist bei 319 Unternehmen in 501 Kraftwerken installiert. Die Kraftwerksleistung der öffentlichen EVU teilt sich im Hinblick auf die Energieträger für das Jahr 1975 folgendermaßen auf:

Steinkohle	14,4 %
Steinkohle mit Heizöl oder Gas	18,7 %
Braunkohle und Torf	22,1 %
Laufwasser	3,8 %
Speicherwasser	5,1 %
Heizöl und Gas	29,5 %
Kernenergie	6,1 %
Sonstige	0,3 %

Die gesamte Bruttostromerzeugung in der Bundesrepublik Deutschland von 301,8 TWh im Jahr 1973 teilt sich etwa gleichartig wie der Anteil der Engpaßleistung auf die öffentlichen EVU, die industriellen Eigenanlagen und die Kraftwerke der Bundesbahn auf.

Die Entwicklung der Bruttostromerzeugung in Deutschland von 1900 an ist in Bild 1.3 aufgetragen. Die eingetragene Grenztrendlinie für eine jährliche Wachstumsrate von 6,5 %, das entspricht einer Verdoppelung innerhalb von etwa 10 Jahren, erweist sich trotz der einschneidenden Auswirkungen der Weltwirtschaftskrise und des 2. Weltkrieges über dem dargestellten Zeitraum von 40 Jahren offensichtlich als gültig. Sie wird jedoch voraussichtlich in der Zukunft eine merkliche Abweichung erfahren, die sich schon aus der geringer werdenden Bevölkerungszunahme, aber auch aus anderen Gründen ergibt.

Die heutige Struktur der öffentlichen Elektrizitätsversorgung in der Bundesrepublik Deutschland ist als Folge der historischen Entwicklung zu sehen. Im letzten Jahrzehnt des vorigen und ersten Jahrzehnt des jetzigen Jahrhunderts entstanden im Deutschen Reich verhältnismäßig schnell viele Elektrizitätswerke. 1913 bestanden etwa 4000 Werke, von denen 50 über Leistungen von mehr als 10 MW verfügten. Im Zuge der weiteren Entwicklung und teilweise durch staatliche Eingriffe wurde der heutige Stand (1975) mit 643 Unternehmen, die an Letztabnehmer liefern, erreicht. Von diesen Unternehmen besitzen 319 eigene Erzeugungsanlagen. Dazu gesellen sich 342 Wasserkraftwerke unter 1 MW, die in das öffentliche Netz einspeisen. 1971 waren es noch 2174 Kleinstwasserkraftwerke.

Typisch für die Umsatzstruktur der EVU ist, daß 1975 ein Unternehmen einen Stromabsatz von mehr als 92 TWh erreichte, acht Unternehmen einen Stromabsatz zwischen 6,4 und 24 TWh und 20 Unternehmen einen solchen zwischen 3,3 und 6,2 TWh. Die unterschiedlichen Größenverhältnisse zeigen sich auch dadurch, daß das größte Unternehmen allein 37 %, die fünf größten Gesellschaften zusammen etwa 64 %, die 10 größten Gesellschaften zusammen etwa 78 % der gesamten Elektrizitätserzeugung der öffentlichen EVU stellen.

Es lassen sich 4 Typen von öffentlichen EVU unterscheiden:

— EVU, die im gesamten Bereich von der Stromerzeugung über Transport, Verteilung und Belieferung des Letztverbrauchers geschlossen operieren;

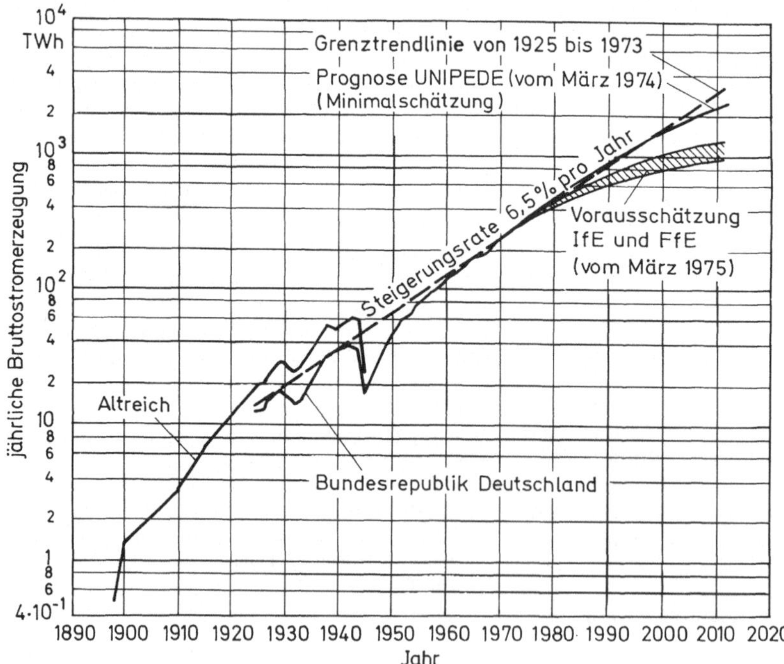

Bild 1.3. Bruttostromerzeugung in Deutschland

— EVU, die nur im Bereich der Stromerzeugung tätig sind;
— EVU, die nur als Zwischenhandelsgesellschaften tätig sind;
— EVU, die am Ende einer Kette von Wiederverkäufern nur mit der Letztverteilung und -versorgung befaßt sind.

Viele EVU stellen Kombinationen daraus dar.

Die großen EVU haben bis auf geringe Ausnahmen gemischtwirtschaftliche Gesellschaftsformen. An ihnen ist nicht nur Privatkapital, sondern meist überwiegend Kapital der öffentlichen Hand beteiligt. Die öffentliche Hand tritt bei ihnen in Gestalt des Bundes, der Länder, der Kreise oder der Kommunen auf. Zu dieser Gruppe zählen 76 Unternehmen, die rund 61 % des Stromabsatzes decken. In einem Zwischenbereich der Unternehmensgröße, d. h. bei einem Jahresumsatz unter 1 TWh, befinden sich die EVU vorwiegend in öffentlicher Hand. Zu dieser Gruppe zählen 434 Unternehmen, und es handelt sich hier vorwiegend um städtische Eigenbetriebe. Sie bilden also zahlenmäßig die stärkste Unternehmensgruppe und sind an der Stromabgabe mit rund 35 % beteiligt. Dementsprechend verfügt der größte Teil dieser Unternehmen auch nur über Umsätze, die unter 25 GWh liegen. Die 133 privatwirtschaftlichen Unternehmen haben einen Anteil von rund 4 % an der Stromabgabe. Von diesem Anteil jedoch deckt allein ein Unternehmen 71,8 %.

1.4 Grundbegriffe der Elektrizitätswirtschaft

Elektrische Energie kann direkt nicht gespeichert werden, wenn man von den durch ihre geringe Gesamtspeicherfähigkeit uninteressanten Akkumulatoren-Batterien absieht.

Eine Speicherung kann daher nur bei dem Energieträger erfolgen, der in Form potentieller oder kinetischer Energie vorliegt, die kurzfristig über Turbine und Generator in elektrische Energie umgewandelt werden kann.

Gespeichertes Wasser in Pumpspeicherwerken und Heißdampf in Dampfspeichern sind die hauptsächlichen „stapelbaren" Energieträger. Zunehmend diskutiert werden z. B. wieder schnellaufende Schwungräder als Speicher kinetischer Energie. Sie gestatten den kurzfristigen Ausgleich zwischen Angebots- und Nachfrageunterschieden an elektrischer Energie, denn Elektrizität muß im Augenblick des Bedarfes gedeckt werden. Ein augenblicklicher Mehrverbrauch bedingt eine augenblickliche Mehrerzeugung.

Dies ist für die Elektrizitätsversorgung von außerordentlicher Tragweite, da der Verbraucher durch Inanspruchnahme seines Leistungsbedarfes die sofortige Bereitstellung dieses Leistungsbetrages bestimmt. Dadurch legt er auch die Ausnutzung der Erzeugeranlagen fest, die mit der Benutzungs- und Ausnutzungsdauer und dem Ausnutzungs- und Belastungsfaktor beurteilt werden können. Diese Begriffe sind Bestandteil der wesentlichsten elektrizitätswirtschaftlichen Bezeichnungen und Definitionen.

Durch keinerlei technische Maßnahmen ist es dem Kraftwerk möglich, wenn man von der Pumpspeicherung absieht, die Nutzung seiner betriebsbereiten Leistung zu verbessern. Möglichkeiten bieten sich lediglich auf vertraglicher Basis und in der durch entsprechende Preisregelungen angeregten Änderung von unangenehmen Verbrauchergewohnheiten.

Angenehme Verbrauchergewohnheit ist es glücklicherweise, daß die Abnehmer so gut wie nie ihre gesamte installierte Leistung in Anspruch nehmen und außerdem zu verschiedenen Zeiten Leistung beanspruchen. Deshalb muß die betriebsbereite Leistung lediglich dem Summenprodukt aus Gleichzeitigkeitsfaktor und installierter Verbraucherleistung entsprechen.

Der Gleichzeitigkeitsfaktor ist abhängig von der Tages-, Wochen- und Jahreszeit, systematischen und individuellen Gewohnheiten. Für den Erzeuger entstehen dadurch zeitlich unterschiedliche Belastungen, die in Bild 1.4 als typische Tagesbelastungskurve eines Wintertags graphisch dargestellt sind (Morgen- und Abendspitze).

Diese Belastungskurve kann man in drei Lastbereiche unterteilen:
— die Grundlast,
— die Mittellast und
— die Spitzenlast.

Unter Grundlast versteht man dabei diejenige Leistung, die nahezu während des ganzen Jahres „gefahren" wird. Sie wird von Kraftwerken geliefert, die niedrige Betriebskosten aufweisen, wie z. B. mit Braunkohle gefeuerte Dampfkraftwerke und die Kernkraftwerke, zu denen zwangsläufig auch die Leistung der Laufwasserkraftwerke tritt. Als Spitzenlast wird der Leistungsanteil bezeichnet, der nur kurzfristig zur Bedarfsdeckung herangezogen wird, und der von Kraftwerken mit möglichst niedrigen

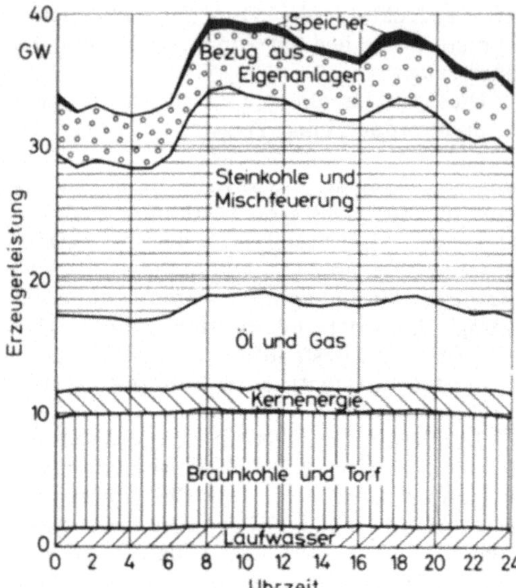

Bild 1.4. Stromerzeugung am 19. Dez. 1973 (Tag der Höchstlast) in der Bundesrepublik Deutschland

spezifischen Anlagekosten und zulässig höheren Betriebskosten geliefert wird. Die Lastabdeckung zwischen Grund- und Spitzenlastbereich übernehmen die Mittellastkraftwerke.

Eine scharfe Abgrenzung dieser drei Lastbereiche ist nicht möglich, da diese von wirtschaftlichen Gesichtspunkten bestimmt werden, die wiederum von Erzeuger- und Verbraucherstruktur bedingt sind.

1.4.1 Leistungsbegriffe

Alle nachfolgend aufgeführten Leistungsbegriffe* können sich auf die Wirk-, Blind- oder Scheinleistung beziehen (Maßeinheiten: Tabelle 1.2). Sie sind entsprechend mit den Vorsilben „Wirk-", „Blind-" oder „Schein-" zu kennzeichnen. Fehlt diese Kennzeichnung, so ist stets die Wirkleistung gemeint.

Die auf die Erzeugung bezogenen Leistungsbegriffe können sinngemäß auch auf Umformung, Speicherung und Verteilung angewendet werden.

Leistung P, Last (Belastung) P

In der Energiewirtschaft versteht man i. a. unter Leistung die Leistungsfähigkeit einer Maschine oder dgl. (engl.: capacity), unter Last oder Belastung (engl.: load) die jeweils in Anspruch genommene Leistung.

In Stromlieferungsverträgen bezeichnet man als Leistung in der Regel die in ¼, ½ oder 1 h angefallene elektrische Arbeit geteilt durch den Bezugszeitraum ¼, ½ bzw. 1h (viertelstündlich, halbstündlich oder stündlich gemittelte Last).

Nennleistung (höchste Dauerleistung) P_N

Die Nennleistung ist die Leistungsfähigkeit von Maschinen, Kesseln, Turbinen, Stromerzeugern, elektrischen Apparaten usw., für die sie benannt und mindestens bemessen und gebaut sind. Sie ist stets auf dem Leistungsschild gekennzeichnet.

Installierte Leistung P_{inst}

Die installierte Leistung eines Kraftwerkes ist die Summe aller in ihm vorhandenen Nennleistungen. Sie kann getrennt für Kessel oder Turbinen oder Stromerzeuger oder Umspanner usw. festgestellt werden. Hilfs- und Hausturbinen sowie Stromerzeuger zur Deckung des Eigenbedarfs sind eingeschlossen.

Tabelle 1.2. Maßeinheiten elektrischer Leistungen (E: Einheit)

	E	10^3E	10^6E	10^9E	10^{12}E
Wirkleistung	W	kW	MW	GW = Mio. kW	TW = Mrd. kW
Scheinleistung	VA	kVA	MVA	GVA = Mio. kVA	TVA = Mrd. kVA
Blindleistung	var	kvar	Mvar	Gvar = Mio. kvar	Tvar = Mrd. kvar

---

* Diese und die in den Abschnitten 1.4.2 und 1.4.3 aufgeführten Begriffsbestimmungen werden nahezu wörtlich übernommen aus: Begriffsbestimmungen in der Energiewirtschaft, Teil 1; Elektrizitätswirtschaftliche Grundbegriffe; IV. Ausgabe, Verlags- und Wirtschaftsgesellschaft der Elektrizitätswerke mbH, VDEW, Stresemannallee 23, 6000 Frankfurt/Main 70. ·

Bestleistung P_{opt}

Die Bestleistung einer Maschine oder Anlage ist die Leistung, bei der diese ihren höchsten Wirkungsgrad hat.

Engpaßleistung P_E

Die Engpaßleistung eines Kraftwerks ist die durch den leistungsschwächsten Anlageteil begrenzte, höchste ausfahrbare Leistung.

Betriebsbereite Leistung P_b

Die betriebsbereite Leistung ergibt sich aus der Engpaßleistung durch Verminderung um die Leistung der in Reparatur und Überholung befindlichen Anlageteile, soweit sie den Engpaß herabsetzen.

Betriebsleistung P_{Betr}

Die Betriebsleistung ist die tatsächlich gefahrene Leistung. Sie fällt normalerweise als Momentanwert an und ist mit Zeitangabe zu versehen. Andernfalls ist sie als Mittelwert über die Betriebszeit aufzufassen, der sich als Quotient aus Erzeugung und Betriebszeit ergibt:

$$P_{betr} = W_{ezg}/T_B.$$

Bereitschaftsleistung P_R

Die Bereitschaftsleistung einer Anlage ist die Differenz zwischen der verfügbaren Leistung und der Betriebsleistung:

$$P_R = P_{verf} - P_{Betr}.$$

Verfügbare Leistung P_{verf}

Die verfügbare Leistung eines Kraftwerkes oder einer Gruppe von Kraftwerken ist die mit Rücksicht auf alle technischen und betrieblichen Verhältnisse während der Zeit starker Belastung jedes Kraftwerks tatsächlich erreichbare Leistung einschließlich der in Reserve stehenden Leistung, die innerhalb 24 h einsatzfähig ist.

Die verfügbare Leistung ergibt sich aus der Engpaßleistung durch Verminderung um die Leistung der in Reparatur und Überholung befindlichen Anlageteile, soweit sie den Engpaß herabsetzen, sowie durch Abzug der Leistungsminderung infolge mangelhafter Betriebsverhältnisse, wie z. B. Kohlenmangel und -qualitätsverschlechterung, Kühlwassermangel, Kondensator- und Kesselverschmutzung bei Dampfkraftwerken, unzureichende Wasserdarbietung, Verlust an Fallhöhe usw. bei Wasserkraftwerken. Bei Speicherkraftwerken muß die verfügbare Leistung in Verbindung mit dem jeweils vorhandenen Arbeitsvermögen angegeben werden.

Gesicherte Leistung P_c

Die gesicherte Leistung eines Kraftwerks oder einer Gruppe von Kraftwerken, die auf ein Verbundsystem arbeitet, ist die größte Leistung, die von dem Kraftwerk bzw. von der Gesamtheit der verbundenen Kraftwerke in einem bestimmten Zeitpunkt selbst bei störungsbedingtem Ausfall von Anlageteilen (Kessel oder Turbinen oder Stromerzeuger oder Umspanner) noch ausgefahren werden kann. Falls bei Angabe der gesicherten Leistung kein besonderer Zusatz gemacht wird, ist sie auf den Zeitpunkt der Jahreshöchstlast bezogen.

- Die gesicherte Leistung eines Wärmekraftwerks ist i. a. die verfügbare Leistung des Kraftwerks nach Ausfall der größten Einheit (Kessel oder Turbine oder Stromerzeuger oder Umspanner).
- Bei Laufwasserkraftwerken ist die gesicherte Leistung die im Regeljahr an 330 Tagen verfügbare Leistung.
- Bei Wasserkraftwerken mit Tages- und Wochenspeichern ist die gesicherte Leistung die im Regeljahr an 330 Tagen verfügbare Leistung, unter der Voraussetzung, daß die 24stündige Zuflußmenge während der Starklastzeit ganz oder teilweise abgearbeitet wird.
- Bei Wasserkraftanlagen mit Langzeitspeichern oder mit Pumpspeicherung ist die gesicherte Leistung gleich der Engpaßleistung.
- Die gesicherte Leistung eines Verbundsystems von Kraftwerken wird unter Berücksichtigung des Ausgleichs zwischen den einzelnen Kraftwerken ermittelt. Sie ist durchweg größer als die Summe der gesicherten Leistung der Kraftwerke des Verbundsystems und hängt insbesondere von den Einheitsgrößen sowie der Zusammensetzung der Kraftwerksgruppen aus den verschiedenen Kraftwerksgattungen ab.

Höchstlast P_{max}

- Als Höchstlast schlechthin oder auch gefahrene Höchstlast bezeichnet man die höchste in einem bestimmten Zeitabschnitt (Tag, Monat, Jahr) an einer bestimmten Stelle (Kraftwerkssammelschiene, Umspannwerk usw.) tatsächlich aufgetretene Belastung, wobei meistens über einen kurzen Zeitraum gemittelt wird, z. B. über 15 min.

– Unter vorgesehener Höchstlast versteht man die höchste in einem bestimmten Zeitabschnitt (Tag, Monat, Jahr) an einer bestimmten Stelle (Kraftwerkssammelschiene, Umspannwerk usw.) der Planung zugrundegelegten Belastung.

Die vorgesehene Höchstlast eines Kraftwerks oder einer Gruppe von Kraftwerken sollte die gesicherte Leistung nicht überschreiten.

Man unterscheidet
– je nach dem zugrundegelegten Zeitabschnitt zwischen Tageshöchstlast, Monatshöchstlast, Jahreshöchstlast usw.;
– je nach der Stelle, an der die Höchstlast aufgetreten ist, zwischen Höchstlast an der Sammelschiene eines Kraftwerks, Höchstlast am Anfang oder Ende einer Leitung an der Meßeinrichtung für die Übergabestelle eines bestimmten Abnehmers usw.

Reserveleistung P_{Res}

Die vorgesehene Reserveleistung ist der Unterschied zwischen der Engpaßleistung und der vorgesehenen Höchstlast. Man nennt sie auch kalte Reserve, die in kurzer Zeit, aber nicht sofort einsetzbar ist.

Die verfügbare Reserveleistung ist der Unterschied zwischen der verfügbaren Leistung und der gefahrenen Höchstlast. Sie heißt auch warme oder mitlaufende Reserve.

Verrechnungsleistung P_{verr}

Die Verrechnungsleistung ist die Last, die in Stromlieferungs-Verträgen der Berechnung des Leistungspreises zugrundegelegt wird.

Tiefstlast oder Niedrigstlast P_{min}

Die Tiefstlast oder Niedrigstlast ist die kleinste in einem Zeitraum (Tag, Monat, Jahr) an einer bestimmten Stelle (Kraftwerkssammelschiene, Umspannwerk usw.) tatsächlich aufgetretene Belastung, wobei meist über einen kurzen Zeitraum gemittelt wird, in der Regel über 15 min.

Mittlere Leistung P_{mittel}

Die mittlere Leistung ist gleich der elektrischen Arbeit in einem Zeitraum geteilt durch die Betriebstundenzahl im gleichen Zeitraum. Der Zeitraum, für den diese mittlere Leistung festgestellt wird, kann das Jahr, der Monat, der Tag oder ein Bruchteil eines Tages sein. (Z. B. wird die mittlere Leistung eines Turbogenerators festgestellt, die dieser in seiner Betriebsstundenzahl abgegeben hat).

Elektrische Leistungsverluste P_{V}

Unter elektrischen Leistungsverlusten versteht man die Leistung der Eisenverluste, die Stromwärmeverluste (oft als Kupfer-, Wicklungsoder Lastverluste bezeichnet), die Ableitungsverluste, die Koronaverluste und die dielektrischen Verluste.

Anschlußwert P_{AW}

Der Anschlußwert ist die Summe der Nennleistungen der in einer oder mehreren Abnehmeranlagen oder in einem Versorgungsgebiet angeschlossenen elektrischen Verbrauchseinrichtungen.

Leistungsbedarf P_{Bed}

Der Leistungsbedarf ist die innerhalb eines bestimmten Zeitabschnittes (Tag, Monat, Jahr) an einer bestimmten Stelle (Kraftwerkssammelschiene, Umspannwerk, Übergabestelle für einen Abnehmer usw.) zu erwartende Höchstlast. Zur eindeutigen Kennzeichnung eines Leistungsbedarfs muß der Zeitraum, auf den die erwartete Höchstlast bezogen wird, und die Stelle, an der die Belastung auftritt, angegeben werden.

Bereitzustellende Leistung P_{ber}

Die bereitzustellende Leistung ist die mit einem Abnehmer vereinbarte Leistung, bis zu der das Elektrizitäts-Versorgungsunternehmen dem Abnehmer jederzeit elektrische Leistung bereitstellt.

Höchstlastanteil P_1 P_2 usw.

Der Höchstlastanteil ist die Belastung durch einen Abnehmer zur Zeit der Höchstlast eines Kraftwerks oder Versorgungsgebietes.

1.4.2 Arbeitsbegriffe

Alle nachfolgend aufgeführten Arbeitsbegriffe können sich auf die Wirk-, Blind- oder Scheinarbeit beziehen (Maßeinheiten: Tabelle 1.3). Sie sind entsprechend mit den Vorsilben „Wirk-", „Blind-" oder „Schein-" zu kennzeichnen. Fehlt diese Kennzeichnung, so ist stets die Wirkarbeit gemeint.

Die auf die Erzeugung bezogenen Arbeitsbegriffe können sinngemäß auch auf Umformung, Speicherung und Verteilung angewendet werden.

Tabelle 1.3. Maßeinheiten elektrischer Arbeiten (E: Einheit)

	E	10^3E	10^6E	10^9E	10^{12}E
Wirkarbeit	Wh	kWh	MWh	GWh = Mio. kWh	TWh = Mrd. kWh
Scheinarbeit	VAh	kVAh	MVAh	GVAh = Mio. kVAh	TVAh = Mrd. kVAh
Blindarbeit	varh	kvarh	Mvarh	Gvarh = Mio. kvarh	Tvarh = Mrd. kvarh

Bei allen Arbeitsbegriffen ist stets anzugeben, in welchem Zeitraum (Tag, Monat, Jahr oder Teile davon) die elektrische Arbeit angefallen ist oder ihr Anfall erwartet wird.

Elektrische Arbeit W

Elektrische Arbeit ist die in einer Anlage oder einem Anlageteil (Leitungen, Umspannern, elektrischen Maschinen und Apparaten, Geräten usw.) in andere Energieformen (mechanische Arbeit, Wärme, Licht usw.) umgesetzte elektrische Energie. Bei Hintereinanderschaltung elektrischer Anlagen spricht man von erzeugter, übertragener, abgegebener oder bezogener elektrischer Arbeit auch dann, wenn die Umwandlung an irgendeiner beliebigen Stelle des Anlagesystems stattfindet.

Erzeugung (international:
Brutto-Erzeugung) W_{Ezg}

Erzeugung ist die in einem oder in mehreren Stromerzeugern erzeugte elektrische Arbeit, gemessen an den Klemmen der Stromerzeuger oder auf diese umgerechnet.

Die Erzeugung kann sich zusammensetzen aus
— Primärerzeugung aus Wärme, Laufwasser, Speicherwasser, aus natürlichem Zufluß und Wind,
— Sekundärerzeugung: Erzeugung aus Pumpspeicherwasser und Akkumulatoren.

Eigenverbrauch W_{Ev}

Der Eigenverbrauch eines Kraftwerkes oder einer Gruppe von Kraftwerken ist die elektrische Arbeit, die in Neben- und Hilfsanlagen verbraucht wird und selbst mit zur Erzeugung elektrischer Arbeit nötig ist, wie z. B. zum Antrieb von Kesselspeisepumpen, Saugzuganlagen und Fremderregungsanlagen.

Sofern Neben- und Hilfsanlagen dampfangetrieben sind, ist deren Verbrauch im Gesamtwärmeverbrauch des Kraftwerks enthalten; es ist deshalb die von ihnen geleistete Arbeit nicht dem elektrischen Eigenverbrauch zuzuschlagen.

Die Aufspannverluste rechnen nicht zum Eigenverbrauch, sondern zu den Netzverlusten.

Nutzbare Erzeugung (Nettoerzeugung) W_n

Die nutzbare Erzeugung eines Kraftwerks oder einer Gruppe von Kraftwerken ist die Erzeugung abzüglich des Eigenverbrauchs (international mit Halbnetto-Erzeugung bezeichnet, da bei der Netto-Erzeugung international auch die Aufspannverluste abgesetzt sind).

Netzeinspeisung $W_n + W_{Bzg}$

Die Netzeinspeisung eines EVU ist gleich der Summe von nutzbar erzeugter und bezogener Arbeit. Sie muß gleich hoch sein wie auf der Abgabeseite die Summe von nutzbarer Abgabe und den Arbeitsverlusten zwischen Generatorklemmen bzw. Übergabestelle und Abnehmer.

Abgabe (abgegebene elektrische Arbeit) W_{Abg}

Abgabe ist die an einer bestimmten Stelle (Kraftwerkssammelschiene, Übergabestelle für einen Abnehmer usw.) abgegebene elektrische Arbeit.

Zur eindeutigen Kennzeichnung einer Abgabe muß der Zeitabschnitt in dem sie aufgetreten ist, angegeben werden. Man unterscheidet:
— je nach dem zugrundegelegten Zeitabschnitt zwischen Jahresabgabe, Monatsabgabe usw.;
— je nach der Stelle, an der die Übergabe stattfindet, zwischen Abgabe am Ende einer bestimmten Leitung, an der Übergabestelle für einen bestimmten Abnehmer usw.
Nutzbare Abgabe ist im besonderen die Abgabe an einen oder mehrere Abnehmer, gemessen mit der vertraglich vereinbarten Meß-

einrichtung. Es zählt auch die unentgeltlich für öffentliche Beleuchtung, eigene Betriebsabteilungen usw. sowie an die eigene Belegschaft abgegebene elektrische Arbeit zur nutzbaren Abgabe.

1.4.3 Zeitbegriffe und Verhältniszahlen

Alle in diesem Abschnitt auftretenden unbenannten Verhältniszahlen können als einfache Brüche, Dezimalbrüche oder Prozentzahlen ausgedrückt werden.

Tages-, Monats-, Jahresstundenzahl T_0

Unter Tages-, Monats- bzw. Jahresstundenzahl (engl.: period-hours) versteht man die Stundenzahl des betreffenden Zeitraumes (24, 720, 8760 h; 8784 h für Schaltjahre).

Betriebsdauer (Betriebsstundenzahl) T_B

Die Betriebsdauer oder Betriebsstundenzahl ist die Anzahl der Betriebsstunden eines Kraftwerks, eines Kessels, einer Maschine, eines Apparates oder dgl. in einem bestimmten Zeitraum (Tag, Monat, Jahr), wobei die An- und Abfahrzeiten nicht mitgerechnet werden.

Ausnutzungsdauer (Ausnutzungsstundenzahl) T_n

Die Ausnutzungsdauer (Ausnutzungsstundenzahl) ist gleich

$$\frac{\text{Gesamtarbeit in einem Zeitraum}}{\text{Engpaßleistung}}$$

als Formel geschrieben

$$T_n = \frac{W}{P_E}$$

Für Kostenrechnungen wird die Ausnutzungsdauer oft von der installierten Leistung abgeleitet.

Benutzungsdauer (Benutzungsstundenzahl) T_m

Die Benutzungsdauer ist gleich

$$\frac{\text{Gesamtarbeit in einem Zeitraum}}{\text{gefahrene Höchstlast in dem (gleichen) Zeitraum}}$$

als Formel geschrieben:

$$T_m = \frac{W}{P_{max}}$$

Vielfach verwendet man auch den Ausdruck Benutzungsdauer der Höchstlast.

Oft wird die Benutzungsdauer nicht auf die Höchtlast, sondern auf die Verrechnungsleistung oder auf den Anschlußwert der Anlagen einer Abnehmergruppe bezogen. In diesen Fällen spricht man von der Benutzungsdauer der Verrechnungsleistung bzw. des betreffenden Anschlußwertes.

Bereitschaftszeit T_R

Die Bereitschaftszeit ergibt sich als die Zeitspanne, in der die Anlage betriebsbereit ist. An- und Abfahrtszeiten zählen mit dazu.

Ausnutzungsfaktor n

Ausnutzungsfaktor, bezogen auf die Gesamtzeit, auch schlechthin Ausnutzungsfaktor genannt, ist gleich

$$\frac{\text{Gesamtarbeit in einem Zeitraum}}{\substack{\text{Engpaßleistung mal Dauer des (gleichen)} \\ \text{Zeitraumes}}},$$

als Formel geschrieben:

$$n = \frac{W}{P_E \cdot T_0} \; ;$$

oder anders ausgedrückt:

$$\frac{\substack{\text{Ausnutzungsdauer der Engpaßleistung} \\ \text{in einem Zeitraum}}}{\text{Dauer des (gleichen) Zeitraumes}},$$

als Formel geschrieben:

$$n = \frac{T_n}{T_0} \; .$$

Für Kostenrechnungen wird der Ausnutzungsfaktor oft von der installierten Leistung abgeleitet.

n_B

Ausnutzungsfaktor, bezogen auf die Betriebszeit (Betriebszeitfaktor), ist

— bei einer Maschine gleich

$$\frac{\text{Gesamtarbeit in einem Zeitraum}}{\substack{\text{Nennleistung mal Betriebsdauer in} \\ \text{dem (gleichen) Zeitraum}}},$$

als Formel geschrieben:

$$n_B = \frac{W}{P_N \cdot T_B} \; ;$$

— bei mehreren Maschinen gleich

$$\frac{\text{Gesamtarbeit in einem Zeitraum}}{\substack{\text{Summe der Produkte aus den Nennlei-} \\ \text{stungen der einzelnen Maschinen mal} \\ \text{Betriebsdauer jeder Maschine}}},$$

als Formel geschrieben:

$$n_B = \frac{W}{\sum\limits_{1}^{i} P_{N_i}\, T_{B_i}}$$

(mit i als laufendem Index für eine beliebige Anzahl von Maschinen).

Belastungsfaktor m

Der Belastungsfaktor (englisch: load factor) ist gleich

$$\frac{\text{Gesamtarbeit in einem Zeitraum}}{\text{(Vorgesehene oder gefahrene) Höchst-}}\,,$$

last in dem (gleichen) Zeitraum mal Dauer des Zeitraumes

als Formel geschrieben:

$$m = \frac{W}{P_{\max} \cdot T_0}$$

oder anders ausgedrückt:

$$\frac{\text{Benutzungsdauer der Höchstlast in einem Zeitraum}}{\text{Dauer des (gleichen) Zeitraumes}}\,,$$

als Formel geschrieben:

$$m = \frac{T_m}{T_0}\ .$$

Reservefaktor r

Der vorgesehene Reservefaktor ist gleich

$$\frac{\text{Enpaßleistung}}{\text{Vorgesehene Höchstlast}}\,,$$

als Formel geschrieben:

$$r = \frac{P_E}{P_{\max}}\ .$$

Entsprechend können auch vorgesehene Turbinen-, Kessel- und Umspannerreservefaktoren von den installierten Turbinen-, Kessel- und Umspannerleistungen abgeleitet werden.

Der tatsächliche Reservefaktor ist gleich

$$\frac{\text{Verfügbare Leistung}}{\text{Gefahrene Höchstlast}}\ .$$

Lastverhältnis m_0

Das Lastverhältnis ist gleich

$$\frac{\text{Tiefstlast}}{\text{Gefahrere Höchstlast}}\ .$$

Verfügbarkeitsfaktor k

Der Verfügbarkeitsfaktor eines Kraftwerkes, einer Maschine usw. ist gleich

$$\frac{\text{Betriebsstundenzahl plus Bereitschafts-}}{\text{Dauer des (gleichen) Zeitraumes}}\ .$$

stundenzahl in einem Zeitraum

Gleichzeitigkeitsfaktor g

Der Gleichheitsfaktor ist gleich

$$\frac{\text{Höchstlast in einem Zeitraum}}{\text{Summe der Höchstlast aller Abnehmer}}\ .$$

in dem (gleichen) Zeitraum

Leistungsverfügbarkeit k_p

Die Leistungsverfügbarkeit ist gleich dem Quotienten aus der Summe von Betriebsleistung plus Bereitschaftsleistung und der Nennleistung:

$$K_p = \frac{P_{\text{Betr}} + P_R}{P_N} = \frac{P_{\text{verf}}}{P_N}$$

2 Grundsätzliche Überlegungen bei der Konzeption und Entwicklung von Kraftwerken

2.1 Komplexität und gegenseitige Beeinflussung der verschiedenen Parameter*

Der Bau neuer Kraftwerke — gleich welcher Blockgröße und Kraftwerksart — ist in den Vordergrund des öffentlichen Interesses gerückt. Dabei werden bei der Bevölkerung hauptsächlich einige wenige Parameter in die Diskussion eingebracht, die z. B. Fragen der Umweltbelastung und des Umweltschutzes berühren. Naturgemäß wird oft nicht deutlich, daß neben diesen für die öffentliche Akzeptanz sehr wichtigen Fragen eine ganze Reihe von bedeutenden technischen und wirtschaftlichen Einflußgrößen ausschlaggebende Faktoren für diese Entscheidung über Kraftwerkskonzeption und -standort sind.

Bild 2.1 zeigt die wichtigsten Einflußgrößen und durch Pfeile verdeutlicht ihre wechselseitigen Wirkungsrichtungen. Zentral sind die Kosten angeordnet, die von den ringsherum angeordneten Parametern alle direkt oder indirekt beeinflußt werden und die einige Möglichkeit bieten, die voneinander völlig verschiedenen Einflußgrößen miteinander zu vergleichen bzw. gegeneinander abzuwägen.

Einfluß auf die Kosten bei der Erstellung und dem Betrieb eines Kraftwerkes haben nach Bild 2.1 folgende Parameter:

— Entfernung des Standortes vom Verbrauchergebiet,
— Kraftwerksart und -größe sowie eingesetzte Brennstoffart,
— Einbindungsmöglichkeit ins elektrische Netz,
— Art der Kraftwerkskühlung,

---

* Nahezu wörtlich zitiert aus: Piller, W.; Schaefer, H.; Wolff, U.: Einflußgrößen bei der Wahl von Kraftwerksstandorten verschiedener Kraftwerksarten und Blockgrößen. Raum-Forschung, Raum-Entwicklung 35 (1977).

— ökologische Parameter und gesetzliche Auflagen,
— Infrastruktur der weiteren Kraftwerksumgebung.

Die Vielfalt der Wirkungsrichtungen zwischen den einzelnen genannten Einflußgrößen zeigt deren komplexen Zusammenhang und ihre in jedem einzelnen Entscheidungsfall zu berücksichtigende, untrennbare Verzahnung. Mit welchem Entscheidungsgewicht jedoch die einzelnen Parameter in die jeweilige Kraftwerkskonzeption und Standortwahl eingehen, ist

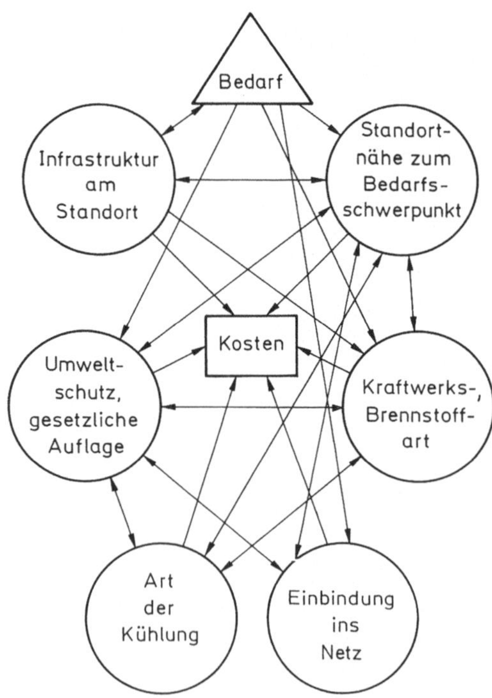

Bild 2.1. Einflußparameter bei der Standortfindung für Kraftwerke

– da die Wichtung selbst auch wieder zu Rückwirkungen auf die sinnvolle Wahl der Faktoren führt – für jeden Einzelfall anders gelagert.

Für die Betrachtung etwas einfacher werden die in Bild 2.1 dargestellten Zusammenhänge dadurch, daß zwei der angegebenen Parameter, nämlich Kraftwerks- und Brennstoffart sowie das Kühlproblem, nahezu immer einen dominierenden Einfluß ausüben und damit die Zahl der Freiheitsgrade der restlichen Faktoren deutlich eingeschränkt wird.

2.2 Energieverbrauch und räumliche Zuordnung

Auslösendes Moment für Neuzubau von Kraftwerksleistung ist der zusätzliche Bedarf an elektrischer Leistung, der sich aus dem steigenden Bedarf an elektrischer Energie fast direkt proportional ergibt, da eine Erhöhung der Ausnutzungsdauer nur noch in geringem Umfang realisierbar ist. Der größte Zuwachs ist dabei in Ballungsgebieten zu erwarten. Technische Erfordernisse und vergleichende Kostenrechnungen veranlassen die EVU in der Regel dazu, die Leistungs- und Energiebereitstellung möglichst verbrauchsnahe durchzuführen.

Gut ablesbar ist diese Tatsache auch aus Bild 2.2, in dem für die einzelnen Bundesländer die Stromabgabe an das öffentliche Netz, der Stromverbrauch und der Stromaustausch mit den angrenzenden Ländern für das Jahr 1975 dargestellt sind. Typisch ist die in fast allen Bundesländern einschließlich der Hansestädte und Berlin nahezu ausgeglichene Bilanz. Eine deutliche Ausnahme hiervon bildet lediglich Rheinland-Pfalz mit einer im Vergleich zum Verbrauch sehr niedrigen Erzeugung.

2.3 Kraftwerksart und Brennstoff

Bei allen Überlegungen bezüglich eines Kraftwerksneubaus muß der Leistungsgang des zum vorgesehenen elektrischen Einspeisepunkt zugehörigen Versorgungssystems und des schon vorhandenen Bestandes an Kraftwerken in diesem System betrachtet werden. Erst dann kann man entscheiden, für welchen Lastbereich – d. h. Grund-, Mittel- oder Spitzenlast – das Kraftwerk zu planen ist. Dabei wird einerseits die Blockgröße des Kraftwerks in Abhängigkeit vom Stand der Technik mit beeinflußt, zum anderen die Wahl der Kraftwerksart und des einzusetzenden Brennstoffes weitgehend

vorgegeben. Letztlich sind wiederum die Kosten der ausschlaggebende Faktor: Kraftwerke mit hohen jährlichen Fixkosten und niedrigen Brennstoffkosten versucht man, im Grundlastbereich mit Benutzungsdauern von 6000 h/a und mehr einzusetzen; Kraftwerke mit niedrigen Anlagekosten und hohen Betriebskosten aufgrund teurer Brennstoffe und hoher spezifischer Verbrauchswerte, die – basierend auf der Anwendung einfacherer thermodynamischer Kreisprozesse – auch aus einer damit verknüpften wenig aufwendigen Anlagetechnik rekrutieren, werden zur Spitzenstromerzeugung verwendet.

Die eingesetzten Brennstoffe haben andererseits auch Rückwirkungen auf den Wirkungsgrad des Kraftwerks. Grundsätzlich kann man davon ausgehen, daß Brennstoffe mit geringerer Veredelungsstufe wohl zu einem geringeren Preis zur Verfügung stehen. Dafür aber sind sie vor der Verfeuerung aufzubereiten, z. B. zu mahlen oder zu trocknen. Diese Aufbereitung erhöht nicht nur den Investitionsaufwand, sondern auch den Eigenbedarf und senkt den Nettowirkungsgrad. Außerdem wird die Feuerführung besser regel- und steuerbar, wenn man von festen auf flüssige oder von flüssigen auf gasförmige Brennstoffe übergeht.

Eng verknüpft mit dem eingesetzten Brennstoff sind die ökologischen Belastungen durch Emissionen. Art und Höhe der spezifischen stofflichen Belastung sind von verschiedenen Kriterien abhängig:

– physikalische und chemische Eigenschaften der Energieträger;
– Art, Ausstattung, Größe und Betriebsweise der Umwandlungsanlage;
– Auswirkungen der Emission auf die Immissionskonzentrationen.

Die Quantifizierung von Einzelwerten wird dadurch erschwert, daß sich diese Einflußkriterien in ihren Auswirkungen überlagern.

2.4 Kraftwerkskühlung

Der zweite zentrale Fragenkomplex beim Bau von Kraftwerken dreht sich um die Kraftwerkskühlung. Bei konventionellen Dampfkraftwerken müssen aus thermodynamischen Gründen ca. 50 %, bei Kernkraftwerken mit Leichtwasserreaktoren sogar ca. 65 % der eingesetzten Primärenergie als Wärme bei Temeraturen von etwa 20 bis 35°C an die Umgebung abgegeben werden. An Kühlungsmöglichkeiten bieten sich heute drei grundsätzliche Verfahren an: die rei-

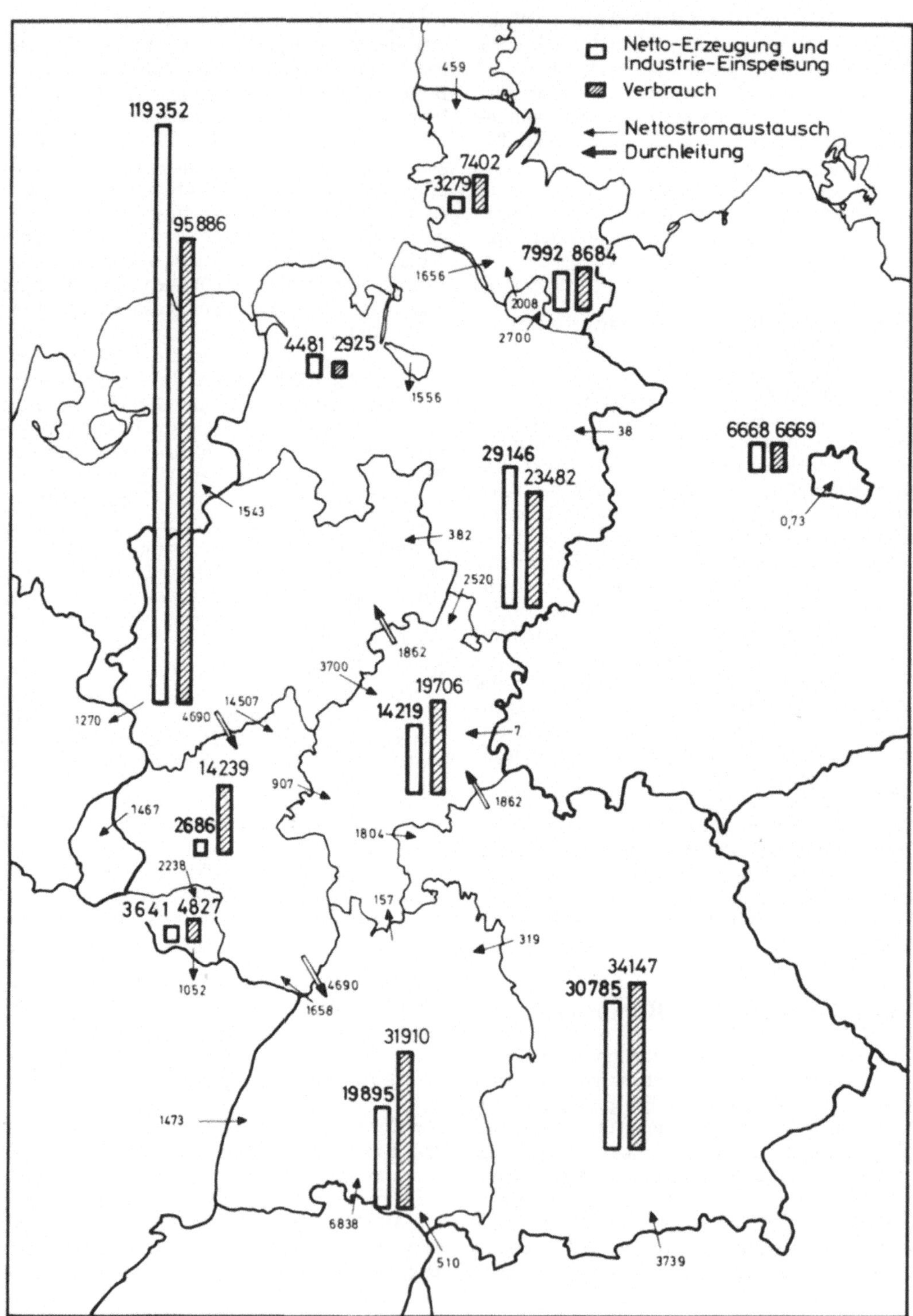

Bild 2.2. Strombilanz der einzelnen Bundesländer im Jahre 1975 (alle Werte in GWh)

ne Frischwasserkühlung mit Flußwasser sowie die Kühlung mit Naß- oder Trockenkühltürmen, bei denen Luft als Kühlmedium verwendet wird. Sie führen in der genannten Reihenfolge zu höheren Austrittstemperaturen in der Turbinenendstufe und damit zu einer Verschlechterung des elektrischen Kraftwerkswirkungsgrades, zu einer Erhöhung der thermischen Belastung der Umwelt je erzeugter Arbeitseinheit, gleichzeitig aber zu einer Abnahme von Kühlwasserbedarf und folglich zu geringerer thermischer Belastung der Gewässer.

Da die Investitions- und Betriebskosten für Frischwasserkühlung am niedrigsten sind, liegt es auf der Hand, sich ihrer soweit als möglich zu bedienen. Allerdings kann man heute nur noch in sehr begrenztem Umfang Kraftwerke mit reiner Frischwasserkühlung ausstatten, da unsere Flüsse entsprechend den Wärmelastplänen kaum noch zusätzliche thermische Belastungen aufnehmen können. Die Grenzen sind dabei durch die zeitliche Wasserdarbietung der Flüsse und die von den Wasserwirtschaftsämtern für jeden Gewässerabschnitt vorgeschriebenen maximalen Entnahmemengen, die maximalen Aufwärmspannen und die zulässigen Maximaltemperaturen festgelegt. Trotzdem sind Standorte in Flußnähe notwendig, um den sonstigen Wasserbedarf decken zu können.

Da reine Trockenkühlung beim heutigen Stand der Technik wegen der Abmessungen der aktiven Kühlflächen und der Türme auf den elektrischen Leistungsbereich bis 300 MW beschränkt ist, sind fast alle Kraftwerksneubauten vorläufig auf den Einsatz von Naßkühltürmen angewiesen.

Eine Einrichtung von Kraftwerken an der Küste mit Kühlung durch Meerwasser scheidet wegen der geologischen Ausbildung der Nordseeküste als Wattküste mit ihren Sand- und Schlickgeschieben aus. Kraftwerke auf künstlichen Inseln zu errichten, wird zwar erwogen, bringt aber neben sehr hohen Investitionskosten technische Probleme und zusätzliche Kosten beim Stromtransport.

Derartige Lösungen brauchen auch heute noch nicht realisiert werden, da nach der Fachmeinung zumindest bis zur Jahrhundertwende genügend Zusatzkühlwasser für Naßkühlverfahren zur Verfügung steht.

Eng mit dem Kühlproblem und ganz besonders mit der Frage des rationellen Primärenergieeinsatzes verbunden ist das Bestreben, in zunehmendem Maße Heizkraftkupplungen, also Anlagen zur gleichzeitigen Erzeugung von Strom und Heizwärme, in eine integrierte Energieversorgung der Zukunft mit aufzunehmen. Eine direkte Nutzung der Abwärme aus optimal ausgelegten Kondensationskraftwerken ist wegen der niedrigen Temperatur für Raumheizzwecke oder Warmwasserbereitung nicht geeignet. Möglichkeiten liegen hier im Bereich der intensiven Fischzucht (Lymnotherm) sowie in der Pflanzenproduktion im beheizten Boden (Agrotherm).

Hebt man durch entsprechende Turbinenauslegung die Temperatur und den Druck des Dampfes beim Austritt aus der Turbine an, so steigen die Nutzungsmöglichkeiten für die nun auf höherem Temperaturniveau anfallende Wärme. Aber durch die geringe exergetische Nutzung des Dampfes steigt der Brennstoffverbrauch je Arbeitseinheit. Insgesamt steigt jedoch der Nutzungsgrad, falls die anfallende Wärme genutzt werden kann.

Bei derartigen Anlagen läßt sich zwar beim konstanten Betrieb mit Nennlast und maximaler Wärmeauskopplung eine Primärenergieausnutzung von nahezu 90 % erreichen. Sobald man jedoch den saisonalen Lastgang von Strom- und Heizwärmebedarf mit ins Kalkül zieht, verringert sich dieser Wert auf ca. 65 %. Neben dieser Tatsache muß man berücksichtigen, daß die Saisongänge von Strom- und Heizwärme sich in ihrer Amplitude um etwa den Faktor 13 unterscheiden. Das bedeutet, daß im Sommer mit einem reinen Heizkraftwerk entweder nur in stark reduziertem Maße Strom erzeugt werden kann oder bei voller Stromerzeugung zusätzlich eine Kühlung zur Kondensation vorzusehen und ein höherer spezifischer Brennstoffverbrauch in Kauf zu nehmen ist.

Auch eine Auslegung als Entnahmekondensationsanlage kann die Problematik des unterschiedlichen saisonalen Bedarfsganges von Strom und Wärme nicht beseitigen, da dann im Winter Ersatzleistung für die bei Heizwärmeabgabe reduzierte elektrische Leistung installiert sein und betrieben werden muß.

Darüber hinaus ist es aufgrund der für Fernwärmeversorgung notwendigen hohen Wärmelastdichten der Verbraucher und die nötige geringe Entfernung zwischen Heizkraftwerk und Verbrauchergebiet praktisch unmöglich, die gesamte Kraftwerksabwärme größerer Kraftwerksblöcke in Heizwärme zu wandeln und sinnvoll einzusetzen. In der Mehrzahl aller Fälle kann man nur eine Teilauskopplung durchführen. Trotz dieser eingrenzenden Parameter bleibt ein beträchtliches für die Heizkraftkupplung noch erschließbares Potential.

Wie bereits angedeutet, besteht zwischen dem gewählten Kühlverfahren und dem Dampfkraftprozeß eine enge Verflechtung, wodurch eine energietechnische Optimierung aufwendig ist und nur mit umfangreichen Rechenprogrammen bewältigt werden kann. Die Beeinflussung der Stromgestehungskosten durch eine Veränderung des Kühlsystems kann nur durch eine Erfassung der jeweiligen Gesamtkosten der Stromerzeugung ermittelt werden. Dabei ergibt sich, daß beim Übergang von Frischwasserkühlung auf Naßkühlturmbetrieb für fossil befeuerte Kraftwerke eine Erhöhung der Stromgestehungskosten von 4 bis 6 %, für Kernkraftwerke von 9 bis 13 % zu erwarten ist, während beim Übergang von Frischwasserkühlung auf Trockenkühlturmbetrieb für fossil befeuerte Kraftwerke die Stromerzeugungskosten sich um 6 bis 7 % und für Kernkraftwerke um ca. 15 % erhöhen dürften.

2.5 Einbindung in das elektrische Netz

Aufgrund der heute notwendigen Blockgrößen ist die Einbindung neuer Kraftwerke in den elektrischen Netzverbund von erheblicher Bedeutung und muß daher bei der Standortwahl mit in das Kalkül gezogen werden. Es gilt zu prüfen, wo die elektrische Leistung benötigt wird, woher Reserveleistung zur Verfügung gestellt werden kann und in welcher Höhe Lastspitzen zu erwarten sind. Darüber hinaus ist von der reinen Gerätetechnik her die schon bestehende Auslastung der Leitungen zu prüfen, um festzustellen, ob noch freie Kapazität vorhanden ist oder zusätzliche Leitungen benötigt werden. Generell sind dabei wegen des westeuropäischen Verbundnetzes nicht nur regionale Gesichtspunkte einzubeziehen, da die Einspeisepunkte von großen Kraftwerken sich auf das gesamte Verbundnetz auswirken.

Aufgrund der Stromtransportkosten versucht man, die Übertragungslängen — in Abhängigkeit von der Übertragungsspannung — möglichst gering zu halten. Eine Betrachtung der Netze innerhalb der Bundesrepublik Deutschland zeigt, daß sich im Schnitt auf der Niederspannungsseite Transportentfernungen von einigen hundert Metern ergeben. Auf der Mittelspannungsebene liegen die mittleren Transportentfernungen bei einigen Kilometern und auf der Hochspannungsseite bei einigen -zig Kilometern. Bild 2.3 zeigt in Abhängigkeit von der Übertragungsleistung Kostenbereiche für die elektrische Energieübertragung mittels Kabeln und Freileitungen. Dabei sind auch durch den gestrichelten Bereich heute großtechnisch noch nicht verwirklichte Spannungsbereiche für die Übertragungselemente mit aufgenommen. Zusätzlich zur Übertragungsleistung sind die diesen Leistungsbereichen üblicherweise zugeordneten Spannungsebenen vermerkt. Die Grenzen sind allerdings fließend.

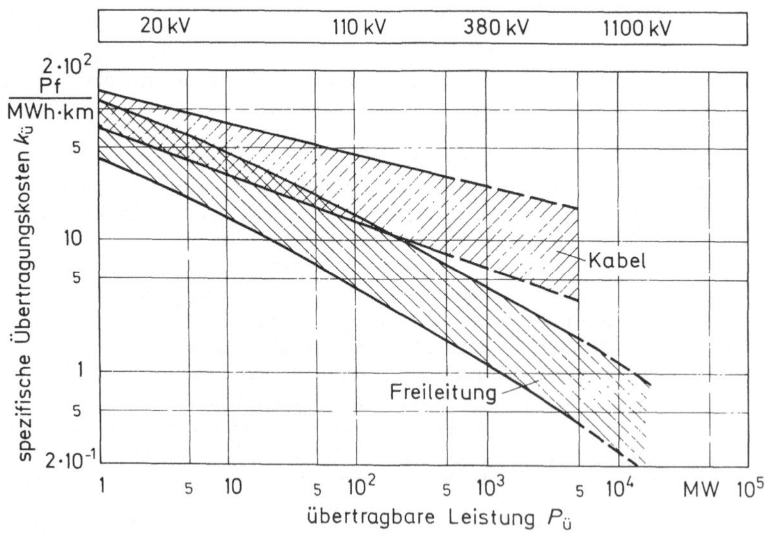

Bild 2.3. Spezifische Übertragungskosten bei Freileitungen und Kabeln

2.6 Sonstige Einflußgrößen

Neben den bereits angeführten ökologischen Einflüssen, die durch den Brennstoff und die Kühlungsart des Kraftwerkes ausgelöst werden, sind in zunehmendem Maße Lärmbelästigung und optische Beeinträchtigung des Landschaftsbildes mit zu berücksichtigen. Vom Gesetzgeber her besteht die Auflage, das Kraftwerk nach dem Landesraumordnungsprogramm in das Gesamtlandschaftsbild zu integrieren, wobei die landespflegerischen Belange zu beachten sind. Im Gegensatz zu den anderen Umweltbelastungen, die zumindest in gewissem Umfang objektiv quantifiziert werden können, ist die optische Beeinträchtigung der Landschaft durch technische Zweckbauten vorwiegend vom ästhetischen Empfinden des Menschen bestimmt. Die Problematik gewinnt an Bedeutung, je größer und damit optisch stärker ins Gewicht fallend die Abmessungen der Bauwerke und Anlagen werden.

Als Auflage zum Lärmschutz sind in einem reinen Wohngebiet nachts 35 dB(A) an maximalem Geräuschpegel zulässig. Dies würde für den Standort eines Kraftwerkes bedeuten, daß ein Abstand von ca. 2 km zum Wohngebiet in allen Richtungen einzuhalten ist. Um das Kraftwerk dennoch näher an Siedlungsgebiete heranrücken zu können — was für Heizkraftwerke in der Regel unumgänglich ist und selbstverständlich auch für andere Kraftwerke als wünschenswert gilt —, sind beträchtliche Schallschutzmaßnahmen für die lärmerzeugenden Anlagenteile notwendig. Diese Anlagenteile sind im wesentlichen die bei der Naßkühlung auftretenden Geräusche des Rieselwassers, der Saugzuggebläse, der Lüfter verschiedenster Art, der Bekohlungsanlagen sowie aller sonstigen im Freien laufenden Antriebe und Transformatoren.

Ein weiterer Einflußparameter in Bild 2.1 ist mit dem Begriff der Infrastruktur umrissen. Unter Infrastruktur sind hier u. a. die gute Verkehrserschließung und geeignete Transportwege zu verstehen. Das ist schon daher notwendig, weil man den Standort großer Kraftwerksblöcke auch aus Transportgründen der heute üblichen Maschinensätze — Turbogenerator und Blocktransformator — in der unmittelbaren Nähe von Schiffahrtswegen planen muß. Die erwähnten Maschinensätze moderner Kraftwerksblöcke schließen nämlich aufgrund ihrer Abmessungen und Gewichte einen Schienen- bzw. Straßentransport über größere Entfernungen weitgehend aus. Daneben sind auch Einrichtungen zur Befriedigung des täglichen Bedarfs des Kraftwerkspersonals zu berücksichtigen. Hierzu sind Wohnungen in Kraftwerksnähe, Einkaufsmöglichkeiten und soziale Einrichtungen zu zählen. Selbstverständlich stellt dieser Punkt — zumindest in der dichtbesiedelten Bundesrepublik Deutschland — keinen vorrangigen Einflußfaktor dar. Er beeinträchtigt aber durchaus die Kostenfrage bei der Standortwahl und kann bei eventuellen ansonsten gleichwertigen Alternativstandorten zur endgültigen Entscheidung beitragen.

Letztlich sind bei Kraftwerksneubauten die aus den einzelnen Einflußparametern rekrutierenden Stromerzeugungskosten der entscheidende Auswahlfaktor. Da jeder Bürger zu jeder Zeit mit elektrischer Energie ausreichend, sicher und preisgünstig versorgt werden muß, ist neben dem Streben nach technisch und ökologisch optimaler Ausführung auch eine wirtschaftlich günstige und vertretbare Lösung nötig.

2.7 Stellung der Elektrotechnik im Kraftwerksbau

Obwohl primär die Stromerzeugung das Ziel des Kraftwerksbetriebs darstellt, also die elektrotechnische Seite auslösendes Moment ist, sind auf dem Kraftwerkssektor weitgehend andere Ingenieurwissenschaften als die Elektrotechnik vonnöten, wie es sich auch bereits in den vorangegangenen Ausführungen abgezeichnet hat. So nimmt der Maschinenbau den größten Bereich in der Kraftwerkstechnik ein, gefolgt von der Bau- und Elektrotechnik. Dabei ist jedoch im Verlauf der letzten 25 Jahre eine Ausweitung der Elektrotechnik zu verzeichnen, was vor allem auf den verstärkten Ausbau der Steuer-, Regelungs- und Überwachungsanlagen zurückzuführen ist.

Deutlich läßt sich dies an der Aufteilung der durchschnittlichen Gesamterstellungskosten eines Kraftwerkes auf die einzelnen Ingenieurdisziplinen erkennen. Betrug in den 50er Jahren unseres Jahrhunderts der Anteil für den maschinenbaulichen Teil eines Kraftwerkes etwa 70 bis 75 % des Gesamtkostenvolumens, der bauliche Teil ca. 15 bis 20 % und der Anteil für die Elektrotechnik knapp 10 %, so ergeben sich für die 70er Jahre in der gleichen Reihenfolge Anteile von rd. 60 %, 20 % und 20 %. Die hier genannten Werte mögen als Anhaltswerte für heute (1978) gebaute Kraftwerke moderner Blockgrößen gelten.

Der maschinenbauliche Teil umfaßt im wesentlichen die Kesselanlage mit allen Hilfsaggregaten, wie etwa Luftvorwärmer (Luvo), Economiser (Eco) usw., die Verrohrung, Behälter und Pumpen, die Turbinengruppe mit Kondensator und die zusätzlichen brennstoffspezifischen Anlagenteile, wie z. B. Kohlenmühlen, Druckzerstäuber, Ölvorwärmer usw. Zur Bautechnik gehören neben den Gebäuden in der Hauptsache Maschinenfundamente und Kühlbauwerke sowie Abgas- bzw. Abluftschornsteine.

Generator, Ableitungen, Transformator und Schaltfeld sowie Steuerungen, Regelung, Wartentechnik und Datenverarbeitung sowie in überwiegendem Maße die Antriebe der Hilfsaggregate (Pumpen, Lüfter usw.) fallen in den Bereich der Elektrotechnik.

Die folgenden Kapitel behandeln die grundsätzlichen elektrotechnischen Fragen, gehen auf die wichtigsten Betriebscharakteristiken der wesentlichen elektrischen Anlagenteile ein und versuchen, in die Steuer-, Regel- und Leitprobleme einzuführen.

3 Generatoren

Bei der Erzeugung elektrischer Energie finden drei Maschinenarten Verwendung. In der öffentlichen Versorgung ist hauptsächlich der Drehstrom-Synchrongenerator anzutreffen. Daneben werden häufig bei industriellen Eigenanlagen und in einigen Fällen bei ferngesteuerten Unterwerken Drehstrom-Asynchrongeneratoren zur Stromerzeugung eingesetzt. Die Bundesbahn benützt für die Einspeisung in ihr 16 2/3-Hz-Streckennetz Einphasen-Synchrongeneratoren und rotierende Umformer zur Frequenzwandlung von 50 auf 16 2/3 Hz. Die letzteren sind als Netzkupplungsumformer auch für die entgegengesetzte Energierichtung verwendbar.

3.1 Synchrongeneratoren für Drehstrom

3.1.1 Allgemeines

Der Synchrongenerator ist die wichtigste Maschine zur Erzeugung elektrischer Energie. Er besitzt ein mit Gleichstrom erregtes Polrad und einen Ständer mit Ankerwicklung. Der das Feld in einer elektrischen Maschine aufbauende Teil wird Polrad oder Induktor genannt, der induzierte Teil heißt Anker. Bei Gleichstrommaschinen liegt er innen und läuft um, bei Innenpol-Synchronmaschinen ist er feststehend und außenliegend und wird auch Armatur genannt. Das erzeugte Drehfeld läuft synchron mit dem Polrad um. Damit gilt die allgemeine Frequenzgleichung

$$f_1 = \frac{p\,n}{60}\,. \tag{3.1}$$

mit $\quad f_1$: Frequenz des Drehfeldes (Netzfrequenz) [Hz],

$\quad p$: Polpaarzahl,

$\quad n$: Drehzahl des Polrades $[\mathrm{min}^{-1}]$.

Bei einer Polpaarzahl $p = 1$ ergibt sich für die Netzfrequenz $f_1 = 50$ Hz (Europa) eine Drehzahl von $n = 3000\ \mathrm{min}^{-1}$, für $f_1 = 60$ Hz (USA und ein Teil von Japan) eine Drehzahl $n = 3600\ \mathrm{min}^{-1}$. Bei direkt mit Dampfturbinen gekuppelten Turbogeneratoren sind dies übliche Drehzahlen für Generatorleistungen ab etwa 10 MVA, da hochtourige Turbinen einen besseren Wirkungsgrad haben.

Die genormten synchronen Drehzahlen von Drehstrommaschinen sind zusammen mit den in der Bundesrepublik Deutschland üblichen Generatorspannungen aus Tabelle 3.1 ersichtlich.

Tabelle 3.1. Nenndrehzahlen und Polpaarzahlen bei Drehstromsynchrongeneratoren und in der Bundesrepublik Deutschland übliche Drehstromgeneratornennspannungen. (Die in Klammern gesetzten Werte sollen nach Möglichkeit nicht verwendet werden.)

Nenndrehzahl	$[\mathrm{min}^{-1}]$	3000	1500	1000	750	600	500	375	300	250
Polpaarzahl		1	2	3	4	5	6	8	10	12
Nenndrehzahl	$[\mathrm{min}^{-1}]$	(214)	188	$(166\tfrac{2}{3})$	150	125	$(107\tfrac{1}{7})$	$93\tfrac{3}{4}$	$(83\tfrac{1}{3})$	75
Polpaarzahl		14	16	18	20	24	28	32	36	40

Generatorspannungen [V]							
bis ca. 100 MVA	130	230	400	(525)	3150	(5 250)	6 300
ab ca. 100 MVA	10 500	13 800	15 750	18 900	21 000	27 000	

Da für die Antriebsaggregate (besonders für Wasserturbinen) oft andere Drehzahlen günstiger sind, weicht man auch von diesen Normdrehzahlen ab. Die Übersetzung auf die Normdrehzahl des Generators wird durch mechanische Getriebe erreicht. Die Drehzahl des Generators liegt beim Antrieb aufgrund der verschiedenen Aggregate in unterschiedlichen Bereichen. Im allgemeinen ergeben sich die Drehzahlen wie folgt:

— Dampfturbinen: 3000 bis 1000 min^{-1}
— Dieselmotoren: 1500 bis 250 min^{-1}
— Wasserturbinen: 750 bis 60 min^{-1}

Die Scheinleistung einer Synchronmaschine wird durch die Leistungsgleichung angegeben (Ohmsche Verluste vernachlässigt):

$$P_S = C \, l \, d^2 n \, [\mathrm{kVA}] \qquad (3.2)$$

mit C: Ausnutzungsziffer [kVA min/m^3],
$\quad d$: Läuferdurchmesser [m],
$\quad l$: Läuferlänge [m],
$\quad n$: Drehzahl des Polrades [min^{-1}].

Dabei gibt die Ausnutzungsziffer C die magnetische und elektrische Ausnutzung der Maschine an. Sie ergibt sich aus den praktischen Konstruktionsmerkmalen der Maschine und ist durch die zulässige Erwärmung begrenzt:

$$C = \frac{\pi^2}{60\sqrt{2}} \, A \, B \, \xi \left[\frac{\mathrm{kVA \, min}}{\mathrm{m}^3} \right] \qquad (3.3)$$

mit A: effektiver Ständerstrombelag
       [kA/m],
$\quad B$: maximale Luftspaltinduktion [Vs/m^2]
$\quad \xi$: Gesamtwicklungsfaktor.

Die Drehzahl ist durch die Netzfrequenz f_1 und die Polpaarzahl festgelegt. Auch den anderen Größen der Leistungsgleichung (3.2) sind Grenzen gesetzt. Eine Vergrößerung der Läuferlänge wird durch die Durchbiegung und die Schwierigkeit präziser Auswuchtung, insbesondere mit Rücksicht auf das Schwingungsbild des ganzen Wellenstranges des Aggregates, begrenzt. Wesentlich problematischer ist allerdings die Steigerung des Läuferdurchmessers, da bei einem Durchmesser von 1150 mm und einer Drehzahl von 3600 min^{-1} (Nenndrehzahl 3000 min^{-1} + 20 % = Überdrehzahl) die Zentrifugalbeschleunigung für Teile an der Oberfläche des Läufers schon ungefähr 8000 g beträgt.

Man unterscheidet je nach der Läufergeschwindigkeit und konstruktiver Ausführung des Polrades zwischen zwei Typen von Synchrongeneratoren, der Vollpolmaschine und der Schenkelpolmaschine.

3.1.1.1 Turbogeneratoren

Der Vollpolläufer für Turbogeneratoren wird als massiver zylindrischer Schmiedekörper hergestellt oder aus einzelnen leichter durchschmiedbaren Walzen, die mit einer Schrumpfwelle zusammengespannt werden. In ihm ist die Erregerwicklung auf einzelne eingefräste Nuten verteilt. Sie wird wegen der Fliehkraftbeanspruchung bei den hohen Umlaufgeschwindigkeiten besonders befestigt und durch Keile gesichert. Der Durchmesser ist klein, wodurch große axiale Längen notwendig sind, um die gewünschten Leistungen zu erreichen. Das größte ausgeführte Verhältnis l/d beträgt 4,2 bei Leistungen bis 1200 MVA und Durchmesser d = 1800 mm bei halbtouriger Ausführung (Stand 1974). Für die neueren Turbogeneratoren bis 1600 MVA sind Durchmesser d zwischen 1200 bis 1750 mm und axiale Längen bis 8000 mm erforderlich.

Es ist üblich, die Generatorleistung als Scheinleistung in MVA und die Wellenleistung der Dampfturbinen in MW anzugeben. Heute wird der größte Teil der auf der Erde verbrauchten elektrischen Energie in Turbogeneratoren erzeugt. Sein Anteil an der Gesamterzeugung beträgt z. B.

— in der Bundesrepublik Deutschland ca. 94 %, (1975)
— in den USA ca. 85 %.

Die größten, in den USA in Betrieb genommenen Turbogeneratoren haben Einwellenleistungen von 700 und 950 MVA. Bei deutschen Firmen wurden Einwellenturbosätze für das Kernkraftwerk Biblis mit Leistungen von 1500 und 1530 MVA gebaut; der erste Block ging im Frühjahr 1974 in Betrieb. In den USA wurden Turbosätze von 1333 MVA bestellt oder bereits ausgeliefert.

Bei Turbosätzen hoher Leistung (ab ca. 600 MW) für Kernkraftwerke geht man wieder auf eine Drehzahl von 1500 min^{-1} zurück (gegenüber konventionellen Kraftwerken mit Turbosätzen 3000 min^{-1}). Die Gründe dafür sind die niedrigen Druck- und Temperaturwerte des Frischdampfes bei Kernkraftwerken gegenüber konventionellen Kraftwerken. Deshalb sind die Volumenströme entsprechend größer. Das zwingt, um die Schaufellänge der Endstufe im technisch beherrschbaren Bereich der Fliehkraftbeanspruchung zu halten, zum Übergang auf niedrigere Drehzahl der Dampfturbine. Andererseits wird dadurch der Läufer des Synchrongenerators mechanisch entlastet, was wiederum größeren Durchmesser erlaubt. So gelten für den Turboläufer des Generators beim Kernkraftwerk Biblis folgende Daten:

Durchmesser d = 1800 [mm],
Länge l = 7500 [mm],
l/d = 4,17,
n = 1500 [min^{-1}].

Die genormten Netzspannungen bei Drehstromgeneratoren für 50 Hz liegen im Bereich zwischen 130 V und 6,3 kV für Generatorleistungen unter 80 MVA und zwischen 10,5 kV und 27 kV für größere Leistungen (Tabelle 3.1). Abweichungen sind möglich, besonders bei Wasserkraftgeneratoren. Bei den neueren sehr großen Turbogeneratoren geht man auf höhere Spannungen über, obschon eigentlich aus Isolationsgründen geringe Spannungen anzustreben sind. Muß man doch wegen der Verluste und Kurzschlußkräfte die Ströme möglichst unter 34 kA halten.

Wegen der Wichtigkeit von Wärmekraftwerken für die Elektrizitätsversorgung soll im folgenden noch kurz die Frage nach den Grenzleistungen von Dampfturbogruppen angeschnitten werden. Da Turbine und Generator als Einheit — nämlich als Dampfturbogruppe — betrachtet werden müssen, werden im weiteren auch kurz die von der Turbine herrührenden Grenzen mitbetrachtet.

*Grenzen durch die Dampfturbine**

Grenze durch die Endstufe der Turbine

Wenn man von Grenzleistung spricht, denkt man zunächst immer an die Endstufe der Turbine. Sie bestimmt den größtmöglichen Dampfdurchsatz bei gegebenem Vakuum und ist damit sicher einer der wesentlichsten Faktoren für die maximale mögliche Leistung.

Das Ansteigen der Abdampfdrücke, hervorgerufen durch den Übergang von Flußwasserkühlung zur Kühlturmkühlung und hier wiederum von Naßkühltürmen auf Trockenkühltürme, kommt der Entwicklung zu größerem Dampfdurchsatz und damit höherer Einheitsleistung entgegen.

Wenn wir die Leistungsgrenzen abhängig von der Endstufe betrachten, sind zwei Fälle zu unterscheiden:

---

* Nahezu wörtlich zitiert aus einem Vortrag von K. Buchwald und K. Merz, Brown Boveri & Cie. AG, Mannheim. Erschienen bei VGB Dampftechnik GmbH, 4300 Essen 1.

— die Turbine mit herkömmlichen Eintrittsdaten, also für Kraftwerke mit fossilen Brennstoffen oder mit Hochtemperaturreaktoren, und
— die Sattdampfturbine für die derzeit gängigen Kernkraftwerke mit Leichtwasserreaktoren, die für die gleiche Leistung eine um 60 bis 70 % höhere Dampfmasse in der Endstufe benötigen.

Für volltourige Turbinen mit konventionellen Eintrittsdaten und vierflutigem Abdampf sind Austrittsflächen mit je 7,1 und 8,5 m² Fläche seit 1975 schon in Betrieb.

Der Abdampfteil mit 12,25 m² Austrittsfläche ist durchkonstruiert und die entsprechende Schaufel mit 1200 m Länge in der Erprobung. Die maximale Beanspruchung dieser Schaufeln, bezogen auf den zulässigen Wert, ist nicht größer als bei den kleineren Abdampfmengen, das Erosionsverhalten nicht ungünstiger.

Mit diesen Abmessungen sind bei 0,1 bar Vakuum, dem Grenzvakuum für Naßkühltürme, vierflutig 1900 MW, sechsflutig 2800 MW zu erreichen. Bei 0,2 bar Vakuum, dem Grenzvakuum für Trockenkühltürme, erhält man etwa die doppelten Werte.

Für Turbinen mit Dampfeintrittsdaten, wie sie bei Kraftwerken mit fossilem Brennstoff oder mit Hochtemperaturreaktoren üblich sind, können also bei dem heutigen Entwicklungsstand die geforderten Einheitsleistungen bis ins Jahr 2000 ohne weiteres verwirklicht werden, und zwar volltourig.

Diese Grenzen lassen sich mit neuen Techniken, z. B. durch den Einsatz anderer Materials für die Endschaufel (z. B. Titan oder kohlefaserverstärkter Kunststoff) nicht wesentlich erhöhen. Denn nicht die Festigkeit der Endschaufel setzt hier eine Grenze, sondern sie ist bedingt durch die Strömungsverhältnisse an der letzten Stufe.

Die Summe aus den Strömungs- und Austrittsverlusten steigt oberhalb 700 m/s Umfangsgeschwindigkeit steil an und ergibt einen stark abfallenden Gesamtwirkungsgrad der Endstufe. Da diese über 10 % des Gesamtgefälles verarbeitet, wird auch der Wirkungsgrad der gesamten Turbine stark abfallen. Eine Vergrößerung der Austrittsfläche ist also kaum noch wirtschaftlich gegenüber einer weiteren Anhebung des Abdampfdruckes. Allenfalls eine Vergrößerung um 10 % ist noch vernünftig.

Mit 6flutigem Abdampf liegt also die Grenzleistung bei ca. 6000 MW.

Bei Sattdampfturbinen liegt mit 6flutigem Abdampfteil die entsprechende Grenze bei ca. 3700 MW, mit 8flutigem Abdampfteil, der ohne weiteres baubar ist, bei ca. 5000 MW. Aus Sicht der Endstufe der Turbine besteht also auch bei Sattdampfturbinen heute noch kein Anlaß für halbtourige Maschinen.

Bei halbtourigen Maschinen ist theoretisch, wenn man alle Abmessungen verdoppelt und damit bei gleicher Beanspruchung und gleichen Strömungsverhältnissen eine vierfache Austrittsfläche gewinnt, eine Vervierfachung der vorher gezeigten Grenzleistung möglich. Man käme damit also zu Leistungen, die weit über 20 000 MW liegen. Das Gewicht der Niederdruckwelle stiege dabei aber theoretisch auf das achtfache und würde den aus heutiger Sicht utopischen Wert von 2000 t erreichen. Darüber hinaus ergeben sich aber auch ganz andere, im folgenden betrachtete Grenzen, die eine solche Vergrößerung der Einheitsleistung nicht zulassen.

Grenzen der an der Kupplung übertragenen Leistung

Aus dem an der Generatorkupplung zu übertragenden Drehmoment, das etwa das 5fache Nennmoment sein soll, ergibt sich der notwendige Wellendurchmesser an dieser Stelle und damit der notwendige Kupplungsdurchmesser. Dieser ist begrenzt durch die Notwendigkeit, die Rotorkappe darüberschieben zu können. Erst beim Rotor mit Supraleitung ist diese Bedingung nicht mehr gegeben, und der maximale Kupplungsdurchmesser wird vom maximalen Läuferdurchmesser bestimmt. Aus diesen Bedingungen ergibt sich Tabelle 3.2.

Tabelle 3.2. Grenzleistungen in MW für verschiedene Kupplungsarten

	Volltourig	Halbtourig
Reibkupplung	800	900
Scherbüchsenkupplung	1 200	1 600
Hülsenkupplung	2 000	2 600
Rotor mit Supraleitung und Hülsenkupplung	4 500	10 000

Grenzen durch das Gewicht

Hier sind einigermaßen genaue Grenzen nur schwer anzugeben. Wenn man unterstellt, daß der Transport auf dem Wasser erfolgen kann und außerdem die Maschine so weit wie möglich zerlegt transportiert wird, so gibt es nahezu keine Einschränkungen. Was sich jedoch nur in einem Stück transportieren läßt, sind die Wellen, und deshalb sind hier einige Angaben über die Wellengewichte angebracht.

Für den Fall 0,1 bar Vakuum und 6flutigem Niederdruckteil ergibt sich der Kurvenverlauf in Bild 3.1 für die Gewichte der Niederdruckwellen. Aus dem Bild geht hervor, um wieviel schwerer die Niederdruckwellen der halbtourigen Maschinen sind. Bei gleicher Leistung sind sie doppelt so schwer.

Bei einer Leistung von 4500 MW wiegt die Niederdruckwelle einer halbtourigen Sattdampfturbine 420 t. Sie hat einen Durchmesser von 3,5 m unbeschaufelt und 7,6 m beschaufelt und ist ungefähr 15 m lang. Hier liegt sicher nicht die absolute Grenze des Transportierbaren, aber es scheint hier doch eine Grenze des mit vernünftigen Mitteln Baubaren und Transportierbaren zu liegen.

Wenn man dem gegenüberstellt, daß mit einer volltourigen Heißdampfturbine unter sonst gleichen Bedingungen mit einem 100 t schweren Niederdruckläufer auch schon über 3000 MW zu erreichen sind, so wird deutlich, in welcher Richtung der Weg gehen müßte.

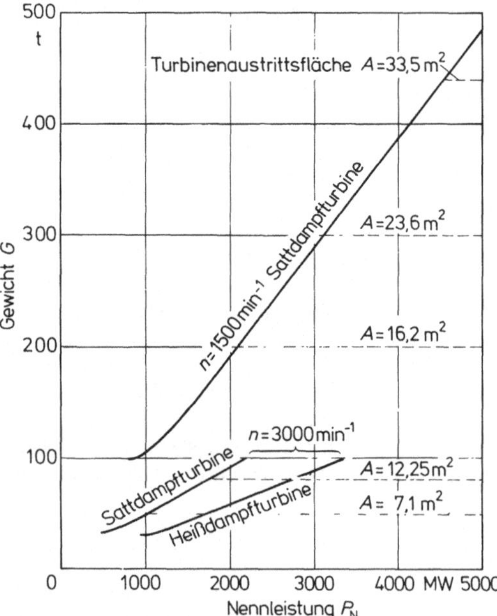

Bild 3.1. Gewichte der Niederdruckwellen von Turbogruppen mit sechsstufigem Niederdruckteil bei Vakuum (0,1 bar)

Grenzen durch die Lagerbelastung

Aus den oben angegebenen Gewichten für die Niederdruckläufer und den entsprechenden Gewichten des Generatorläufers sowie unter Annahme des durch das 5fache Nennmoment bedingten Lagerzapfen-Durchmessers am antriebsseitigen Generatorlager lassen sich die spezifischen Lagerbelastungen errechnen. Die Grenzleistungen sind in Tabelle 3.3 aufgeführt.

Tabelle 3.3. Grenzleistungen in MW für 1 und 2 Lager zwischen Generator und Turbine

	Volltourig	Halbtourig
1 Lager	1800	1500
2 Lager	4500	4500

Grenzen durch den Turbogenerator

Hier sei nochmals an Gl. (3.2) erinnert, in der bereits die wesentlichen Faktoren genannt sind, die die Grenzleistung eines Turbogenerators bestimmen.

Grenzdurchmesser des Läufers

Mit den heute üblichen Werkstoffen, nämlich einem Chrom-Nickelstahl mit einer Streckgrenze von etwa 700 N/mm^2 für das Läuferschmiedestück und einem austenitischen unmagnetischen Chrom-Manganstahl mit einer Streckgrenze von etwa 1200 N/mm^2 für die Wicklungskappen sind die in Bild 3.2 gezeigten Grenzdurchmesser möglich. Kappen aus kohlefaserverstärktem Kunststoff ließen größere Durchmesser zu, sind aber nicht erforderlich, da der Läuferdurchmesser die Grenze bildet.

Grenzlänge des Läufers

Drei Faktoren können die Grenzlänge eines Läufers bestimmen:
- die zulässige Biegewechselbeanspruchung,
- die zulässige Durchbiegung im Luftspalt,
- die Lage der kritischen Drehzahl mit ihrem Einfluß auf die Lagerstabilität.

Bild 3.3 zeigt diese Grenzen.

Grenzen durch Gewicht und Fertigungsmöglichkeiten

Bild 3.4 zeigt die Gewichte und Abmessungen von Grenzleistungsgeneratoren, wobei die zulässigen Grenzabmessungen für die halb-

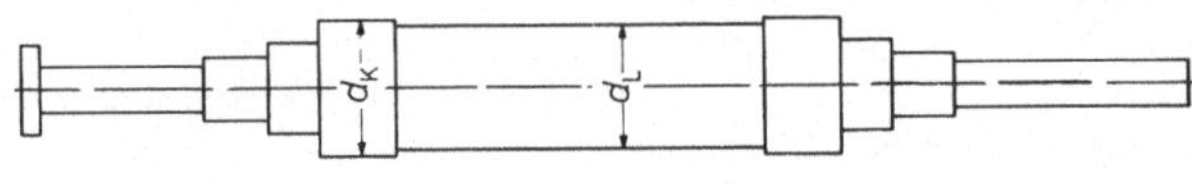

Polzahl	2	4
Frequenz [Hz]	50	50
Drehzahl [min^{-1}]	3000	1500
$d_{\text{Läufer}}$ [mm]	1280	2250
d_{Kappe} [mm]	1310	2370

Bild 3.2. Mechanische Grenzdurchmesser für Läuferkörper (d_L) und Kappenringe (d_K) von zwei- und vierpoligen Turbogeneratoren

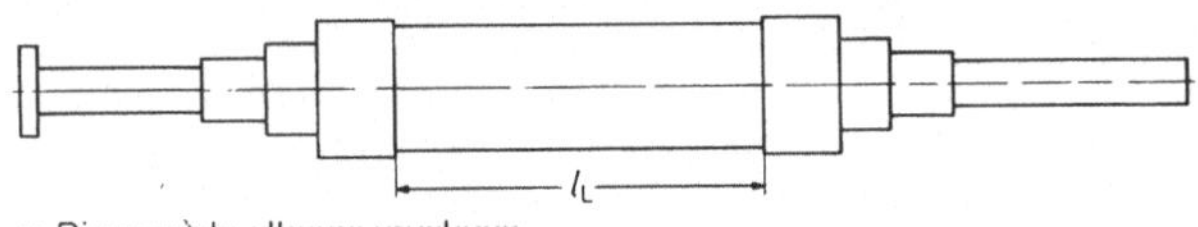

Polzahl		2	4
Frequenz [Hz]		50	50
Drehzahl [min^{-1}]		3000	1500
l_L [mm] begrenzt durch	a	16500	20450
l_L [mm] begrenzt durch	b	14300	19800
l_L [mm] begrenzt durch	c	9000	13000

a Biegewechselbeanspruchung
b Durchbiegung des Ballenteils (magnetischer Zug und Eigengewicht)
c Lagerstabilität (Lage der ersten kritischen Drehzahl)

Bild 3.3. Mechanische Grenzlängen (l_L) von Läufern bei zwei- und vierpoligen Turbogeneratoren

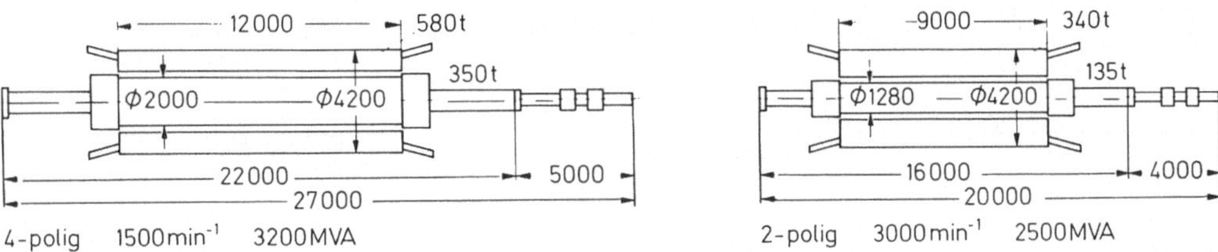

Bild 3.4. Gewichte und Abmessungen von Grenzleistungsturbogeneratoren

tourige Variante noch nicht ganz ausgenutzt sind. Der 350-t-Läufer dieser Variante ist z. Zt. als Monoblock nicht baubar.

Ob man Läufer als Monoblock oder zusammengesetzt in der bewährten Schrumpfkonstruktion baut, hängt allein von der Liefermöglichkeit und der Preisstellung der Schmiedestückhersteller ab. Der Ständer läßt sich bis zu dieser Größe noch ungeteilt bauen und transportieren.

Strombelag

Der Strombelag wurde in den letzten Jahren außerordentlich gesteigert. Er ist vor allem ein Maß für die zu erwartende Erwärmung der aktiven und inaktiven Teile.

Diese Steigerung ist hauptsächlich abhängig vom Kühlprinzip. Mit Luftkühlung beträgt der maximale Strombelag ca. 1000 A/cm, mit Wasserstoffkühlung ca. 2200 A/cm und mit direkter Wasserkühlung mehr als 3000 A/cm. Damit konnte die Ausnutzung auf über 300 % gesteigert werden und war somit der entscheidendste Faktor zur Erhöhung der Grenzleistung.

Magnetische Grenzen

Moderne Turbogeneratoren haben Luftspaltinduktionen von 1,1 T (11 000 G). Eine weitere Steigerung dieses Wertes scheitert an der durch die Sättigung der Eisenwege bedingten unwirtschaftlichen Erhöhung des Erregerbedarfs.

Der Wunsch nach einer weiteren Erhöhung der Grenzleistung führt zur Supraleittechnik.

Supraleittechnik

Den grundsätzlichen Aufbau eines Generators mit supraleitender Läuferwicklung zeigt Bild 3.5. Die Grundidee beruht auf der Ausnutzung der großen Leitfähigkeit der Supraleiter, wodurch man gegenüber der sich aus der Zahnsättigung ergebenden Grenze bei heutigen Maschinen ein viel stärkeres Magnetfeld erzielt. Den Luftspalt kann man so groß ausführen, daß die Ständerwicklung darin untergebracht werden kann. Die Läuferwicklung aus Niob-Titan hält flüssiges Helium mit 4 bis 5 K supraleitend. Die Wicklung liegt wie bei einem normalen Rotor in den Nuten. Ein wichtiger Bestandteil des Läufers ist der Dämpfungszylinder, der die Läuferwicklung gegen eindringende Wechselfelder schützt. Er überträgt gleichzeitig das Drehmoment von der Kupplungsseite.

Die Supraleittechnik führt zwar zu höheren Einheitsleistungen bei großen Turbogeneratoren, bedingt aber, basierend auf dem heutigen Stand der Erkenntnis, trotz wesentlicher Verringerung des Gewichts, der Abmessungen und der elektrischen Verluste einen hohen finanziellen Mehraufwand.

Die erreichbare Leistung bei vierpoligen Ausführungen dürfte bei ungefähr 7000 MVA liegen, wobei der Durchmesser des Läuferkörpers wegen der Beanspruchungen unter Schleuderdrehzahl auf 2000 mm begrenzt ist. Das Gesamtgewicht dieser Maschine beträgt etwa 1720 t und setzt sich zusammen aus

— dem Läufer mit rund 235 t,
— der Ständerwicklung und dem Wicklungsträger mit rund 270 t,
— dem Ständereisen mit rund 800 t,
— dem Gehäuse und den Lagerschildern mit rund 400 t.

Grenzleistungen des Generators

Aus dem vorher Gesagten ergeben sich die Grenzleistungen für den Generator bei $\cos\varphi = 0{,}8$ gemäß Tabelle 3.4, wobei die Grenzen durch die Lagerbelastung noch nicht berücksichtigt sind.

Faßt man alle genannten Grenzen zusammen, so kommt man zu folgendem Ergebnis: Die Grenzleistung von Turbogruppen mit Ge-

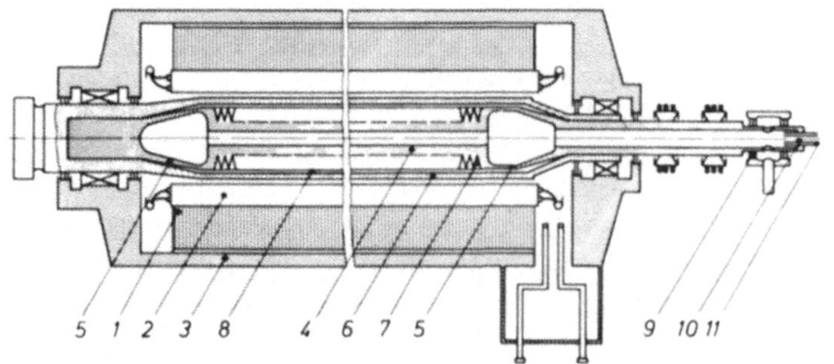

Bild 3.5. Generator mit supraleitender Erregerwicklung

Tabelle 3.4. Grenzleistungen in WM für Generatoren
mit verschiedener Kühlung

	Volltourig	Halbtourig
Wasserkühlung in Ständer und Läufer	2000	2600
Heliumkühlung mit Supraleitung im Läufer	3200	5600

neratoren herkömmlicher Bauart liegt volltourig
bei ca. 2000 MW und halbtourig bei ca. 2600
MW, wobei sowohl der Generator als auch die
Kupplung zwischen Turbine und Generator
begrenzend wirken. Mit Supraleitung kommt
man auf Grenzleistungen von 3200 MW volltourig und unter Berücksichtigung der zulässigen Lagerbelastung auf 4500 MW halbtourig.
Auch mit großen Anstrengungen wird man also
kaum über 5000 MW mit einem rotierenden
Stromerzeuger hinauskommen.

3.1.1.2 Wasserkraftgeneratoren

Der Läufer der Schenkelpolmaschine (Schen-
kelpolläufer) hat, wie eine Gleichstromma-
schine, einzelne ausgeprägte Pole. Sein Durchmesser ist relativ groß (bis ca. 15 m, abhängig
von der Polpaarzahl). Dagegen ist die axiale
Länge verhältnismäßig klein.

Der Schenkelpolgenerator ist somit für niedrige Drehzahlen konstruiert und wird hauptsächlich in Wasserturbinenanlagen oder bei
Antrieb durch andere langsam laufende Kraftmaschinen eingesetzt.

Für jede Wasserkraftanlage sind je nach
Fallhöhe, Ausbauwassermenge und den üblichen Schwankungen der Wasserdarbietung die
Turbinen festzulegen. Die Turbinendaten wiederum beeinflussen die konstruktive Ausführung der Generatoren. Während Turbogeneratoren nur in wenigen standardisierten Drehzahlen und Leistungsgrößen gebaut werden,
umfassen Wasserkraftgeneratoren praktisch den
ganzen Bereich der synchronen Drehzahlen
und werden in den verschiedensten Bauformen
mit horizontaler oder vertikaler Wellenanord-
nung ausgeführt. Auch Anlagen mit schrägen
Wellen werden als Rohrturbinensätze gebaut.

Im wesentlichen dienen Anlagen mit
$n \geq 250$ min^{-1} zur Pumpspeicherung und
Spitzenlastdeckung sowie zur Verarbeitung
großer Gefälle. Der darunterliegende Drehzahl-
bereich ist vornehmlich für Laufwasserkraftwerke bestimmt. In beiden Bereichen sind in
der letzten Zeit große Leistungssteigerungen

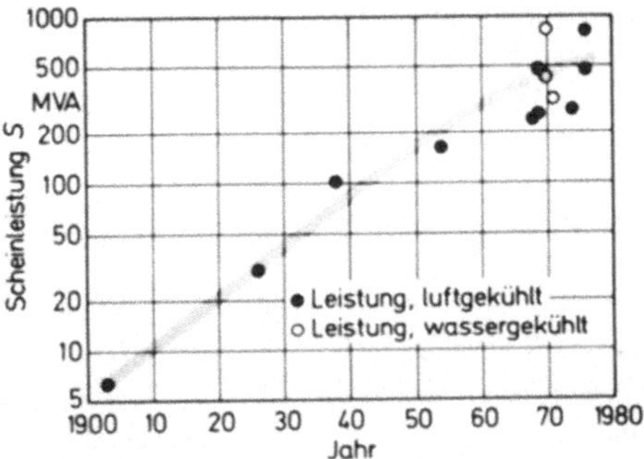

Bild 3.6. Entwicklung der Leistung von Wasserkraftgeneratoren

verwirklicht worden (Bild 3.6). Dazu waren
der Übergang auf Nennspannungen bis über
20 kV sowie die Einführung der Wasserkühlung erforderlich. Diese wendet man ab 250
MVA für $n = 500$ min^{-1} und ab 700 MVA
für $n = 100$ min^{-1} an. Aus den Forderungen
zur Turbinenregelung (Stabilität und Über-
schwingweite) sowie den Mindestforderungen
bezüglich k_0 (Leerlaufkurzschlußverhältnis)
ergeben sich beachtliche Ausnutzungsminde-
rungen. Das größte 1977 im Bau befindliche
Wasserkraftwerk ist Itaipu an der Grenze zwischen Brasilien und Paraguay mit 18 Maschinen zu je 766 MVA gleich 13 788 MVA bei
$n = 92{,}3$ min^{-1}. Maschinen dieser Größe werden auf der Baustelle aufgebaut.

Den bedeutendsten Einfluß auf Kräfte
und Deformation bei den großen Wasserkraft-
maschinen hat die Wärmedehnung. So ergibt
ein Temperaturunterschied von 60 K bei 15 m
mittleren Ständerdurchmessers eine Dehnung
von 11 mm.

Wie sich die Drehzahlen und Umfangsge-
schwindigkeiten von Wasserkraftgeneratoren
entwickelten, zeigt Bild 3.7.

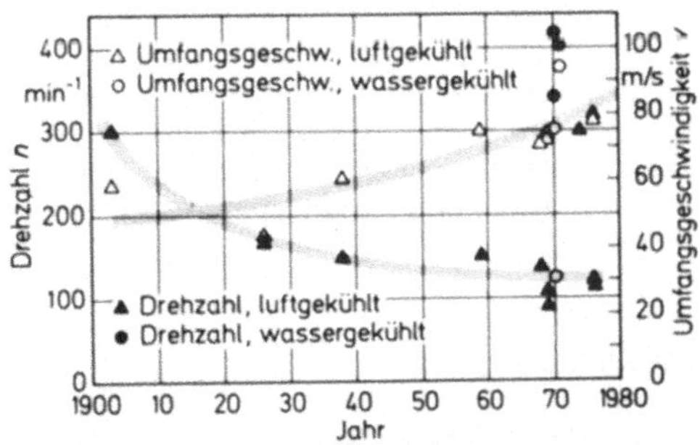

Bild 3.7. Entwicklung der Drehzahlen und Umfangs-
geschwindigkeiten von Wasserkraftgeneratoren

Es sei auch noch auf die möglichen Durchgangsdrehzahlen der Wasserturbinen verwiesen, für die die Generatoren gebaut und geprüft sein müssen (Tabelle 3.5).

Tabelle 3.5. Durchgangsdrehzahlen für verschiedene Turbinenarten

Turbinenart	Gefälle [m]	Durchgangsdrehzahl
Freistrahl	100	1,8fach
Francis	10 ... 100	1,8 ... 2,2fach
Kaplan	15	2,4 ... 3,6fach

Der technische Fortschritt hat auch bei Wasserkraftanlagen zu einer beträchtlichen Erhöhung der Maschinenleistung geführt. So waren 1975 Maschinenleistungen bis zu 825 MVA realisiert.

3.1.1.3 Antrieb durch Dieselmotoren oder Dampfmaschinen

Im Gegensatz zu Turbinen ist das an der Welle abgegebene Drehmoment einer Kolbenmaschine während eines Umlaufes nicht konstant, da sich das Verhältnis von Gasdruck- und Massenkräften verändert. Dies gilt naturgemäß bei Einzylindermaschinen in besonderem Maße. Diese Schwankungen des Moments lösen ihrerseits Drehzahlschwankungen aus. Die Folgen davon sind

— Spannungsschwankungen, die nicht nur für die elektrische Beleuchtung unangenehm sind, und
— Pendelschwingungen des Läufers (im ungünstigsten Fall kann es zur Resonanz zwischen erregenden Schwingungen und den Generatoreigenschwingungen kommen).

Heute werden diese Phänomene weitgehend durch exakte Berechnung der Schwungmassen sowie durch Mehrzylindermaschinen, bei kleineren Dampfkraftwerken auch durch den Einsatz von schnellaufenden Dampfmotoren, vermieden.

3.1.2 Kühlung

Neben Drehzahl, Durchmesser und Länge des Läufers bestimmen noch zwei weitere Größen die Leistung des Synchrongenerators. Dies sind

die Induktion B und der Strombelag A, die in die Ausnutzungsziffer C gemäß Gl. (3.3) eingehen.

Beide Werte können nicht beliebig vergrößert werden. Eine Erhöhung der magnetischen Induktion ist nur durch Vergrößerung des Volumens möglich, und eine Vergrößerung des Strombelages zieht höhere Ständerverluste nach sich. Außerdem muß dann wegen der Ankerrückwirkung auch der Erregerstrom erhöht werden, womit die Erregerverluste ansteigen.

Nutzt man alle Möglichkeiten der Verlustsenkung aus (hochwertiges Dynamoblech, Verdrillung auch der Wickelköpfe u. a.), so wird die Steigerung der Ausnutzungsziffer im wesentlichen ein Problem der Belüftung und der Wärmeabfuhr. Insofern könnte die tiefgekühlte und die im Gebiet der Supraleitung arbeitende Maschine einen wesentlichen Markstein zum Erreichen wesentlich höherer Leistungsziffern darstellen.

Bei langsam laufenden Wasserkraftgeneratoren stellt im allgemeinen die Kühlung keine technischen Probleme. Wasserkraftgeneratoren sind bis zu den größten Leistungen (825 MVA, 112,5 min^{-1}) luftgekühlt. Daneben sind einige Ausführungen wassergekühlt. Der Übergang ist drehzahlabhängig. Bei Drehzahlen bis 100 min^{-1} bevorzugt man ab 700 MVA und bei Drehzahlen über 500 min^{-1} ab 250 MVA die Wasserkühlung.

Für Turbogeneratoren dagegen ist die Kühlung ein echtes Problem. Die hohen Drehzahlen und Leistungen bedingen durch die verschiedenartigen Verluste eine starke Erwärmung, die bei der kompakten Bauweise nur mit besonderem und gezielten Aufwand abgeführt werden kann.

Eine Verbesserung der Kühlung bringt grundsätzlich folgende Vorteile:

— höhere Ausnutzungsziffer C, kleinere Abmessungen und Gewichte;
— geringere Abmessungen bedingen kleinere Werte oder Längsdehnung und damit längere Lebensdauer;
— gleichzeitig wird das Wuchten einfacher und damit die Laufruhe besser;
— es ergeben sich auch kleinere Kurzschlußmomente, kleinere Beanspruchung der Maschinentransformatoren und der Maschinenfundamente.

Im folgenden werden die wichtigsten Kühlarten besprochen.

Gasförmige Kühlmedien

In Tabelle 3.6 sind für verschiedene gasförmige und flüssige Kühlmedien die wichtigsten Kenngrößen — bezogen auf die entsprechenden Werte von Luft — dargestellt.

Luftkühlung ist bis zu einer Leistungsgröße von ca. 80 MW möglich. Die Kühlluft wird außerhalb des Gebäudes angesaugt, durchströmt den Generator und gelangt an anderer Stelle wieder ins Freie. Diese Luftführung ist nur erlaubt, wenn vollkommen reine Luft zur Verfügung steht. Bei staub- und insektenhaltiger Luft leitet man die Kühlluft zur Reinigung durch Filter und dann in den Generator.

Bei großen Generatoren ist der Kühlkreislauf geschlossen. Das Kühlgas wird von den im Generator eingebauten Lüftern von beiden Seiten her durch den aktiven Teil des Generators geblasen, tritt in der Mitte radial aus und wird durch wassergekühlte Rückkühler geleitet. Die rückgekühlte Luft wird durch die Lüfter wieder angesaugt. Die Kühler werden im allgemeinen so bemessen, daß die Kühlluft des Generators 10 K oder manchmal auch nur 5 K wärmer als das Kühlwasser des Rückkühlers ist.

Vorteile des geschlossenen Kühlkreislaufes sind

— Vermeidung langer Kanäle und Filter in den Gebäuden;
— Ausdehnung eines durch Generatorschaden hervorgerufenen Brandes wegen der beschränkten Sauerstoffzufuhr unmöglich.
— Löschen eines Brandes durch Einblasen von Kohlensäure möglich (ein entsprechender Teil des Luftvolumens muß durch Überdruckklappen ins Freie geleitet werden).

Mit Luftkühlung wurde $C = 6\,\text{kVA}\,\text{min}/\text{m}^3$ erreicht. Will man nun eine Maschine höher ausnutzen, so stellt der Läufer in einem Teil des Leistungsbereiches die Grenze dar. Obwohl im Läufer nur die Erreger- und Gasreibungsverluste abgeführt werden müssen (ca. 13 bis 19 % der Gesamtverluste) ist die Wärmeabfuhr hier viel schwieriger als im Ständer. Denn die wärmeabgebende Oberfläche des Läufers ist wesentlich kleiner als die des Ständers. Es gibt zwei Mittel, um die Wärmeabfuhr zu verbessern:

— Vergrößerung der wärmeabgebenden Oberfläche innerhalb des Zahnes,
— Einführung eines besseren Kühlmittels.

Man hat die Oberfläche der Turboläufer schon weitgehend vergrößert, indem man die Läuferzähne in Längsrichtung durchbohrt und Grundnuten einfräst und so einen besseren Wärmeübergang vom Kupfer über Eisen zur Luft schafft. Versuche, die Zylinderoberfläche durch Eindrehen von Nuten zu vergrößern und damit die Wärmeabgabe zu verbessern, schlugen fehl. Mehrstufige Axialgebläse an den Läuferenden bringen bessere Ergebnisse.

Die Einführung eines besseren Kühlmittels, nämlich Wasserstoff, ging von Amerika aus. Da die Synchrondrehzahl dort 3600 min^{-1} beträgt, waren die Ventilationsverluste (Gasreibungsverluste) schon bei 40-MVA-Maschinen so groß, daß der Bau von größeren luftgekühlten Maschinen unwirtschaftlich wurde. Bei gleichen Rotoren bedeutet eine 20 %ige Drehzahlerhöhung 70 % mehr Ventilationsverluste. Wasserstoff hat eine Dichte, die nur rund 1/14 der von Luft beträgt. Wegen der geringen Dichte von Wasserstoff gehen die Ventilationsverluste erheblich zurück.

Tabelle 3.6. Eigenschaften verschiedener Kühlmedien, bezogen auf Luft

Kühlmedium	Relative spezifische Wärme	Relative Dichte	Relative praktisch mögliche Geschwindigkeit des Kühlmediums	Ungefähres relatives Wärmeabfuhrvermögen
Luft	1	1	1	1
Wasserstoff 3 bar	14,35	0,21	1	3,0
4 bar	14,35	0,28	1	4,0
Helium 1,035 bar	5,25	0,138	1	0,75
Öl	2,09	848	0,012	21,0
Clophen	1,09	1510	0,013	21,0
Wasser	4,16	1000	0,012	50,0

Auch die Lagerreibungsverluste werden dabei geringer, weil der Generator wegen der intensiven Kühlung kleiner gehalten werden kann. Zudem ist auch die Geräuschbildung wegen der geringen Dichte kleiner als beim Kühlen mit Luft.

Wasserstoff hat gegenüber Luft nicht nur den Vorteil geringerer Dichte. Auch die Werte für die Wärmeübergangszahl, die Wärmekapazität und Wärmeleitfähigkeit sind größer. Sie sind abhängig von Druck, Temperatur und Strömungsgeschwindigkeit des Gases; vergleichende Angaben sind daher immer auf einen bestimmten Fall bezogen.

Wie man aus Tabelle 3.6 erkennt, nimmt bei Wasserstoff die Kühlwirkung mit Erhöhung des Druckes zu. Man arbeitet allgemein mit einem Druck von 4 bar. Die ausgeführten Daten gelten für reinen Wasserstoff. In der Praxis wird eine Reinheit von ca. 99 % eingehalten. Man befindet sich damit außerhalb des Bereiches explosiver Mischungen, der bei Luft-Wasserstoffgemischen (Knallgas) bei einem Wasserstoffgehalt zwischen 3 und 75 % liegt. Die Reinheit des Wasserstoffes muß ständig überwacht werden. Sie darf 90 % nicht unterschreiten. Beim Füllen und Entleeren des Generators, z. B. zur Vornahme von Revisionen, muß wegen der Explosionsgefahr Kohlendioxyd als neutrales Gas zwischen Luftfüllung und Wasserstoffüllung geschaltet werden. Trotzdem werden Gehäuse wasserstoffgekühlter Generatoren explosionsfest ausgebildet. Die Wellenabdichtung erforderte spezielle Konstruktionen, um die Gefahr von Bränden außerhalb des Gehäuses in Lagernähe zu vermeiden.

Bei luftgekühlten und den ersten wasserstoffgekühlten Maschinen wirkte die Kühlung im Läufer und Ständer indirekt. Das Kühlmedium strömt durch Kanäle, die neben den Leitern durch die Blechpakete bzw. den Rotor gebohrt sind. Daher muß die Wärme vom Kupfer durch die Isolation und das Eisen zum Kühlmedium dringen, um dort abgeführt zu werden. Diese Kühlmethode wird als II-Kühlung bezeichnet, da indirekt im Läufer und indirekt im Ständer gekühlt wird. Je stärker die Isolation wird, desto schwieriger ist die Kühlung. Mit Wasserstoff-II-Kühlung liegt die erreichbare Ausnutzungsziffer bei $C = 9$ kVA min/m^3.

Um eine Verbesserung zu erreichen, ging man auf die direkte Kühlung des Läufers über, die DI-Kühlung (direkt im Läufer, indirekt im Ständer). Dabei werden die Leiter im Läufer hohl ausgeführt und durch sie das Kühlmedium gepumpt. Man vermeidet dadurch die hohen Temperatursprünge zwischen Isolation und Eisen, weil die Verluste direkt am Orte des Entstehens abgeführt werden. Bild 3.8 zeigt die Anordnung der Kühlkanäle und die Temperaturverteilung bei indirekter und direkter Kühlung. Während eine Drucksteigerung bei der II-Kühlung nur geringen Kühlgewinn brachte, da hier die Wärmeleistung in Isolation und Eisen der entscheidende begrenzende Faktor ist, erreicht man bei direkter Kühlung durch höhere Drücke beachtliche Verbesserungen. Mit DI-Kühlung erzielt man Ausnutzungsziffern bis ca. $C = 15$ kVA min/m^3.

Bei großen Leistungen (ab etwa 200 MVA) wird auch eine Ständerdirektkühlung notwendig (DD-Kühlung). Dazu sind aber ein- oder mehrstufige Axialkompressoren notwendig, da die engen Kühlkanäle hohe Strömungswiderstände haben. Durch die hohen Kompressorleistungen steigt auch die Gasgeschwindigkeit stark an (von 30 bis 40 m/s bei DI-Kühlung auf 65 bis 70 m/s bei DD-Kühlung). Die dabei vergrößerte Wärmeübergangszahl ermöglicht eine Steigerung der Ausnutzungsziffer bis ca. $C = 22$ kVA min/m^3.

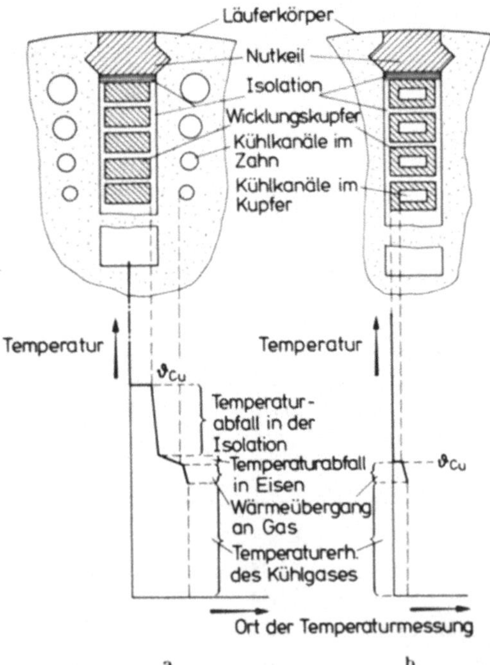

Bild 3.8 a u. b. Indirekte und direkte Leiterkühlung und Temperaturverteilung im Läufer eines Turbogenerators

Flüssige Kühlmedien

Um noch höhere Werte von C erreichen zu können, wird ein Kühlmedium benötigt, das ein noch größeres Wärmeabfuhrvermögen hat als Wasserstoff. Flüssigkeiten haben diese Eigenschaft, und unter ihnen bietet sich vor allem Wasser an (siehe Tabelle 3.6). Wasser kann etwa 4- bis 5mal soviel Leistung pro Kelvin Aufwärmung und pro Quadratmeter Oberfläche aufnehmen wie Wasserstoff. Legt man bestimmte Konstruktionsmerkmale zugrunde, so erhält man für Wasser eine Verbesserung des Wärmeabfuhrvermögens um den Faktor 12,5 gegenüber Wasserstoff bei 4 bar. Aus physikalischen und konstruktiven Gründen — es treten im Läufer stellenweise Wasserdrücke bis zu 150 bar auf — wurde die Wasserkühlung zuerst nur für die Hochspannungsständerwicklung durchgeführt (DF-Kühlung: Wasserstoff direkt im Läufer, Flüssigkeit im Ständer).

Für Maschinen, die Leistungen über 1000 MVA je Einheit erreichen, wird auch die direkte Wasserkühlung des Läufers notwendig (FF-Kühlung). Dabei treten neben den konstruktiven Schwierigkeiten vor allem Korrosionsprobleme auf, weshalb für die wasserführenden Teile nur Kupfer und nichtrostende Stähle verwendet werden dürfen. Das Kühlwasser wird laufend über Ionenaustauscher aufbereitet, um möglichst geringe elektrische Leitfähigkeit zu erzielen und um Elektrolyse zu unterbinden. Durch FF-Kühlung kann die Größe von Turbogeneratoren um 15 bis 20 % des aktiven Volumens verringert werden.

In Bild 3.9 ist der Kühlkreislauf bei FF-Kühlung skizziert. Dabei wird Wasser hohen Reinheitsgrades von einer im Kühlwasseranschlußkopf installierten Pumpe durch die Leiterstäbe des Stators und die Leiter des Läufers gepumpt.

In Bild 3.10 ist die zeitliche Entwicklung im Turbogeneratorbau dargestellt. Man sieht, wie mit der Einführung neuer Kühlmethoden und einer damit verbundenen Erhöhung der Leistungsziffern die Einheitsleistungen stiegen, während gleichzeitig das Leistungsgewicht geringer wurde. Der größte zur Zeit (1978) eingesetzte Generator hat eine Leistung von 1530 MVA. Als Leistungsgrenze für Generatoren mit FF-Kühlung wird heute ein Wert von 4000 MVA (volltourig) und 7000 MVA (halbtourig) angesehen.

Weitere Entwicklungsmöglichkeiten bietet die Tieftemperaturtechnik. Allerdings steckt diese Technik noch in den Anfängen. Es wurden bereits Versuche mit Maschinen im Supraleitbereich ausgeführt, doch sind die noch zu lösenden Probleme für einen wirtschaftlichen Einsatz so vielfältig, daß heute eine praktische Anwendung noch nicht realisierbar ist. Der entscheidende Vorteil derartiger Anlagen liegt in der dann möglichen wesentlichen Verkleinerung der Generatorabmessungen und einer beträchtlichen Reduzierung der Verluste.

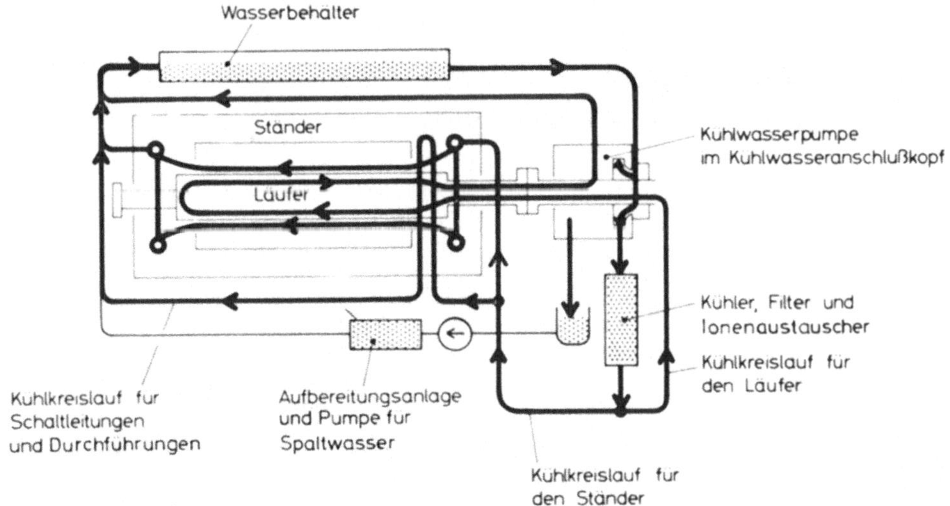

Bild 3.9. Vereinfachte Darstellung des Kühlwasserkreislaufes in wassergekühlten Generatoren (FF-Kühlung)

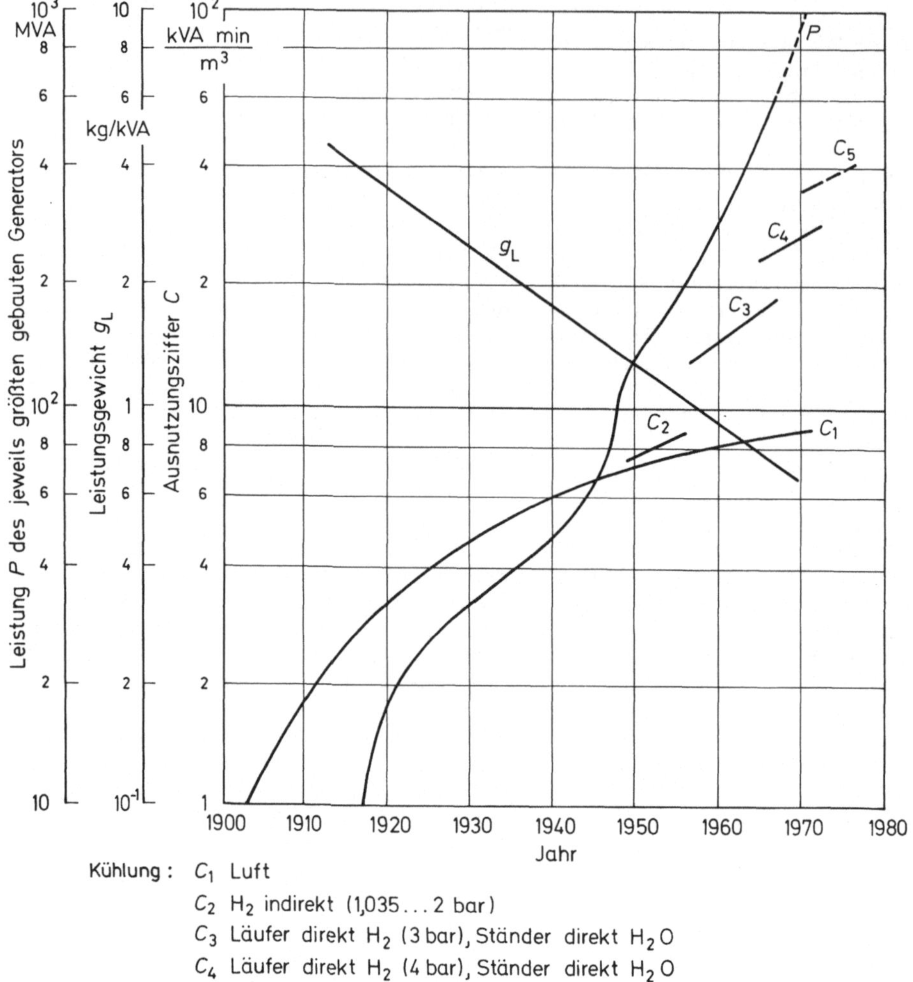

Kühlung : C_1 Luft

C_2 H_2 indirekt (1,035 ... 2 bar)

C_3 Läufer direkt H_2 (3 bar), Ständer direkt H_2O

C_4 Läufer direkt H_2 (4 bar), Ständer direkt H_2O

C_5 vollständig H_2O

Bild 3.10. Entwicklung der Kühlungssysteme im Turbogeneratorenbau

3.1.3 Erregung

Die Erregung der Feldmagneten des Synchrongenerators erfolgt mit Gleichstrom. Als Erregeranordnung können Erregermaschinen, Stromrichter oder eine Kombination von beiden verwendet werden. Hinsichtlich der Erregungsart definiert VDE 0530, § 6:

- Selbsterregung: Erregung einer elektrischen Maschine durch einen Strom, der den Klemmen ihres Ankers entnommen wird.
- Eigenerregung: Erregung eines Synchrongenerators durch einen Generator, dessen Drehzahl starr (oder über Getriebe) an die

Drehzahl der Hauptmaschine gebunden ist, und der hauptsächlich nur Erregerstrom liefert. Eigenerregung liegt auch dann vor, wenn ein getrennt aufgestellter Erregerumformer benutzt wird, der von einem starr an die Hauptmaschine gekoppelten Wellengenerator gespeist wird.
- Fremderregung: Erregung durch eine unabhängige Stromquelle.

Die Anforderungen an die Erregungseinrichtung betreffen
- Das dynamische Verhalten: Die dynamischen Eigenschaften der Erregeranordnung spielen bei steigenden Anforderungen an die

Spannungshaltung im Netz eine immer größere Rolle. Das bedeutet, daß bei Aufschalten von Stoßlasten die Erregungsgeschwindigkeiten $v_e = \Delta U_e/U_{eN} \cdot 1/\Delta t$ möglichst groß sein soll.

— Die Betriebssicherheit: Sie hängt bei Erregeranlagen wesentlich von der Sicherstellung der Erregerenergie ab. Autarkie ist in dieser Beziehung wünschenswert. Das bedeutet hier, daß man den Maschinensatz ohne Hilfe eines Fremdnetzes schnell auf Nennspannung bringen kann. Starthilfe durch eine Kraftwerksbatterie gilt bei geringer Entnahme und kurzer Beanspruchungszeit nicht als Minderung der Autarkie.

Die Wahl der Erregeranordnung für einen bestimmten Maschinensatz richtet sich nach der Art, Leistung, Nenndrehzahl und dem Drehzahlverhalten des Generators sowie nach den Netzbedingungen und Fragen des Platzbedarfs.

Synchrongeneratoren mittlerer und großer Leistung werden hauptsächlich mit Eigenerregung durch Erregermaschinen betrieben. Dabei sind selbsterregte Erregermaschinen oder Anordnungen mit fremderregter Haupt- und selbsterregter Hilfserregermaschinen am weitesten verbreitet.

Bei der selbsterregten (Haupt-)Erregermaschine (Bild 3.11a) wird die Feldwicklung der Erregermaschine von der Erregermaschine selbst gespeist (Nebenschlußmaschine). Diese Art der Erregung verliert immer mehr an Bedeutung. Die Erregungsgeschwindigkeit von $v_e = 0,1$ bis $0,4\ \mathrm{s}^{-1}$ reicht bei notwendigen Änderungen der Erregung des Generators nicht aus, die Spannung der Erregermaschine schnell genug auf- bzw. abzubauen.

Heute werden Erregungsgeschwindigkeiten in der Größe von $v_e = 0,5\ \mathrm{s}^{-1}$ verlangt. Deshalb verwendet man für große Synchronmaschinen Erregeranordnungen nach Bild 3.11b mit Haupt- und Hilfserregermaschinen. Dabei sind die Hilfserreger entweder wieder Nebenschlußmaschinen, oder sie werden durch Permanentmagnete erregt. Die Erregungsgeschwindigkeit der gezeigten Erregeranordnung beträgt 0,5 bis $1,2\ \mathrm{s}^{-1}$.

Bei Generatorleistungen bis ca. 160 MVA werden die Erregermaschinen direkt von der Welle angetrieben. Bei größeren 2poligen Generatoren treten technische Schwierigkeiten auf, da Gleichstrommaschinen mit einer Drehzahl von 3000 min^{-1} nicht für beliebige Leistungen gebaut werden können. Für große Leistungen werden deshalb die Erregermaschinen über Untersetzungsgetriebe an die Generatorwelle angekuppelt.

Eine andere Möglichkeit besteht darin, die Haupterregermaschine G_H durch einen Asynchronmotor anzutreiben (sog. Umformersatz, Bild 3.12). Dabei kann der Asynchronmotor seine Leistung unter Verzicht auf Autarkie von einem fremden Netz (Fremderregung, Fall I),

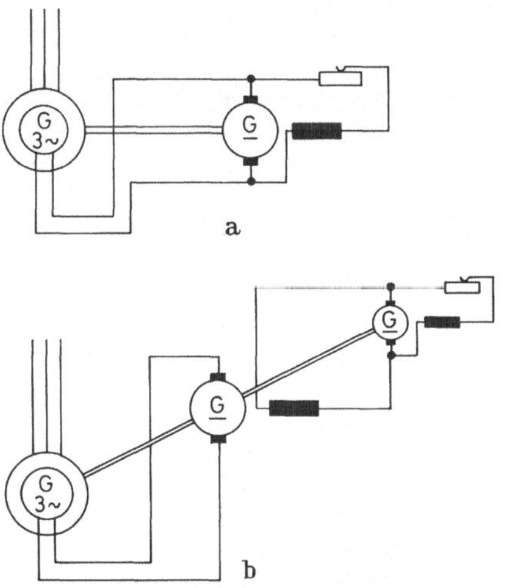

Bild 3.11a u. b. Eigenerregung von Synchrongeneratoren mit Nebenschlußerregermaschine (a) und mit Haupt- und Hilfserregermaschine (b)

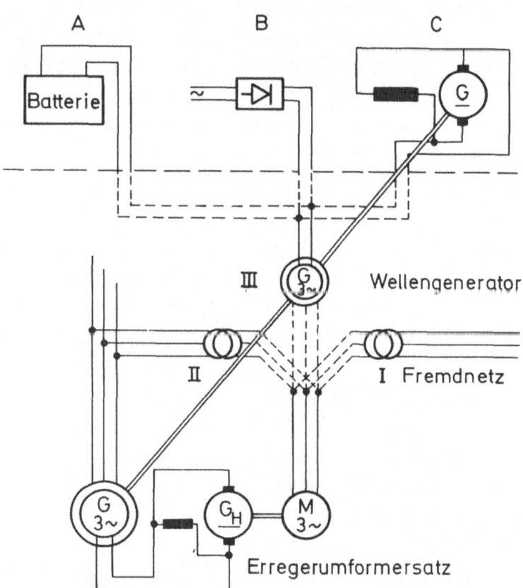

Bild 3.12. Verschiedene Arten der Erregung von Synchrongeneratoren

von den Generatorklemmen selbst (Selbsterregung, Fall II) oder von einem Wellengenerator (Eigenerregung, Fall III) beziehen.

Diese dritte Art der Erregung wird hauptsächlich bei großen Wasserkraftgeneratoren mit niedriger Drehzahl angewendet. Dabei ist der Wellengenerator ein auf der Welle des Hauptgenerators sitzender Drehstromgenerator in sehr flacher Bauweise, der seinen eigenen Erregergleichstrom wiederum einer Hilfserregermaschine mit Selbsterregung (C), einer Kraftwerksbatterie (A) oder über Gleichrichter einem Fremdnetz (B) entnimmt.

Um höhere Erregungsgeschwindigkeit bzw. raschere Regelung bei Laständerung zu erreichen, wird häufig die Haupterregermaschine anstatt vom Hilfserreger direkt über eine Verstärkermaschine erregt. Die sog. Amplidyne besteht praktisch aus einer Reihenschaltung zweier Gleichstrommaschinen, die in kompakter Bauweise zu einer Maschine zusammengefaßt sind. Mit ihr wird ein hoher Verstärkungsgrad (I_{Nutz}/I_{Steuer} = abgegebener Erregerstrom zu aufgenommenem Steuerstrom etwa $= 10^3 \ldots 10^4$) und gleichzeitig große Erregergeschwindigkeit ($v_e = 1{,}2 \ldots 1{,}8 \text{ s}^{-1}$) erreicht. Die Hilfsenergie wird als mechanische Antriebsleistung an der Welle zugeführt.

Bei magnetischen Verstärkern (Transduktoren) wird die Steilheit der Magnetisierungskurve hochwertiger Eisenkerne ausgenutzt. Die Verstärkung und die Erregergeschwindigkeit hängen von der Auslegung ab.

Vor allem bei Verwendung von Transduktorregelverstärkern werden statt Gleichstromhilfserregern kleine Drehstromgeneratoren verwendet, deren Strom gleichgerichtet wird (Bild 3.13a).

Eine Synchronmaschine kann sich auch selbst erregen, d. h. der Erregerkreis wird von den Ständerklemmen (die ja Drehstrom liefern) über Halbleitergleichrichter gespeist. Der Konstantspannungs-Synchrongenerator ist dafür das bekannteste Beispiel (Bild 3.13b). Dabei wird eine lastunabhängige (ß) und eine lastabhängige (α) Erregerkomponente derartig überlagert, daß sich für jeden Belastungszustand die zur Konstanthaltung der Klemmenspannung benötigte Erregung ohne Verwendung eines Spannungsreglers ergibt. Die Kondensatoren bilden mit den Drosselspulen Schwingkreise, die mit Hilfe der Remanenzspannung beim Hochfahren des Generators die Selbsterrregung gewährleisten.

Zur Eigenerregung von Synchrongeneratoren größter Leistung werden seit einigen Jah-

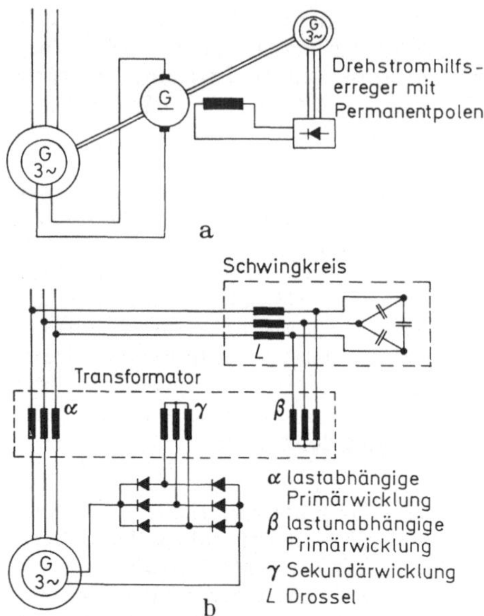

Bild 3.13 a u. b. Erregeranordnungen mit Drehstrom und Stromrichtern. a Eigenerregung mit Drehstromhilfserreger; b lastabhängige Selbsterregung des Konstandspannungs-Synchrongenerators

ren auch direkt gekuppelte Erreger-Drehstromgeneratoren mit nachgeschalteten Halbleiterstromrichtern eingesetzt. Drehstromerregermaschinen lassen sich auch bei höchsten Drehzahlen direkt mit der Generatorwelle kuppeln, wogegen man für Gleichstromerreger Getriebe verwenden muß. Werden die Gleichrichter getrennt vom Maschinensatz angeordnet, so ist die Verbindung zum Generatorläufer über Schleifringe herzustellen. Eine Übertragung von 30 kA ist bei entsprechender Schleifringkühlung ohne weiteres möglich.

Seit einiger Zeit werden auch schleifringlose Synchronmaschinen gebaut. Bei der Beherrschung großer Erregerströme (einige Kiloampere) bei sehr großen Maschinenleistungen weisen sie beachtliche Vorteile auf. Dabei rotieren die Erregergleichrichter mit. Wird die Hilfserregermaschine als Permanentpolmaschine ausgeführt, so entfallen jegliche Schleifringe. Der Generator des Kernkraftwerkes Biblis mit 1530 MVA Leistung und einem Läuferstrom von 10 kA wird z. B. auf diese Weise erregt.

Für besondere Konstruktionen wurden schon früher rotierende Gleichrichter angewendet, z. B. für schwer zugängliche Maschinen, wie Schacht- und Rohrturbinengeneratoren oder Kernenergieanlagen. Besonders vorteilhaft sind sie für langsamlaufende Wasserkraftgeneratoren, da genügend Raum für die Unterbringung der relativ umfangreichen Gleichrichtersätze zur Verfügung steht. Auch ausreichende Kühlung der Dioden ist gewährleistet. Die Steuerung und Regelung der rotierenden Erregersysteme dagegen ist problematisch. Möglichkeiten bestehen hier durch induktive Beeinflussung oder durch Funk.

Natürlich werden neben den hier erwähnten Erregeranordnungen noch die verschiedensten Kombinationen verwendet, doch kann auf sie im Rahmen dieses Buches nicht näher eingegangen werden.

3.1.4 Zeigerdiagramm des Vollpolsynchrongenerators

Das vollständige Ersatzschaltbild der Vollpolmaschine liefert mit Hauptinduktivität X_h, Streuinduktivität X_σ und ohmschen Widerstand R der Ständerwicklung das Zeigerdiagramm nach Bild 3.14.

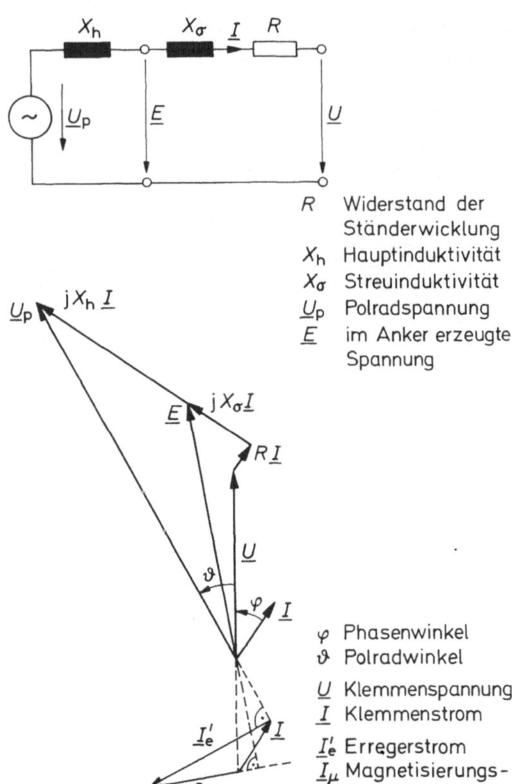

R   Widerstand der Ständerwicklung
X_h Hauptinduktivität
X_σ Streuinduktivität
U_p Polradspannung
E im Anker erzeugte Spannung

φ Phasenwinkel
ϑ Polradwinkel

U Klemmenspannung
I Klemmenstrom

I_e' Erregerstrom
I_μ Magnetisierungsstrom

Bild 3.14. Ersatzschaltbild und Zeigerdiagramm des Vollpolsynchrongenerators

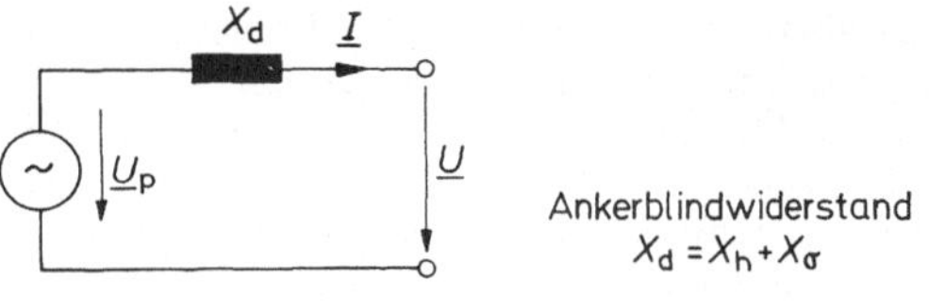

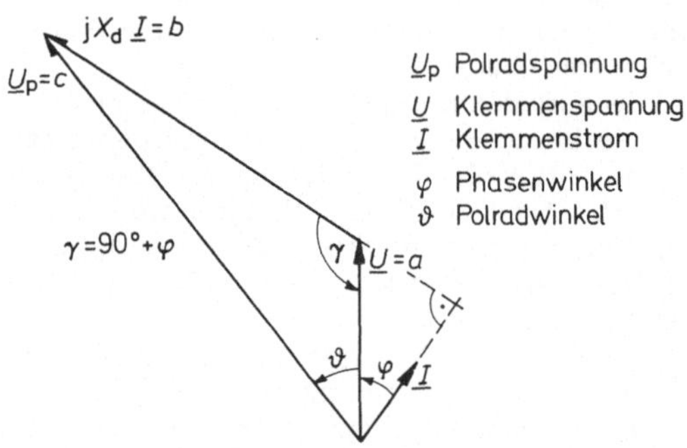

U_p Polradspannung
U Klemmenspannung
I Klemmenstrom
φ Phasenwinkel
ϑ Polradwinkel

Bild 3.15. Vereinfachtes Ersatzschaltbild und Zeigerdiagramm des Vollpolsynchrongenerators

Im Zeigerdiagramm bezeichnet ϑ den Last- oder Polradwinkel (Winkel zwischen U und U_p). Es ist derjenige Winkel, um den das Polrad bei mechanischer Belastung gegenüber Leerlauf vorauseilt (Generator) oder zurückbleibt (Motor). Er ist also kennzeichnend für die mechanische Last und kann unmittelbar gemessen werden (z. B. optisch).

Ausgehend von Klemmenspannung U und Strom I trägt man $I R$ und $I X_\sigma$ an und erhält damit die Spannung E des resultierenden Drehfeldes. Nach Hinzufügen von $I X_h$ kann man das Zeigerdiagramm um U_p vervollständigen und schließlich noch um die Erregerströme ergänzen, die man an der Leerlaufkennlinie gewinnt. Dabei ist I_μ senkrecht zur E Richtung liegend der Magnetisierungsstrom (wirksamer Erregerstrom), I_e der senkrecht zu U_p liegende Gesamterregerstrom im Läufer und I_0' der auf den Ständer umgerechnete Gesamterregerstrom im Läufer.

Bei Vernachlässigung des Widerstandes der Ständerwicklung gewinnen Ersatzschaltbild und Zeigerdiagramm das in Bild 3.15 gezeigte Aussehen.

3.1.5 Betriebszustände der Synchronmaschine am Netz

Zum Betrieb der Synchronmaschine als Generator muß mechanische Leistung an der Welle zugeführt werden, um sie als elektrische Leistung an den Klemmen abzunehmen.

Die Wirkleistung einer Synchronmaschine muß mechanisch von der Welle aus eingestellt werden. Dabei eilt das Polrad beim Generator, entsprechend der Wirklast, dem Ständerfeld um den Polradwinkel ϑ voraus. Zwar stellt sich bei dieser Wirklastregelung auch eine gewisse Blindlaständerung ein, jedoch sind beliebige Änderungen der Blindleistung auf diese Weise nicht erreichbar.

Ändert man dagegen den Erregerstrom und beeinflußt auf diese Weise die Polradspannung U_p, so tritt auch eine Änderung des Blindstromes ein. Danach gibt die Synchronmaschine bei Übererregung induktive Blindleistung ab, bei Untererregung nimmt sie vom Netz induktive Blindleistung auf.

Indem man die mechanisch zugeführte Leistung und die Erregung gleichzeitig regelt, kann man jeden beliebigen Betriebszustand erreichen. Bild 3.16 zeigt die verschiedenen Betriebszustände der Synchronmaschine. Liegt der Stromzeiger I in den Quadranten I und II, so wird die Synchronmaschine als Generator betrieben, liegt er in den Quadranten III und IV, als Motor. Bei Betrieb in den Quadranten I und IV wird induktive Blindleistung erzeugt, in den Quadranten II und III kapazitive Blindleistung. Fällt I mit der Abszisse zusammen, so liegt reiner Phasenschieberbetrieb vor.

In der Praxis müssen demnach die Synchrongeneratoren übererregt laufen (I. Quadrant), um den Magnetisierungsblindleistungsbedarf des Netzes zu decken. Im Verbundbetrieb großer Kraftwerke werden auch mechanisch unbelastete Synchrongeneratoren (ohne Abgabe von Wirkleistung) aufgestellt, die über-

erregt mit cos $\varphi = 0$ laufen und nur Blindleistung liefern. Diese Phasenschieber haben im Gegensatz zu Kondensatoren den Vorteil, daß die Blindleistungsabgabe bei sinkender Spannung steigt. Sie tragen also zur Spannungshaltung bei.

3.1.5.1 V-Kurven

Liegt die Synchronmaschine an einem Netz konstanter Spannung ($U = U_\mathrm{N}$) und Frequenz, so lassen sich bei gleichbleibender Wirkleistung durch Änderung der Erregung die wegen ihrer Form so genannten V-Kurven aufnehmen (Bild 3.17).

Zu ihrer Berechnung ermittelt man aus dem Zeigerdiagramm (Bild 3.15) nach dem Cosinussatz

$$c = \sqrt{a^2 + b^2 - 2\,a\,b\cos\gamma} \qquad (3.4)$$

die Gleichung

$$U_\mathrm{p} = \sqrt{U^2 + X_\mathrm{d}^2\,I^2 + 2\,X_\mathrm{d}\,U\,I\sin\varphi}. \qquad (3.5)$$

Dabei gilt:

$$
\begin{aligned}
U_\mathrm{p} &= c,\\
U &= a,\\
X_\mathrm{d}\,I &= b,\\
\cos\gamma &= \cos(\varphi + 90^\circ) = -\sin\varphi.
\end{aligned}
$$

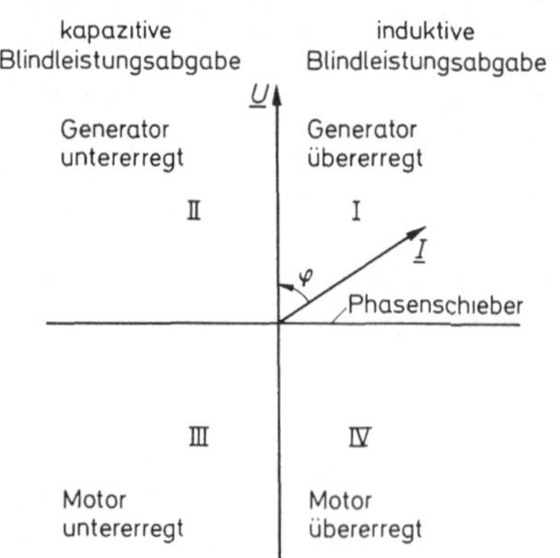

Bild 3.16. Betriebszustände der Synchronmaschine; 4-Quadranten-Betrieb

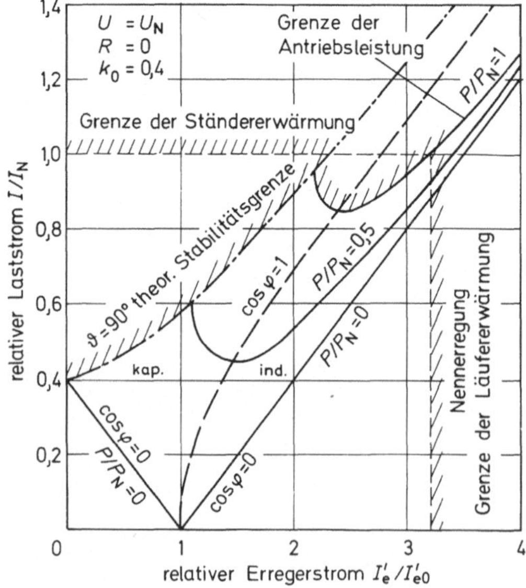

Bild 3.17. Betriebszustände des Synchrongenerators; V-Kurven bei verschiedener Wirkleistung

Durch Einsetzen der bezogenen Reaktanz

$$x_\mathrm{d} = \frac{1}{k_0} = \frac{I_\mathrm{N}}{I_{k_0}} = X_\mathrm{d} \, \frac{I_\mathrm{N}}{U_\mathrm{N}} \qquad (3.6)$$

mit k_0: Leerlaufkurzschlußverhältnis,

  I_N: Nennstrom,

  U_N. Nennspannung,

  I_{k_0}: Kurzschlußstrom bei Leerlauf-
        erregung

erhält man

$$U_\mathrm{p} = \sqrt{U^2 + x_\mathrm{d}{}^2 \, \frac{I^2}{I_\mathrm{N}{}^2} \, U_\mathrm{N}{}^2 + {} + 2x_\mathrm{d} \, \frac{I}{I_\mathrm{N}} \, U \, U_\mathrm{N} \sin \varphi}. \qquad (3.7)$$

Diese Gleichung wird auf U_N normiert:

$$\frac{U_\mathrm{p}}{U_\mathrm{N}} = \sqrt{\frac{U^2}{U_\mathrm{N}{}^2} + x_\mathrm{d}{}^2 \, \frac{I^2}{I_\mathrm{N}{}^2} \, \frac{U_\mathrm{N}{}^2}{U_\mathrm{N}{}^2} + {} + 2x_\mathrm{d} \, \frac{I}{I_\mathrm{N}} \, \frac{U \cdot U_\mathrm{N}}{U_\mathrm{N}{}^2} \sin \varphi}. \qquad (3.8)$$

Für $U = U_\mathrm{N}$ ergibt sich dann

$$\frac{U_\mathrm{p}}{U_\mathrm{N}} = \frac{I_\mathrm{e}'}{I_{\mathrm{e}0}'} =$$

$$= \sqrt{1 + x_\mathrm{d}{}^2 \, \frac{I^2}{I_\mathrm{N}{}^2} + 2 \, x_\mathrm{d} \, \frac{I}{I_\mathrm{N}} \sin \varphi}. \qquad (3.9)$$

Hierin bedeuten:

  I_e': Erregerstrom, auf Ständer
       umgerechnet,

  $I_{\mathrm{e}0}'$: Erregerstrom, auf Ständer umge-
        rechnet, bei Leerlauf (Erregerstrom
        $I_{\mathrm{e}0}$) und Nennspannung $U = U_\mathrm{N}$.

Ganz allgemein kann man aus dem V-Kurven-Diagramm erkennen, daß bei Nennspannung $U = U_\mathrm{N} = $ const eine Änderung der Erregung eine Änderung der Blindleistung bewirkt. Im Minimum der Kurven gleicher Wirkleistung ist $\cos \varphi = 1$, d. h. der Laststrom hat keinen Blindanteil. Wie man weiter sehen kann, wandert das Minimum der Kurven $P = $ const mit steigendem P nach rechts, das bedeutet, daß auch bei reiner Wirklast, also $\cos \varphi = 1$ in Abhängigkeit von der Wirkleistungsänderung eine Änderung der Erregung notwendig ist.

Rechts von der Kurve $\cos \varphi = 1$ liegen die Kurven $P = $ const im induktiven Bereich, links davon im kapazitiven, d. h., daß der Generator einmal übererregt, zum anderen untererregt wird. Die Geraden $\cos \varphi = 0$ entsprechen reinem (induktiven bzw. kapazitiven) Phasenschieberbetrieb.

In das Diagramm sind auch verschiedene Grenzkurven eingetragen, so z. B. die theoretische Stabilitätsgrenze für $\vartheta = 90°$, bei deren Überschreitung der Generator „kippt" oder „außer Tritt fällt". Die Grenze der Ständererwärmung wird durch den Nennlaststrom I_N bestimmt, die Grenze der Antriebsleistung entspricht der Nennwirkleistung P_N und die Grenze der Läufererwärmung dem Nennerregerstrom $I_{\mathrm{e}\,\mathrm{N}}'$, für die die Maschine ausgelegt ist.

Für Turbogeneratoren gilt noch eine weitere Begrenzung im untererregten Gebiet, weil hier die Zahnendpartien zu heiß werden können. Bei der Betrachtung der allgemeinen Synchronmaschinen soll dieser Sonderfall jedoch außer acht bleiben.

Es sei noch einmal betont, daß dieses Diagramm nur unter Vernachlässigung des Widerstandes der Ständerwicklung für Nennspannung und bei einem bestimmten k_0 gilt. Für ein anderes k_0 ändern sich die Form der Kurven und damit auch die Lage der Grenzkurven.

Die verschiedenen Belastungsgrenzen des Synchrongenerators gehen auch aus Bild 3.18 hervor. Es zeigt unten noch einmal das Ersatz-

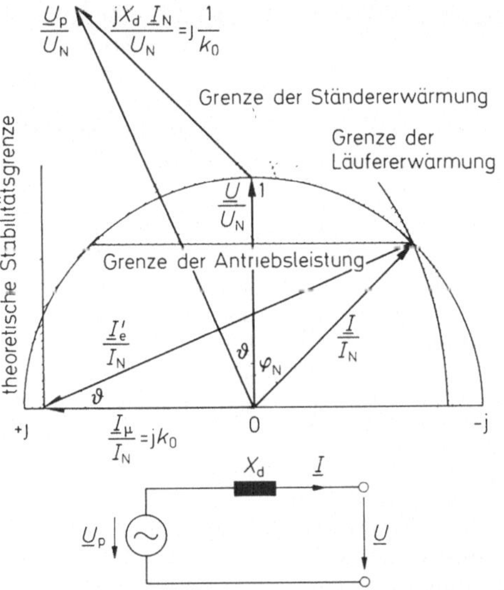

Bild 3.18. Stromdiagramm und Ersatzschaltbild des Synchrongenerators mit Belastungsgrenzen ($k_0 = 0{,}9$)

schaltbild und darüber das dazugehörige Stromdiagramm mit den Belastungsgrenzen. Dabei ist wieder eine auf I_N bezogene Darstellung gewählt, die natürlich abhängig ist von k_0, das in diesem Fall mit $k_0 = 0,9$ angesetzt wurde.

Im Normalfall wird der Synchrongenerator mit Nennspannung betrieben, also $\underline{U}/U_N =$ const $= \underline{1}$. Daraus folgt, daß der Magnetisierungsstrom ebenfalls konstant $\underline{I}_\mu/I_N =$ const $= jk_0$ ist, das Verhältnis $\underline{I}'_e/I_N$ variiert jedoch mit der Ankerrückwirkung.

Da der Ständer auf Nennstrom ausgelegt ist, bildet der Einheitskreis um den Mittelpunkt 0 die Grenze für die Ständererwärmung. Der Läufer ist auf $\underline{I}'_{e\,max}$ ausgelegt. Damit bildet ein Kreis um die Spitze von $\underline{I}_\mu/I_N = jk_0$ mit Radius $\underline{I}'_{e\,max}/I_N$ die Grenze der Läufererwärmung. Die Grenze der Antriebsleistung wird von der antreibenden Kraftmaschine bestimmt und wird für Nennleistung berechnet mit $P_N = U_N\,I_N \cos\varphi_N$. Schließlich ist noch die theoretische Stabilitätsgrenze zu beachten, die besagt, daß der Polradwinkel $\vartheta \leqslant 90°$ sein muß. Sie ergibt sich als die Senkrechte über dem Ende des Zeigers $\underline{I}_\mu/I_N = jk_0$.

Die untere Halbebene ist in der Kraftwerkstechnik nicht von Belang, da ein Synchrongenerator im Regelfall nicht im Motorbetrieb ($\vartheta < 0$ gefahren wird (Abschnitt 6.2.2.4).

3.1.5.2 Die natürlichen Spannungskennlinien des Synchrongenerators

Während die V-Kurven (Bild 3.17) eine Aussage darüber erlauben, wie man die Erregung ändern muß, um konstante Klemmenspannung $U = U_N$ zu erhalten, zeigen die natürlichen Spannungskennlinien, wie sich bei konstanter Erregung durch Änderung der Belastung die Klemmenspannung U ändert.

Ein mit konstanter Erregung arbeitender Generator hat die natürliche Eigenschaft, daß sich seine Klemmenspannung beim Auftreten einer Belastung in verhältnismäßig weiten Grenzen ändert. Als Belastung kann im allgemeinen eine beliebige Impedanz oder ein rein ohmscher bzw. rein induktiver oder kapazitiver Widerstand auftreten (Bild 3.19).

Trägt man die Klemmenspannung des Generators über dem Laststrom auf, so erhält man die natürlichen Spannungs-Belastungskennlinien des Synchrongenerators (Bild 3.20). Hier wurde eine normierte Darstellung gewählt, um eine für alle Synchrongeneratoren gültige Aussage zu erhalten.

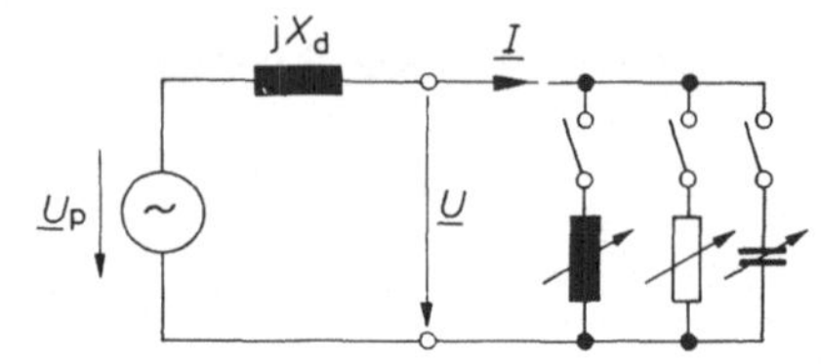

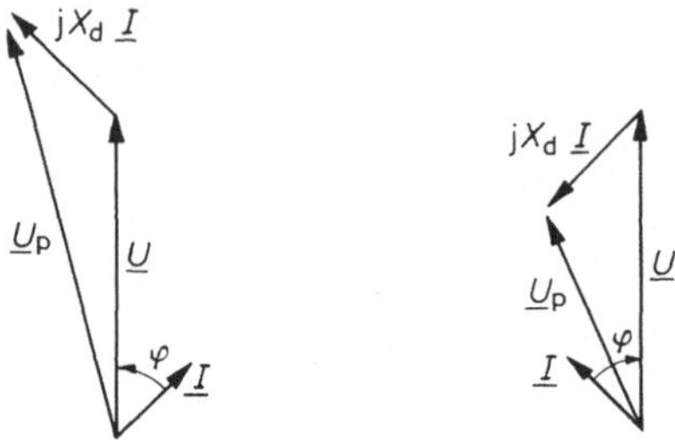

Bild 3.19. Ersatzschaltbild und Zeigerdiagramm des Synchrongenerators für stationären Betrieb mit verschiedenen Lasten

Mathematische Herleitung der Kurven: Gl.(3.5) wird quadriert und mit $1/U_p{}^2$ multipliziert:

$$1 = \frac{U^2}{U_p{}^2} + \frac{X_d{}^2}{U_p{}^2}\,I^2 +$$

$$+ 2\,\frac{X_d}{U_P}\,\frac{U}{U_p}\,I\,\sin\varphi. \qquad (3.10)$$

Mit $I_k = U_p/X_d$ ergibt sich

$$1 = \frac{U^2}{U_P{}^2} + \frac{I^2}{I_k{}^2} + 2\,\frac{I}{I_k}\,\frac{U}{U_P}\,\sin\varphi, \quad (3.11)$$

für $\cos\varphi = 1$ (rein ohmsche Last) folgt $\sin\varphi = 0$ und damit

$$\frac{U^2}{U_P{}^2} = 1 - \frac{I^2}{I_k{}^2} \quad \text{(Kreis um 0; 0 mit Radius 1)}. \qquad (3.12)$$

Für $\cos\varphi = 0$ (rein induktive bzw. kapazitive Last) ergibt sich $\sin\varphi = \pm 1$ und damit

$$1 = \frac{U^2}{U_P{}^2} \pm 2\,\frac{I}{I_k}\,\frac{U}{U_P} + \frac{I^2}{I_k{}^2}. \qquad (3.13)$$

Diese Gleichung kann nach $(a \pm b)^2 = a^2 \pm 2ab + b^2$ zusammengefaßt werden zu

$$1 = \left(\frac{U}{U_P} \pm \frac{I}{I_k}\right)^2. \qquad (3.14)$$

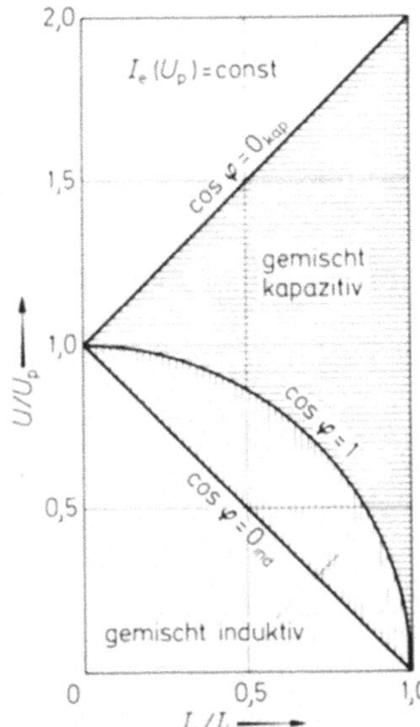

Bild 3.20. Natürliche Spannungskennlinien der Synchronmaschine (vom Scheinstrom abhängig)

Nach Ziehen der Wurzel erhält man

$$\frac{U}{U_\mathrm{P}} = 1 \pm \frac{I}{I_\mathrm{k}}, \qquad (3.15)$$

also eine Gerade durch 0;1 mit Steigung $\pm I/I_\mathrm{k} = \mp 1$ für $I = I_\mathrm{k}$.

Die Klemmenspannung U ist auf die Polradspannung U_p bezogen ($U_\mathrm{p} = \mathrm{f}(I_\mathrm{e}')$). Der Laststrom I ist auf den Dauerkurzschlußstrom I_k bezogen, der bei der Polradspannung U_p fließt ($I_\mathrm{k} = U_\mathrm{p}/X_\mathrm{d}$).

Ist $U_\mathrm{p} = U_\mathrm{N}$ (was dem Erregerstrom I_e0 entspricht), so ist $I_\mathrm{k} = I_\mathrm{k0}$ (Generatorkurzschlußstrom bei Leerlauferregung). Das Verhältnis von $I_\mathrm{k0}/I_\mathrm{N}$ definiert das Leerlaufkurzschlußverhältnis k_0 ($k_0 = I_\mathrm{k0}/I_\mathrm{N}$). Andererseits kann k_0 auch ausgedrückt werden als $k_0 = U_\mathrm{N}/(I_\mathrm{N}X_\mathrm{d})$. Man kann daraus erkennen, daß es ein wesentliches konstruktiv bedingtes Kennzeichen eines Synchrongenerators ist.

Bezieht man den Laststrom I nicht auf den Dauerkurzschlußstrom I_k, wie in Bild 3.20 geschehen, sondern auf den Nennstrom I_N, so ist der Verlauf der natürlichen Spannungskennlinien abhängig von dem Leerlaufkurzschlußverhältnis k_0, also von den Konstruktionsmerkmalen der Maschine und ist damit für Maschinen mit verschiedenen k_0 unterschiedlich.

Nach Bild 3.20 erhält man für rein ohmsche Belastung (cos $\varphi = 1$) einen Kreisbogen mit dem Radius 1. Rein induktive Belastung (cos $\varphi = 0$) ergibt eine nach rechts fallende Gerade, rein kapazitive Last (cos $\varphi = 0$) eine nach rechts ansteigende Gerade. Wählt man für beide Achsen den gleichen Maßstab, so erhält man bei gemischter Belastung als allgemeine Lösungskurven Ellipsen mit dem Mittelpunkt (0;0), deren Hauptachse die Steigung $+1$ für gemischt kapazitive und -1 für gemischt induktive Belastung aufweisen, und die durch die Punkte $U/U_\mathrm{p} = 1{,}0$ und $I/I_\mathrm{k} = 1{,}0$ gehen.

In Bild 3.21 sind links die Spannungskennlinien über dem Verhältnis des Blindstroms zum Kurzschlußstrom aufgetragen. Die Kennlinie rechts entspricht dem Fall cos $\varphi = 1$, also reine Wirklast, aus Bild 3.20. Man wählt diese Darstellungsweise, um die Probleme der Spannungsregelung und des Parallelbetriebes von Synchrongeneratoren (Blindstromverteilung) anschaulich darzustellen (Kapitel 9).

Ausgehend von der Größe des auf den Kurzschlußstrom bezogenen Wirkstromes, z. B., hier $I_\mathrm{w}/I_\mathrm{k} = 0{,}6$, ermittelt man im rechten Diagramm den zugehörigen Wert auf der Wirkstromspannungskennlinie und überträgt ihn auf die Blindstromspannungskennlinie links daneben. Ist keine Wirklast vorhanden, so erhält man die Kennlinie für cos $\varphi = 0$ aus Bild 3.20. Mit zunehmendem Wirkstrom verschiebt sich die Kennlinie parallel nach unten, wobei der Betrag der Verschiebung aus Bild 3.21, rechts, auf die geschilderte Weise zu entnehmen ist.

An sich haben die natürlichen Spannungskennlinien keine praktische Bedeutung mehr,

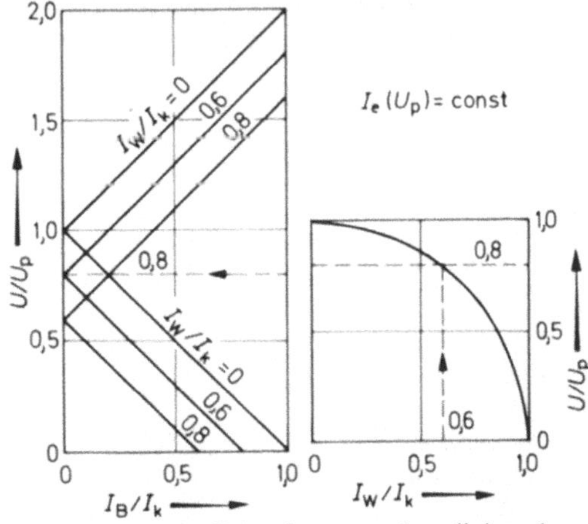

Bild 3.21. Natürliche Spannungskennlinien (vom Blindstrom abhängig)

da eine ungeregelte Betriebsweise in der Praxis nicht mehr vorkommt. Trotzdem sind sie wichtig, da sie das Eigenverhalten des Generators beschreiben und Grundlage der verschiedenen Spannungs-Blindleistungs-Regelverfahren sind.

3.1.6 Wirkleistung, Drehmoment und Stabilität

3.1.6.1 Allgemeines

Die von einer Synchronmaschine bei Generatorbetrieb abgegebene bzw. bei Motorbetrieb aufgenommene Wirkleistung P beträgt

$$P = 3\,U\,I\cos\varphi, \tag{3.16}$$

wenn U die Phasenspannung an den Klemmen des Generators ist. Bei der Vernachlässigung des ohmschen Widerstandes im Ständer ist

$$U_\mathrm{p}\sin\vartheta = IX_\mathrm{d}\cos\varphi \tag{3.17}$$

(vgl. Zeigerdiagramm Bild 3.22). Löst man Gl. (3.17) nach I auf und setzt entsprechend in Gl. (3.16) ein, ergibt sich

$$P = 3\,U\,\frac{U_\mathrm{P}}{X_\mathrm{d}}\sin\vartheta. \tag{3.18}$$

Bei Vernachlässigung der ohmschen Verluste ist diese Wirkleistung gleich der an der Welle aufgenommenen bzw. abgegebenen mechanischen Leistung. Die Winkelgeschwindigkeit des Läufers beträgt ω/p (p: (Polpaarzahl). Daraus ergibt sich das Drehmoment

$$M = \frac{P}{\dfrac{\omega}{p}} = 3\,\frac{p}{\omega}\,U\,\frac{U_\mathrm{P}}{X_\mathrm{d}}\sin\vartheta. \tag{3.19}$$

Ein an der Welle aufgenommenes Drehmoment erhält dabei positives Vorzeichen (Generatorbetrieb), ein von der Welle nach außen

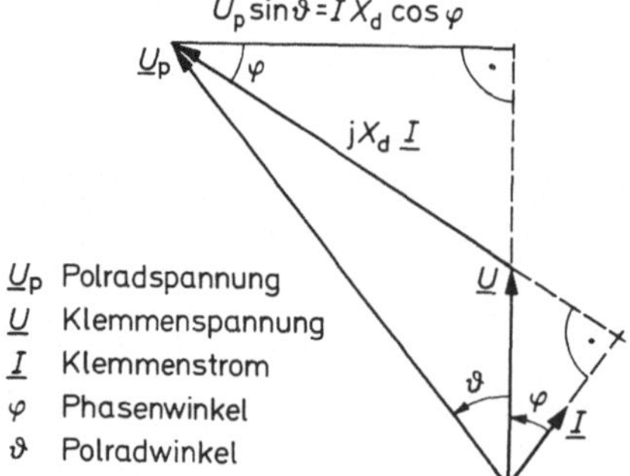

Bild 3.22. Vereinfachtes Zeigerdiagramm des Vollpolsynchrongenerators zur Berechnung des Drehmoments

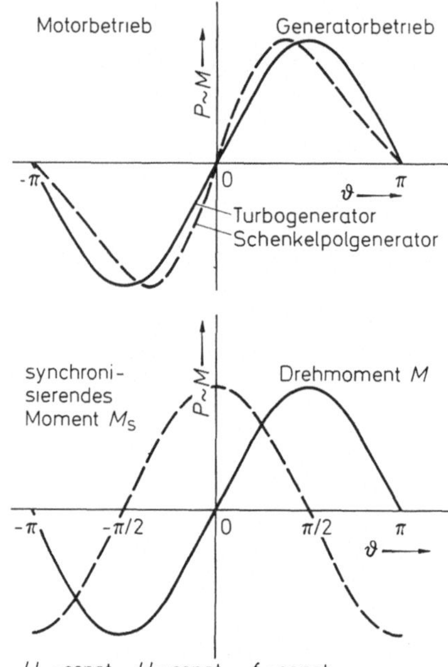

Bild 3.23. Drehmoment als Funktion des Polradwinkels

abgegebenes Moment negatives Vorzeichen (Motorbetrieb).

In Bild 3.23 oben ist der Verlauf des Moments über den Winkel ϑ bei konstanter Klemmenspannung U und konstanter Frequenz (wie im Parallelbetrieb am starren Netz) sowie bei konstanter Polradspannung U_p eingezeichnet. Da $P \sim M$ ist, sieht man gleichzeitig den Verlauf der an das Netz abgegebenen Wirkleistung eines Vollpolgenerators sowie (gestrichelt) den etwas abweichenden Verlauf der Wirkleistung eines Schenkelpolgenerators. Die Verschiebung der maximalen Wirkleistungsabgabe zu einem Polradwinkel ϑ kleiner als 90° ist durch den mechanischen Aufbau der Schenkelpolmaschine verursacht, da der Luftspalt zwischen Ständerbohrung und Polschuh nicht gleichmäßig ist.

Ein Synchrongenerator, der im Alleinbetrieb ein Netz (Inselbetrieb) speist, ändert bei Änderung der Last auch seine Drehzahl. Bei Lastabfall wird er beschleunigt bzw. bei Steigerung der Last gebremst, bis der Regler der Antriebsmaschine wieder nachgeregelt hat.

Im Netzbetrieb (Parallelbetrieb) aber wird die Drehzahl von der Frequenz des Netzes bestimmt, solange die Maschine im Tritt, also synchron läuft. Die Drehzahl kann sich nur ändern, wenn alle Generatoren des Netzes ihre Drehzahl ändern.

Das mechanische Drehmoment — beim Motor bremsend, beim Generator treibend — versucht stets den Lastwinkel zu vergrößern und die Maschine aus dem Tritt zu werfen. Das in der Maschine elektrisch erzeugte Drehmoment dagegen hat stets das Bestreben, den Winkel ϑ zu verringern. Wird z. B. die zugeführte mechanische Leistung zu Null, geht der Generator unter dem Einfluß des elektrisch erzeugten Drehmoments im Parallelbetrieb auf den Winkel $\vartheta = 0°$ zurück. Der Läufer wird dabei kurzzeitig gebremst und läuft dann mit der synchronen Drehzahl weiter. Das elektrische Drehmoment der Synchronmaschine hat also das Bestreben, den synchronen Leerlauf bei $\vartheta = 0$ einzuhalten. Ohne diese selbsttätige sychronisierende Eigenschaft des elektrischen Drehmoments der Synchronmaschine wäre ein Verbundbetrieb von Kraftwerken überhaupt nicht denkbar, denn auch die genauesten Regler würden einen Synchronlauf aller Maschinen nicht einregeln können.

Eine anfallende elektrische Last verteilt sich auf parallel arbeitende Generatoren selbsttätig so, daß der gemeinsame synchrone Lauf erhalten bleibt. Man definiert nach Bild 3.23 unten als synchronisierendes Moment das Verhältnis

$$M_{\mathrm{S}} = \frac{\mathrm{d}M}{\mathrm{d}\vartheta}. \qquad (3.20)$$

Im Bereich $\vartheta < 90°$ ist ein stabiler Betrieb möglich (Bild 3.24 oben). Wird z. B. die von der Turbine zugeführte Leistung plötzlich kurzzeitig vergrößert, dann vergrößert sich zwar der Winkel ϑ, aber unter dem Einfluß des jetzt vergrößerten elektrisch erzeugten Gegenmoments kommt die Maschine zum alten Betriebspunkt zurück. Im Bereich $\vartheta > 90°$ aber wird die Maschine in diesem Fall außer Tritt fallen (nichtstabiler Bereich). Denn bei einer Vergrößerung des Winkels ϑ über 90° hinaus wird das elektrische Gegenmoment immer kleiner.

Auch bei einer kurzzeitigen Verkleinerung der mechanischen Leistung wird die Maschine ihren alten Betriebspunkt im Bereich $\vartheta < 90°$ nicht wieder erreichen. Gebremst durch das vergrößerte elektrische Gegenmoment wird die Maschine — vielleicht — erst beim zweiten Schnittpunkt mit der Abszisse wieder stabil.

Bei Belastungsänderungen, die langsam erfolgen und bei der der neue Arbeitspunkt sich dadurch kontinuierlich einstellt, spricht man von statischer Stabilität. Bei plötzlichen Leistungsänderungen ohne Außertrittfallen spricht man von einer dynamischen Stabilität.

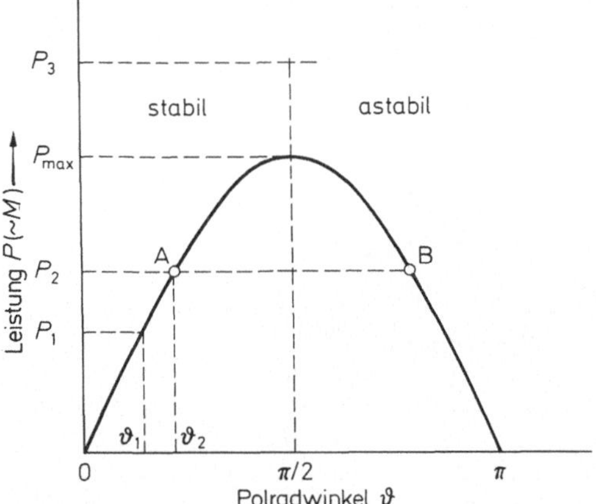

Bild 3.24. Statische Stabilität

3.1.6.2 Statische Stabilität

Wird im Parallelbetrieb bei konstanter Drehzahl die mechanische Leistungszufuhr an den Generator langsam von P_1 auf P_2 gesteigert, (Bild 3.24) so steigt entsprechend seine elektrische Leistungsabgabe. Der Polradwinkel ϑ vergrößert sich. Die Höchstleistung oder Kippleistung, die so erreicht werden kann, ist P_{max} bei einem Lastwinkel von $\vartheta = 90°$ bei der Vollpolmaschine und $\vartheta < 90°$ bei einer Schenkelpolmaschine.

Bei einer weiteren Steigerung der zugeführten mechanischen Leistung auf P_3 käme der Generator in den Bereich $\vartheta > 90°$. Die elektrische Wirkleistung und das elektrische Moment nehmen ab. Ein stabiler Betrieb ist nicht möglich, das Gleichgewicht geht verloren. Die Maschine wird beschleunigt und fällt außer Tritt.

Wie auch aus Bild 3.23 unten zu ersehen war, ist bei $\vartheta = 0$ der Betrieb am stabilsten, da das synchronisierte Moment M_{S} am größten ist. Bei $\vartheta = 90°$ ist es in bezug auf Stabilität am ungünstigsten ($\mathrm{d}M/\mathrm{d}\vartheta = 0$).

3.1.6.3 Dynamische Stabilität

In Punkt A sei die Maschine im Gleichgewicht zwischen mechanisch zugeführter und elektrisch abgegebener Leistung (Bild 3.25a). Wird die mechanisch zugeführte Leistung von P_1 auf P_2 erhöht, so liegt der neue Gleichgewichtszustand im Punkt B. Nun wird bei einem großen Leistungsänderungsgradient $\mathrm{d}P_{\mathrm{mech}}/\mathrm{d}t$ der Läufer unter dem Einfluß des mechanischen Moments stark beschleunigt. Er nimmt eine zusätzliche Winkelgeschwindigkeit $d\vartheta/dt$ an, die sich der synchronen Winkelgeschwinddigkeit überlagert (zusätzliche kinetische Energie).

Aufgrund der Beschleunigungsarbeit

$$W = \int\limits_{\vartheta_A}^{\vartheta_A + \Delta\vartheta} \Delta M\, d\vartheta \qquad (3.21)$$

mit

$$\Delta M = M_{\text{mech}} - M_{\text{el}}$$

schwingt das Polrad über den Punkt B hinaus. Da jedoch über dieser die Generatorleistung größer ist als die mechanische Leistung, also das Gegenmoment des Generators größer ist als das von der Antriebsmaschine entwickelte Drehmoment, so wirkt dieser Drehmomentun-

terschied während des geschilderten Vorganges bremsend, bis die Energie des auf den Läufer ausgeübten Stoßes von der bremsenden Arbeit des Generatordrehmoments aufgezehrt und die Bewegung des Polrades relativ zum Synchronlauf beim Winkel ϑ_C beendet ist. In diesem Augenblick ist $d\vartheta/dt = 0$ und damit ergibt sich auch die zusätzliche kinetische Energie zu Null. Der Drehmomentunterschied wirkt jetzt in der entgegengesetzten Richtung beschleunigend, d. h. er bremst den Läufer ab. Der Polradwinkel verkleinert sich wieder und der Läufer schwingt um B. Dabei ist die Fläche A_1 ein Maß für die positive, die Fläche A_2 ein Maß für die negative Beschleunigungsarbeit (Gl. (3.21)).

Ein Einschwingen auf den Punkt B erfolgt offenbar dann, wenn die beiden Flächen A_1 und A_2 gleich sind oder wenn der gesamte, zwischen den Umkehrpunkten A und C dem Läufer zugeführte Arbeitsbetrag Null ist.

Falls ΔP zu groß ist, kann der Winkel ϑ_C auch größer als $90°$ werden (Bild 3.25 b). Für die statische Stabilität würde das Überschreiten von $90°$ ein Kippen des Generators bedeuten. Bei der dynamischen Stabilität ist ein Überschwingen möglich, denn dieses Überschwingen ist durch die zusätzliche kinetische Energie bedingt und nicht durch eine zugeführte Leistung $P > P_{\text{max}}$. Voraussetzung, daß der Läufer zurückschwingt, ist, daß beim Überschwingen der zweite (unstabile) Gleichgewichtspunkt C (Bild 3.25 b, c) nicht überschritten wird, da sonst die zugeführte Leistung größer als die an das Netz abgegebene ist, und die Maschine kippt. Vermieden wird das Überschwingen des Punktes C, wenn die Fläche A_2, die durch die Gerade $\overline{BC}$ begrenzt wird, größer oder mindestens gleich groß ist wie die Fläche A_1.

Durch diese Bedingung ergibt sich eine weitere Begrenzung des Winkels ϑ. Bild 3.25 c zeigt den Extremfall für die dynamische Stabilität, nämlich Einschalten der Last bei Leerlauf.

Als Grenze ergibt sich hierfür unter Einhalten der Grenzbedingung $A_1 = A_2$ ein maximaler Polradwinkel $\vartheta_{\text{max}} \approx 45°$. Bei diesem Winkel wird $0{,}7\,P_{\text{max}}$ an das Netz abgegeben.

3.1.6.4 Mechanisches Modell des Synchrongenerators

Zur Berechnung der Pendelungen der Synchronmaschine wird öfter ein mechanisches Modell erstellt. Es gilt die Beziehung

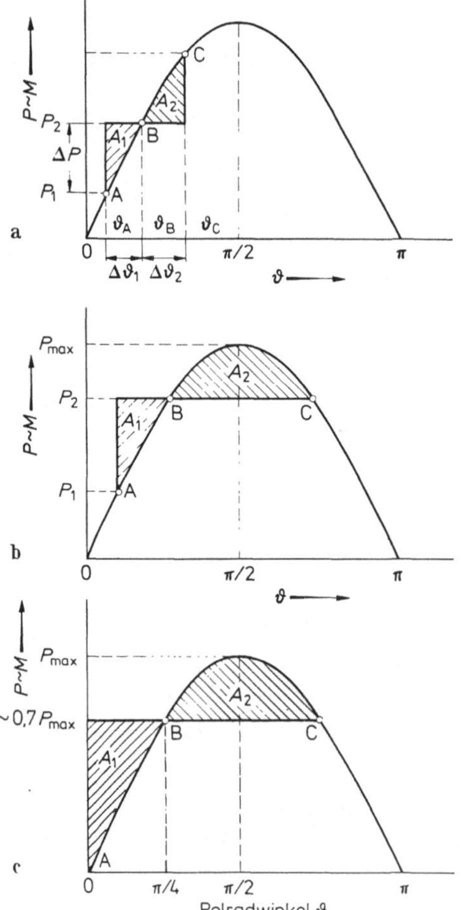

Bild 3.25 a–c. Dynamische Stabilität

$$M \frac{\omega}{p} = P$$

und mit Gl. (3.16) und (3.17)

$$M = \frac{P}{\frac{\omega}{p}} = \underbrace{\frac{3p}{X_d\,\omega}}_{c_i}\ \underbrace{I X_d}_{x}\ \underbrace{U \cos\varphi}_{l}, \quad (3.22)$$

was Gl. (3.19) entspricht. Trennt man diese Gleichung in der angeführten Weise auf, so kann man sie zu

$$M = (c_i x)\, l. \qquad (3.23)$$

abkürzen. Diese Gleichung stimmt im Aufbau mit dem Satz aus der Mechanik „Drehmoment = Kraft $(c_i x)$ mal Hebelarm (l)" überein und gestattet, den Generator durch ein einfaches mechanisches Modell zu ersetzen (Bild 3.26).

Um die Verbindung zwischen Generator und dem mechanischen Modell herzustellen, denken wir uns den Zeiger $\underline{U}_p$, fest mit dem Polrad des Generators verbunden, so daß er sich auch 50 s^{-1} mit ihm dreht. Der Netzzeiger $\underline{U}$ der die gleiche Drehzahl hat, bleibt gegenüber dem Zeiger $\underline{U}_p$ um den Polradwinkel ϑ zurück. Wir wollen annehmen, daß der Generator auf ein großes Netz arbeitet, so daß der Spannungszeiger $\underline{U}$, der zu diesem Netz gehört, in seiner Größe konstant ist und auch mit konstanter Geschwindigkeit rotiert. (Mitunter ist es zweckmäßig, von dieser gleichmäßigen Bewegung der beiden Zeiger abzusehen und nur die Bewegung der Zeiger gegeneinander zu beachten). Um vom Generator Leistung ins Netz liefern zu können, denken wir uns den End-

punkt des Zeigers $\underline{U}_p$ mit dem Endpunkt des Zeigers $\underline{U}$ durch eine Feder verbunden, welche in ungespanntem Zustand (es wird kein Strom übertragen) die Länge Null besitzt. Ist ihre Federkonstante gleich c_i, so ist die von der Feder ausgeübte und somit übertragene Kraft, wenn die Feder auf die Länge x gestreckt ist, gleich $c_i x$. Um diese Kraft ausüben zu können, muß der Generator durch ein Drehmoment angetrieben werden, welches gleich Kraft mal Hebelarm ist, also Gl. (3.23) gehorcht.

Man erkennt aufgrund dieses Modells, daß je mehr Drehmoment dem Generator zugeführt wird, also auch je größer die abgegebene Leistung ist, der $\underline{U}_p$-Zeiger dem Spannungszeiger $\underline{U}$ mehr und mehr voreilt. Das größte Drehmoment, damit auch die größte abgegebene Leistung, wird bei einem Winkel $\vartheta = 90°$ erreicht; falls ϑ größer als 90° wird, nimmt das Drehmoment wieder ab und wird bei ϑ größer als 180° sogar negativ.

Dies ist zwar schon bei den allgemeinen Betrachtungen gezeigt worden. Man kann es aber bei dem mechanischen Modell folgendermaßen beweisen: Im Dreieck 0AB (s. Bild 3.27) entspricht $\overline{\text{OB}}$ der Polradspannung $\underline{U}_p$, $\overline{\text{OA}}$ der Spannung $\underline{U}$ und $\overline{\text{AB}}$ dem Spannungsabfall $j I X_d$ bzw. im mechanischen Modell der Strecke x oder der Kraft $c_i x$. Das Drehmoment M beträgt

$$M = c_i\, x\, l = \overline{\text{AB}}\, l,$$

d. h. es entspricht der doppelten Fläche des Dreiecks 0AB. Diese Fläche kann man aber auch

$$A = \frac{\overline{\text{OA}}\, d}{2}$$

schreiben. Da $\overline{\text{OA}} = U = $ const und $d = \overline{\text{OB}} \sin\vartheta = U_p \sin\vartheta$ ist, wird diese Fläche A_1 ihr Maxi-

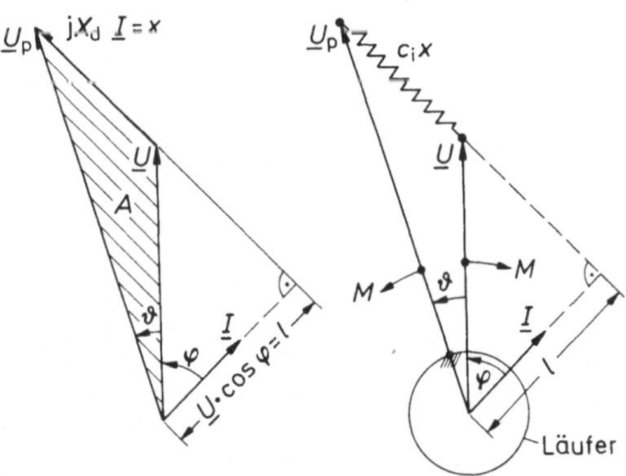

Bild 3.26. Mechanisches Modell des Synchrongenerators

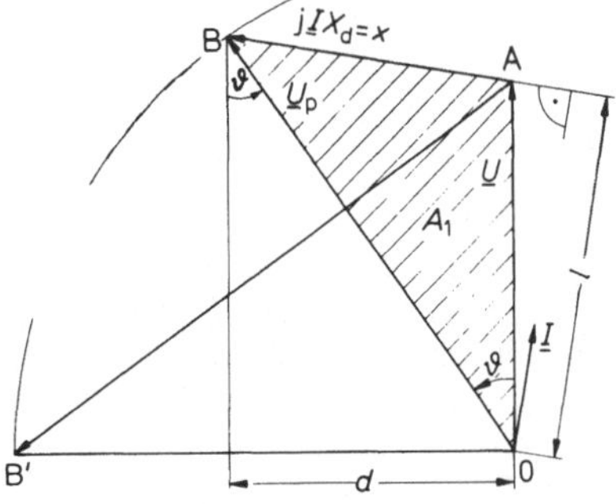

Bild 3.27. Geometrischer Beweis zum Drehmoment

mum beim Maximum des sin ϑ, also bei $\vartheta = 90°$ erreichen.

Mit Hilfe des mechanischen Modells kann man die Eigenschwingungen des an einem starren Netz hängenden Generators untersuchen. Die Kreisfrequenz des schwingungsfähigen Systems ist

$$\nu = \sqrt{\frac{c}{m}}. \tag{3.24}$$

Auf den Synchrongenerator übertragen, entspricht der Federkonstanten c das synchronisierende Moment M_S und der Masse m das Trägheitsmoment J. Dabei ist zu beachten, daß, falls der Generator p-polig ist, sein Trägheitsmoment J auf das einer zweipoligen Maschine, also auf J' reduziert werden muß. Man geht hierbei von der Überlegung aus, daß die kinetische Energie der gedachten zweipoligen Maschine genau so groß sein muß, wie die Energie der vorhandenen p-poligen. Es gilt also

$$\frac{1}{2} \, J' \, \omega^2 = \frac{1}{2} \, J \, (\frac{\omega}{p})^2$$

oder

$$J' = \frac{J}{p^2}. \tag{3.25}$$

Daraus ergibt sich für die Kreisfrequenz der Generatorschwingung

$$\omega_d = \sqrt{\frac{M_S}{J'}} = \sqrt{\frac{M_S}{J} \, p^2}. \tag{3.26}$$

Aus Gl. (3.26) geht hervor, daß die Schwingungsdauer $T = 2\,\pi/\omega_d$ keine Konstante der Maschine, sondern abhängig vom synchronisierenden Moment, also vom Winkel ϑ und dem Erregungszustand ist. Konstant ist die Schwingungsdauer nur für einen bestimmten Belastungsfall, also einem gegebenen ϑ bei konstanter Erregung, bzw. unter der Annahme, daß die auftretenden Schwingungen klein sind, sich die Größe von ϑ nicht wesentlich ändert. Meistens beträgt die Schwingungsdauer ca. 1,25 bis 0,5 s, dies entspricht einer Frequenz von 0,8 bis 2 Hz.

Beim Parallelbetrieb von Synchronmaschinen gilt die Regel, parallelarbeitende Generatoren mit möglichst gleicher Eigenschwingungsfrequenz einzusetzen, um bei plötzlichen Laständerungen und Störungen Leistungspendelungen im Netz und zwischen den Maschinen zu vermeiden.

Allerdings sind diese Pendelungen in der Wirklichkeit nicht verlustlos, wie bis jetzt angenommen wurde. Es finden nämlich im Innern der Generatoren elektromagnetische Ausgleichsvorgänge statt. In der Polradwicklung und im Eisen werden Ströme induziert. Die Pendelungen werden dadurch gedämpft. Diese Dämpfung kann wirksam vergrößert werden durch eine in den Polschuhen angebrachte Dämpferwicklung, in die bei Verschiedenheit zwischen der Umlaufgeschwindigkeit des Läufers und des Netzzeigers Ströme induziert werden. Im mechanischen Ersatzbild kann der Einfluß der Dämpferwicklung durch eine Reibungsdämpfung, die zwischen $\underline{U}$-Zeiger und $\underline{U}_p$-Zeiger angebracht und proportional der Relativgeschwindigkeit zwischen beiden Zeigern ist, berücksichtigt werden.

3.1.6.5 Stabilitätsprobleme durch die angeschlossenen Leitungen

Das an dem Generator angeschlossene Netz bringt verschiedene Probleme für die Stabilität. Arbeitet ein Kraftwerk über eine Leitung auf ein Netz, welches nur Verbraucher besitzt und keine Spannung und Frequenz haltenden Generator enthält, so kann die Leitungslänge beliebig groß sein, sofern man den kapazitiven Blindleistungsanfall vernachlässigt. In diesem Fall gibt es kein Stabilitätsproblem.

Anders liegen die Verhältnisse, falls das zu speisende Netz eigene Generatoren besitzt, die die Spannung starrhalten. Durch den Blindwiderstand der Leitung (ohmscher Widerstand vernachlässigt) ergibt sich ein Winkel ϑ zwischen der Spannung am Ende der Leitung und der Polradspannung, der in der Praxis größer als der Polradwinkel ϑ_G des Generators ist (Bild 3.28). Wählt man z. B. eine Leitungslänge von 400 km, ist $\vartheta_L \approx 25°$. Bei einem maximalen Gesamtwinkel von $\vartheta = 45°$ bleiben also für den Polradwinkel des Generators nur noch ca. 20° übrig. Da in der Bundesrepublik Deutschland die längsten Leitungen in dieser Größenordnung sind, bestehen bei maximalen Polradwinkeln ϑ_G von 20° bis 35° wegen der Leitungslänge kaum Stabilitätsprobleme.

Bei größeren Leitungslängen tritt jedoch ein neues Problem auf. Mit Rücksicht auf die ohmschen Leitungsverluste, die bei gegebener Wirkleistung dem Quadrat des Leistungsfaktors umgekehrt proportional sind, und weil durch den Blindleistungsanteil an den großen Blindwiderständen der langen Leitung erhebliche Spannungsabfälle auftreten, vermeidet

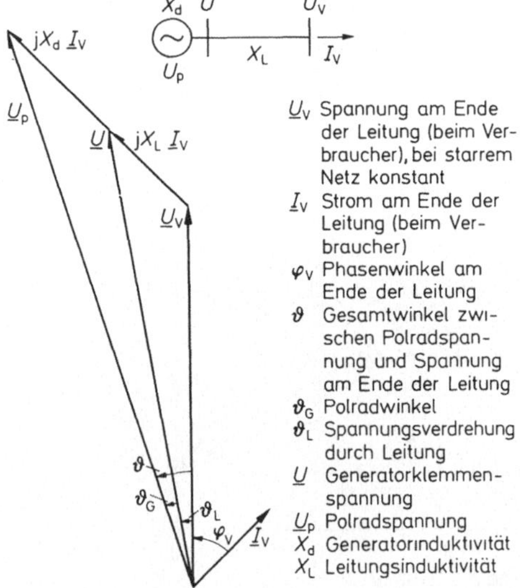

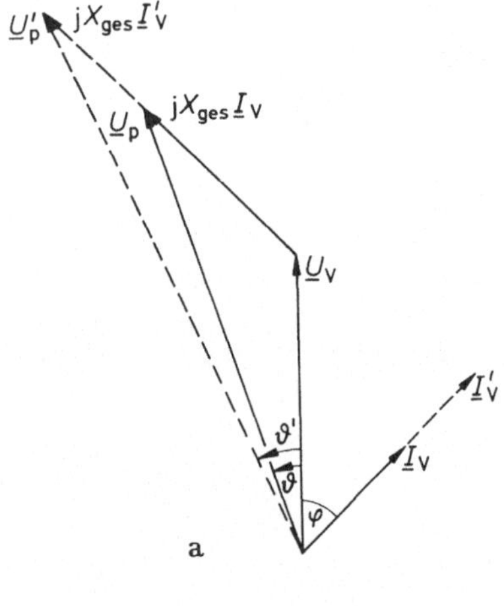

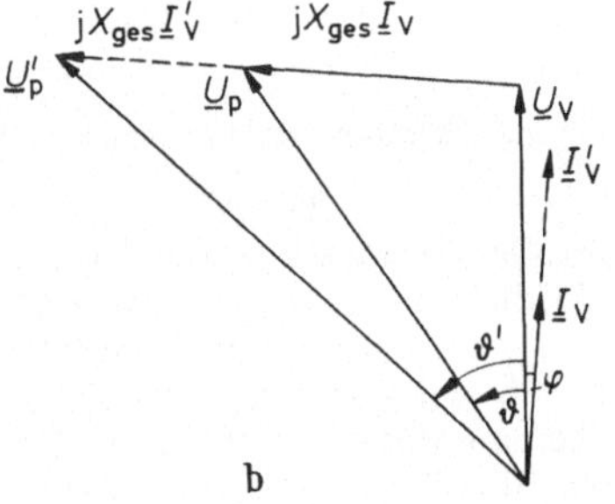

$\underline{U}_v$ Spannung am Ende der Leitung (beim Verbraucher), bei starrem Netz konstant
$\underline{I}_v$ Strom am Ende der Leitung (beim Verbraucher)
φ_v Phasenwinkel am Ende der Leitung
ϑ Gesamtwinkel zwischen Polradspannung und Spannung am Ende der Leitung
ϑ_G Polradwinkel
ϑ_L Spannungsverdrehung durch Leitung
$\underline{U}$ Generatorklemmenspannung
$\underline{U}_p$ Polradspannung
X_d Generatorinduktivität
X_L Leitungsinduktivität

Bild 3.28. Zeigerdiagramm für Generator und Leitung

gestrichene Größen bei Erhöhung der Belastung

Bild 3.29 a u. b. Beeinflussung von ϑ durch Änderung des Belastungsstromes I_V für kurze (a) und lange Leitung (b)

man die Übertragung größerer Blindleistung und betreibt Fernleitungen mit einem Leistungsfaktor nahe Eins. Die von den Verbrauchern benötigte induktive Blindleistung kann z. B. durch einen am Ende der Leitung aufgestellten ruhenden Phasenschieber in Form von Kondensatorbatterien bzw. in Sonderfällen auch durch umlaufende Synchronphasenschieber geliefert werden, sofern nicht das Verteilungsnetz selbst die Blindleistung kompensiert. So hat z. B. eine leerlaufende 220-kV-Leitung von 100 km Länge einen kapazitiven Blindleistungsbedarf von 15 MVar.

Wie man im Zeigerdiagramm (Bild 3.29 b) sehen kann, ergibt in diesem Fall jede Änderung des Stroms $\underline{I}_V$ eine größere Änderung von ϑ, da j $\underline{I}_V$ X_{ges} fast senkrecht zu $\underline{U}_V$ liegt.

Es fragt sich nun, durch welche Maßnahmen bei größeren Leitungslängen die Stabilität erhalten werden kann. Dabei interessieren besonders Leitungslängen in der Größenordnung von $l = 1000$ km.

Bei cos $\varphi = 1$ beträgt der Leitungswinkel ϑ_L der verlustfreien Leitung mit der Länge l

$$\vartheta_L = l\,\omega\,\sqrt{LC}. \qquad (3.27)$$

Da ω und l konstant sind, muß man L und C bzw. die Blindwiderstandsbeläge $L^* = L/l$ und $C^* = C/l$ ändern. Dabei wird die natürliche Leistung

$$P = \frac{U^2}{Z} \qquad (3.28)$$

wegen der Verknüpfung über den Wellenwiderstand $Z = \sqrt{L/C}$ der Leitung beeinflußt.

Die häufigste Lösung ist eine Verkleinerung von L durch Serienkondensatoren. Damit wird der wirksame induktive Widerstand

$$j\omega L' = j\omega L + \frac{1}{j\,\omega\,C} = j\omega L - j\,\frac{1}{\omega C}, \qquad (3.29)$$

und daraus folgt $L' < L$. Dies ergibt eine Verkleinerung des Winkels ϑ_L und des Wellenwiderstandes, also eine Vergrößerung der natürlichen Leistung P.

3.1.6.6 Einfluß der Spannungsregelung auf die Stabilität

Moderne Regler tragen heute wesentlich zur Minderung der Polradschwingungen bei Laststößen bei. Ihnen kommt die Funktion zu, ein Abklingen des Erregerfeldes aufzuhalten.

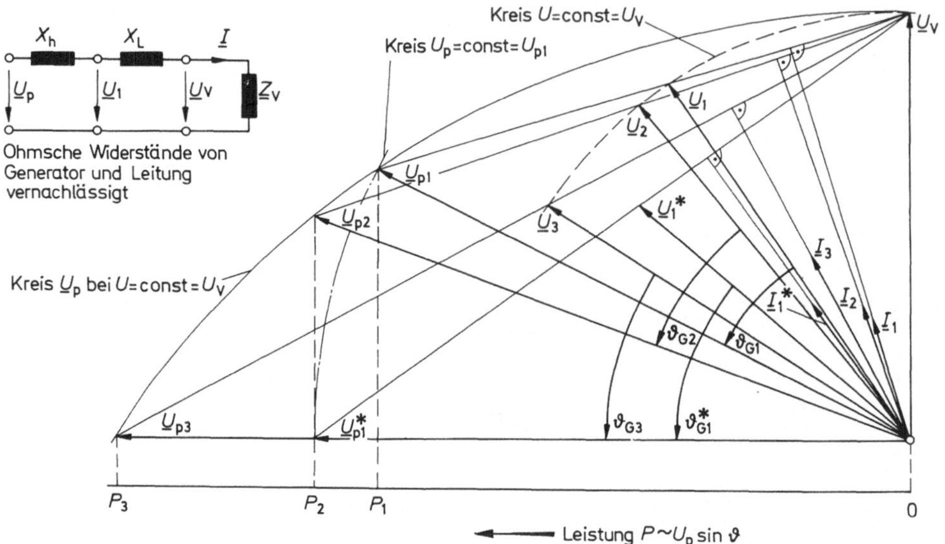

Bild 3.30. Spannungsdiagramm bei verschiedenen Belastungszuständen

Speist der Generator ein starres Netz und wird seine Wirkleistungsabgabe langsam geändert (Problem der statischen Stabilität), dann ändert sich bei konstanter Polradspannung seine Klemmenspannung U. In Bild 3.30 ist kapazitive Blindleistungabgabe angenommen. Die Klemmenspannung $\underline{U}$ des Generators sei dem Betrage nach gleich $\underline{U}_V$. Da die Wirkleistung proportional $|\underline{U}_P| \sin \vartheta$ ist, kann man sie auf der Leistungsachse, die unter dem Spannungsdiagramm eingezeichnet ist, direkt ablesen.

Ohne Einfluß einer Regelung würde bei konstantem Betrage von $\underline{U}_P$ eine Laständerung von P_1 auf P_2 (von $\underline{U}_{P1}$ nach $\underline{U}_{P1}^*$) eine Änderung der Klemmenspannung nach Betrag und Phase (von $\underline{U}_1$ auf $\underline{U}_1^*$) hervorrufen. Ein Regler jedoch registriert jede Änderung der Klemmenspannung und regelt die Polradspannung (von $\underline{U}_{P1}$ nach $\underline{U}_{P2}$) so, daß bei gleicher Leistungsabgabe P_2 die Klemmenspannung den alten Betrag $\underline{U}$ beibehält (von $\underline{U}_1$ nach $\underline{U}_2$).

In diesem Fall verläßt der Generator seinen Arbeitspunkt auf der Leistungskennlinie $P \sim |\underline{U}_{P1}| \sin \vartheta_1$ und geht auf eine neue Kennlinie $P \sim |\underline{U}_{P2}| \sin \vartheta_2$ über Bild 3.31). Die Verbindung aller Arbeitspunkte auf U_{P1}, U_{P2}, ... stellt die Kennlinie der Klemmenspannung U = const dar und wird äußere Kennlinie genannt. Nach ihr wird der Generator bei schneller Regelung betrieben. Durch Steigerung von U_P erreicht man, daß trotz steigender Wirk-

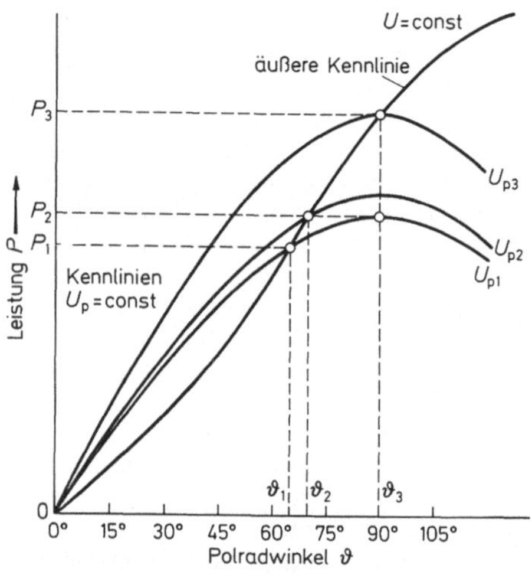

Bild 3.31. Leistungskennlinien und äußere Kennlinie zum Spannungsdiagramm

leistung der Generator im stabilen Bereich $\vartheta < 90°$ bleibt. Dies geht natürlich nur bis zu einer gewissen Erregung ($\underline{U}_{P3}$ in Bild 3.30). Trotz weiterer Erhöhung der Polradspannung kommt dann die Maschine bei Lasterhöhung in den nichtstabilen Bereich.

3.1.6.7 Pendelungen bei Kurzschluß

Die größten Probleme für die Stabilität im Betrieb werden durch Kurzschlüsse verursacht, insbesondere wenn die Entfernung zwischen Kurzschlußstelle und Generator gering ist.

Beispiel: Zwei Kraftwerke I und II sind miteinander durch eine Kuppelleitung verbunden und speisen einen etwa in der Mitte der Leitung befindlichen Abnehmer A mit der Spannung U_V (Bild 3.32a). Die Lage der Polräder ist durch $\underline{U}_{PI}$ und $\underline{U}_{PII}$ in (Bild 3.32b) gegeben. Erfolgt jetzt beim Abnehmer A ein Kurzschluß ($U_V = 0$), dann besteht zwischen den beiden Kraftwerken keine synchronisierende Kraft mehr. Beide Kraftwerke werden, da die Spannung zusammenbricht und sie nur Blindleistung in den Kurzschluß hineinpumpen, praktisch entlastet. Im ersten Moment des Kurzschlusses steht, solange die Drehzahlregler der Kraftmaschine noch nicht ausgeregelt haben, weiterhin die volle Antriebsleistung zur Verfügung. Die Folge ist, daß die Polräder sich beschleunigen und hierbei nach einer gewissen Zeit eine größere Abweichung gegeneinander erhalten können (erkenntlich durch $\underline{U}_{PI}$ und $\underline{U}_{PII}$ in Bild 3.32c).

Wird dann der Kurzschluß durch den Schalter S abgeschaltet, so werden die beiden Polräder wieder durch eine gedachte Feder miteinander verbunden. Im Gegensatz zu Bild 3.32, wo wegen der nach A abgegebenen Leistung die Zeiger $\underline{U}_{PI}$ und $\underline{U}_{PII}$ im Modell ein Drehmoment auf den Zeiger $\underline{U}_V$ übertragen, ist dies, da A jetzt abgeschaltet ist, nicht der Fall. $\underline{U}_V$ stellt sich hier entsprechend der

durch den Ausgleichstrom $\underline{I}_a$ bedingten induktiven Abfälle $\underline{I}_a$ $(X_{d1} + X_{L1})$ und $\underline{I}_a$ $(X_{d2} + X_{L2})$ ein.

Das synchronisierende Moment in Verbindung mit der Dämpfung wird versuchen, die $\underline{U}_P$-Zeiger miteinander in Übereinstimmung zu bringen. Hierbei treten Schwingungen der beiden Polräder mit den zugehörigen Zeigern $\underline{U}_{PI}$ und $\underline{U}_{PII}$ gegeneinander auf. Dabei kann je nach der augenblicklichen Lage von $\underline{U}_{PI}$ und $\underline{U}_{PII}$ der Betrag des Ausgleichstromes $\underline{I}_a$ derart groß sein, daß der Überstromschutz in den Kraftwerken I und II zum Ansprechen kommt und ein Abschalten bewirkt, obwohl die Strecke I–II „gesund" ist und die Generatoren sich „fangen" würden. Der Überstromschutz sollte gegen solche Pendelungen unempfindlich sein; man erreicht dies durch Ergänzung des Schutzes durch eine Pendelsperre.

Es werde jetzt untersucht, in welcher Zeit ein Kurzschluß abgeschaltet werden muß, damit noch ein rasches und sicheres Fangen der Generatoren nach Abschalten des Kurzschlusses erfolgt. Zur Untersuchung seien wiederum zwei durch eine Kuppelleitung miteinander verbundene Kraftwerke, die mit ihrer Nennleistung belastet seien, betrachtet (Bild 3.33). Es trete beim Kraftwerk II ein Kurzschluß auf (ungünstigster Fall für unsere Betrachtung). Die Spannung am Kraftwerk II bricht zusammen, während, wenn die Kuppelleitung lang ist, die Spannung im Kraftwerk I weitgehend erhalten bleibt und das Kraftwerk I seine Ver-

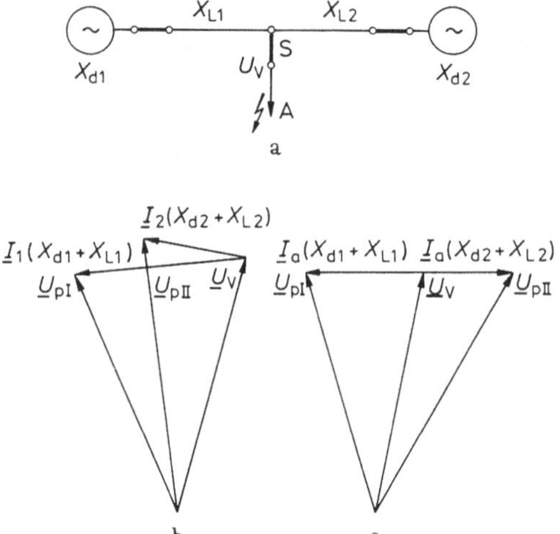

Bild 3.32 a–c. Zeigerdiagramm zu Pendelungen bei Kurzschluß

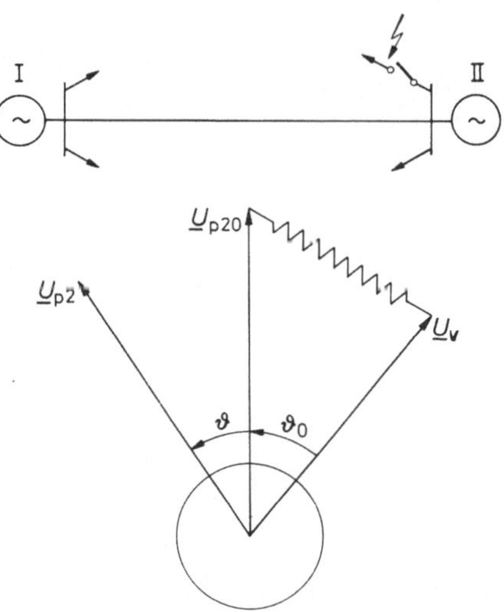

Bild 3.33. Mechanisches Modell für Kurzschluß bei gekuppelten Generatoren

braucher weiter mit Strom beliefern kann. Da die Wirkbelastung des Kraftwerks I unter der Voraussetzung, daß vorher keine Wirkleistung von I nach II eingespeist wurde, unverändert bleibt, kann man näherungsweise annehmen, daß sein Polrad sich mit konstanter Geschwindigkeit weiterdreht, während das Polrad des Kraftwerks II, da es entlastet ist, sich beschleunigen wird. Hatte vor dem Kurzschluß das Polrad des Kraftwerks II gegenüber dem Zeiger $\underline{U}_V$ der Verbraucherspannung eine Lage inne, welche durch den Zeiger $\underline{U}_{P20}$ gekennzeichnet ist, dann wird nach einer Zeit t das Polrad sich um den Winkel ϑ vorgedreht haben. Da das Kraftwerk II vor dem Kurzschluß Nennlast hatte, so wird auch nach Kurzschlußbeginn (solange der Drehzahlregler nicht eingegriffen hat) zunächst noch das Nennmoment für die Beschleunigung zur Verfügung stehen.

Für die weitere Betrachtung sei noch der Begriff Anlaufzeit T_a eingeführt, worunter die Zeit verstanden sein soll, die das Polrad benötigt, um bei einer konstant wirkenden Kraft K entsprechend dem Nennmoment von Null auf Synchronismus zu kommen. Bei einer Wirkleistung $P = Kv$ (v: Geschwindigkeit) ist die Anlaufzeit

$$T_a = \frac{mv^2}{P} = \frac{mr^2\,\omega^2}{P} = J\,\frac{\omega^2}{P}\ .(3.30)$$

Die Winkelbeschleunigung b, welche in diesem Fall vorhanden ist, hat die Größe

$$b = \frac{\omega}{T_a} = \text{const}, \qquad (3.31)$$

da $K = m\,b = \text{const}$. Demgemäß erhält man für den Winkel ϑ im Bogenmaß

$$\vartheta = \int b\,\mathrm{d}\,t^2 = \frac{1}{2}\,bt^2 = \frac{1}{2}\,\frac{\omega}{T_a}\,t^2. \quad (3.32)$$

Berechnet man für verschiedene Zeiten den Winkel ϑ in Grad, so erhält man z. B. bei einer Anlaufzeit T_a von 10 s folgende Werte:

t = 0,1 s   0,2 s   0,3 s   1 s

ϑ = 9°   36°   81°   900°.

Berücksichtigt man, daß der Winkel ϑ_0 bei Normallast schon etwa 40° beträgt, dann wird z. B. eine Zeit von 0,3 s schon einen Polradwinkel von über 120° gegenüber dem gleichmäßig rotierenden Zeiger U_V ergeben. Da außerdem das Polrad infolge seiner Beschleunigung eine zusätzliche Gechwindigkeit erhält, wird der Winkel $\vartheta + \vartheta_0$ sich noch zu vergrößern

suchen. Wird also erst nach 0,3 s der Kurzschluß abgeschaltet, so ist mit einem sofortigen Fangen der Kraftwerke nicht mehr zu rechnen. Man wird also, wenn sofortiges Wiederfangen eintreten soll, die Zeit, innerhalb welcher der Kurzschluß abgeschaltet werden muß, möglichst unter 0,2 s zu wählen haben.

Bei den verhältnismäßig großen Schaltereigenzeiten, welche die Schalter einschließlich Selektivschutz meist noch haben, muß bei ungünstiger Lage des Kurzschlußortes mit einem Außertrittfallen der Kraftwerke gerechnet werden. Die Kraftwerke laufen dann asynchron, und es treten zwischen ihnen kurzschlußartige Ausgleichsströme auf, die nicht auf jeden Fall, wenn der Überstromschutz nicht anspricht, von selbst infolge der Dämpfung und der synchronisierenden Kräfte allmählich abklingen. Es ist daher wichtig, Leistungsschalter und Selektivschutz mit möglicht kleinen Abschaltzeiten zu verwenden. Da die meisten Kurzschlüsse nicht als Klemmenkurzschlüsse zu werten sind, können die Abschaltzeiten im Bereich von 0,25 bis 0,3 s liegen.

Es sei hier noch ein Kurzschlußfall erwähnt, bei dem es leicht zu einem Außertrittfallen kommen kann. Ein Generator speist ein starres Netz N mit der Nennleistung P_N über einen Trafo und eine Doppelleitung. Der Betriebspunkt sei Punkt A (Bild 3.34). Auf einer der beiden Leitungen tritt ein Kurzschluß auf. Da die Maschine mit einer verminderten Spannung U_V und einer geänderten Induktivität

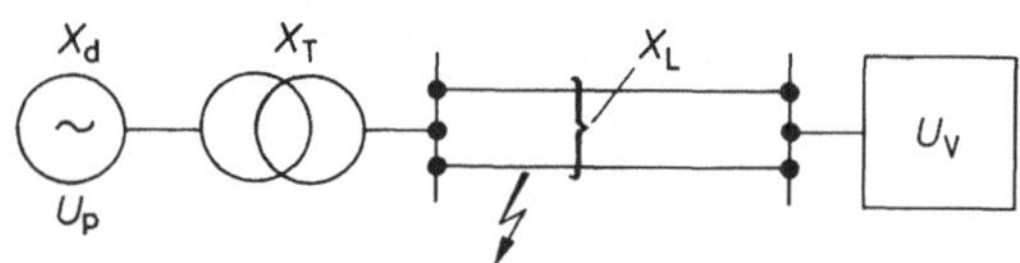

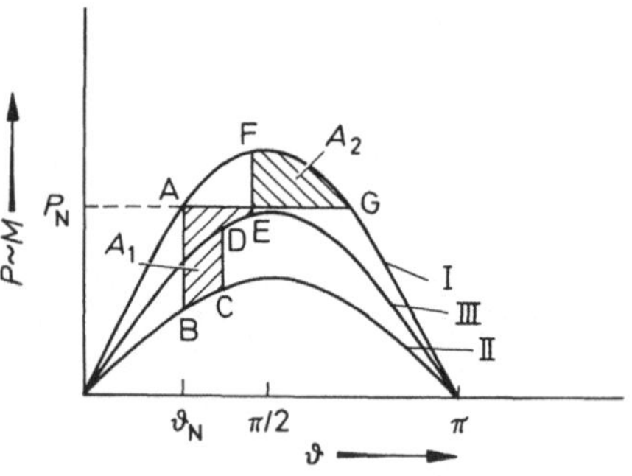

Bild 3.34. Kurzschluß bei einem System mit Doppelleitung

arbeitet, liegt die neue Leistungskurve viel tiefer. Der Generator pumpt in die Kurzschlußstelle zwar Blindleistung ein, aber nur geringe Wirkleistung.

Die Trägheit der umlaufenden Massen hindert den Läufer, seine Winkellage ϑ_N sofort zu ändern. Der Generatorbetriebspunkt ist also im ersten Moment B. Da die von der Antriebsmaschine gelieferte mechanische Leistung vorerst unverändert bleibt, wird der Läufer beschleunigt.

Nach weniger als 0,3 s wird die vom Kurzschluß befallene Leitung zunächst ausgeschaltet, so daß zur Energieübertragung nur die eine gesunde Leitung übrigbleibt. Der neue Zustand entspricht der mittleren Leistungskurve. Diese Kurve liegt unter der ersten Kurve, da die Leitungsreaktanz doppelt so groß ist wie zu Anfang. Die Maschine springt also von Punkt C zu Punkt D und wird weiter beschleunigt. Nach einigen Zehntelsekunden wird die zuvor defekte Leitung durch die Kurzschlußfortschaltung wieder eingeschaltet. Die Leistungskurve wird wieder die oberste Kurve sein. Der Generatorbetriebspunkt wird im ersten Moment F sein, aber die Maschine schwingt bis zum Punkt G über. Falls die Fläche A_1 größer als die Fläche A_2 ist, wird die Maschine außer Tritt fallen.

Streng genommen darf man eigentlich nicht mit der gleichen $P(\vartheta)$-Kurve bei dem statischen Fall und bei rasch verlaufenden Ausgleichsvorgängen in der Größenordnung der Übergangs-Kurzschluß-Zeitkonstanten rechnen. Zwar sind in beiden Fällen die Gl. (3.16) bis (3.19) maßgebend, aber beim zweiten Fall muß man mit der Spannung $\underline{E}$ nach Bild 3.14, da im ersten Moment das Hauptfeld der Synchronmaschine konstant bleibt, und mit der Übergangsreaktanz X'_d (Transientreaktanz) des Generators rechnen. Letztere beträgt

$$X'_d = \frac{U_N}{I'_k} \qquad (3.33)$$

mit I'_k als Übergangskurzschlußwechselstrom. Sie ist kleiner als die synchrone Reaktanz X_d und berücksichtigt lediglich nur die geänderten magnetischen Verhältnisse bei raschen Ausgleichsvorgängen, insbesondere durch die Streuung

$$X'_d = X_{\sigma 1} + \frac{X_{\sigma 2} X_h}{X_{\sigma 2} + X_h} . \qquad (3.34)$$

In dem letzten erwähnten Beispiel müßte also genau genommen statt der abgegebenen

elektrischen Leistung P die Leistung P' stehen, die von E/X_d abhängig ist, und die Kurve I müßte also auf diese dynamischen Größen bezogen sein. Eine Berechnung mit diesen Größen würde den Rahmen dieses Buches sprengen.

In Bild 3.35a sieht man das Ersatzschaltbild der Anordnung nach Bild 3.34 vor dem Kurzschluß und in Bild 3.35b während des Kurzschlusses, X_d und X_T sind die Reaktanzen des Generators und des Transformators. X_k ist die Reaktanz der vom Kurzschluß betroffenen Leitung bis zur Kurzschlußstelle und X_R die Reaktanz der restlichen defekten Leitung.

Die Amplitude der $P(\vartheta)$-Kurve ist vor dem Kurzschluß (Kurve I in Bild 3.34) abhängig von (vgl. Gl. (3.18))

$$\frac{U_V}{X_{ges}} = \frac{U_V}{(X_d + X_T) + X_L} . \qquad (3.35)$$

Durch den Kurzschluß verhält sich der Generator so, als wenn er auf ein Netz mit der verminderten Spannung U'_V arbeitet und ihm anstelle der Doppelleitungsreaktanz $X_L = X_l/2$

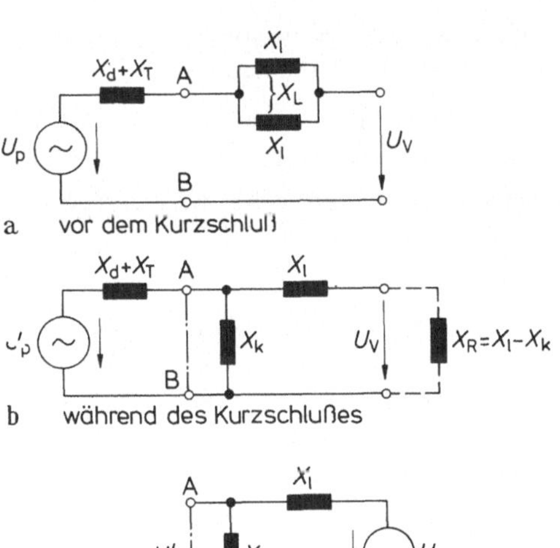

a   vor dem Kurzschluß

b   während des Kurzschlusses

c

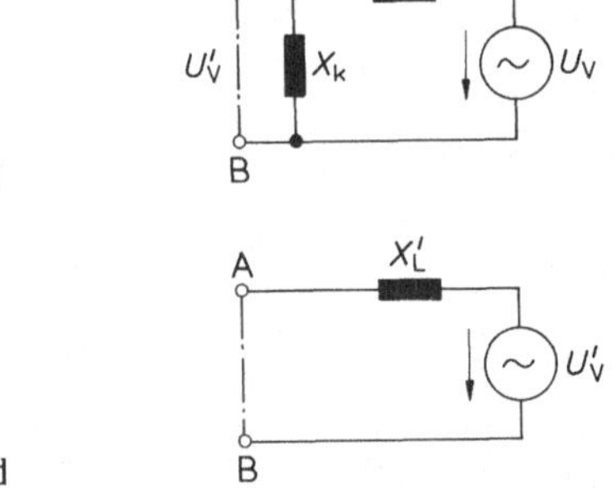

d

Bild 3.35 a–d. Ersatzschaltbild zu Kurzschluß bei Doppelleitung

(X_1: Reaktanz der einen Leitung) die Ersatzreaktanz X'_L vorgeschaltet wird (Bild 3.35 d).

Die Spannung U'_V und die Reaktanz X'_L kann man durch Änderung des Ersatzschaltbildes der Anordnung mit Hilfe des Helmholtzschen Satzes berechnen. Nach ihm kann man Teile von linearen Netzen mit Spannungsquellen umwandeln, indem man sie vom ganzen Netz trennt und durch einen Widerstand und eine Spannungs- oder auch Stromquelle ersetzt. Diese fiktive Quelle wird durch Errechnung der Spannung an der Trennstelle ermittelt. Diese Spannung entspricht der Leerlaufspannung der Quelle.

Den Widerstand (innerer Widerstand der fiktiven Quelle) berechnet man nach Kurzschließen aller tatsächlich vorhandenen Spannungsquellen des Teilnetzes durch Zusammenfassung der vorhandenen Widerstände im Teilnetz.

Im vorliegenden Fall wird das Netz an der Stelle A−B getrennt. Die Spannung U'_V der fiktiven Quelle berechnet sich als Spannung zwischen A und B nach Bild 3.35 c zu

$$U'_V = U_V \frac{X_K}{X_k + X_1} .$$

Nach Kurzschließen von U_V (Bild 3.35 c) berechnet sich der Widerstand X'_L zu

$$X'_L = \frac{X_1 X_k}{X_1 + X_k} .$$

X_L ist kleiner als der vorher wirksame Widerstand X_L, da $X_k < X_1$ und

$$X'_L = \frac{X_1 X_k}{X_1 + X_k} = X_1 \cdot \frac{1}{\dfrac{X_1}{X_k}+1} < X_1 \frac{1}{2} = X_L$$

ist. Nun ist die $P\,(\vartheta)$-Kurve während des Kurzschlusses (Kurve II in Bild 3.34) von U'_V / X'_{ges} abhängig, wobei

$$X'_{ges} = (X_d + X_T) + X'_L .$$

Es sei $X_d + X_T = X_V$. Damit ist

$$\frac{U'_V}{X'_{ges}} = \frac{U_V\,X_k}{X_k + X_1} \cdot \frac{1}{X_V + \dfrac{X_k\,X_1}{X_k + X_1}} =$$

$$= \frac{U_V\,X_k}{X_k\,X_V + X_1\,X_V + X_k\,X_1} =$$

$$= \frac{U_V}{X_V + X_1 + \dfrac{X_1\,X_V}{X_k}} . \qquad (3.36)$$

Nach Ausschalten der gestörten Leitung ist die Amplitude der $P\,(\vartheta)$-Kurve (Kurve III in Bild 3.34) abhängig von

$$\frac{U_V}{X''_{ges}} = \frac{U_V}{X_V + X_1} . \qquad (3.37)$$

Der Vergleich der drei Amplituden aus den Gl. (3.35) bis (3.37) ergibt

$$\frac{k\,U_V}{X_V + X_1 + \dfrac{X_1\,X_V}{X_k}} < \frac{k\,U_V}{X_V + X_1} < \frac{k\,U_V}{X_V + \dfrac{X_1}{2}}$$

Kurve II   Kurve III   Kurve I

(k: Konstante). Also liegen die Kurve II und III tiefer als beim normalen Betrieb mit der Doppelleitung.

Beim dreipoligen Kurzschluß an der Sammelschiene (Stelle A−B, in Bild 3.35 b) würde die $P\,(\vartheta)$-Kurve mit der Abszissenachse zusammenfallen ($X_k = 0$). An das Netz würde keine Wirkleistung abgegeben werden.

3.1.6.8 Pendelungen beim Synchronisieren

Ein Generator, der zunächst noch leer läuft, soll auf ein Netz mit der Spannung $\underline{U}_{Netz}$ geschaltet werden. Da zwischen dem Generator und dem Netz noch keine Verbindung besteht, darf auch im Ersatzbild (Bild 3.36 a) die federnde Verbindung noch nicht eingezeichnet werden. Man kann sich vorstellen, daß die Feder die eingezeichnete Lage hat. Wird nun zwischen Generator und Netz der Schalter eingelegt, so ist das gleichbedeutend damit, daß die Feder plötzlich $\underline{U}_P$ und $\underline{U}_{Netz}$ verbindet (Bild 3.36 b). Es wird vorausgesetzt, daß in diesem Augenblick die Polrad- und die Netzfrequenz gleich sind, also vor dem Parallelschal-

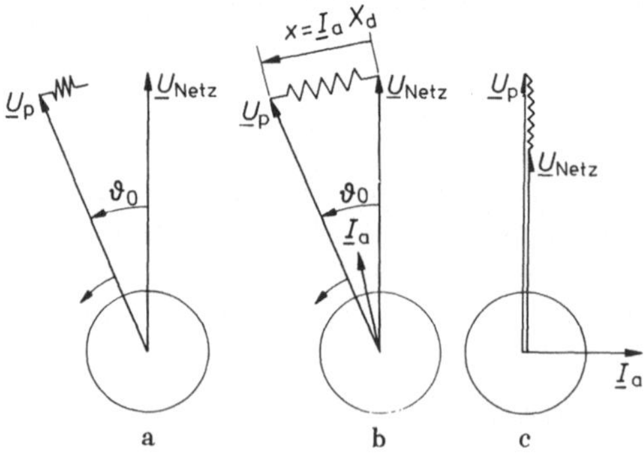

Bild 3.36 a–c. Mechanisches Modell beim Synchronisieren

ten nur eine Phasendifferenz ϑ_0 vorlag. Dann werden Pendelungen mit dem Maximalwert ϑ_0 um den Zeiger $\underline{U}_{Netz} = \underline{U}$ (Klemmenspannung) stattfinden. Besitzt dagegen in dem gezeichneten Augenblick der $\underline{U}_P$-Zeiger eine Relativgeschwindigkeit gegen $\underline{U}_{Netz}$, d. h. besteht eine Frequenzdifferenz zwischen Netz und Generator, so wird infolge der Trägheit der Generatormasse zunächst ein Weiterschwingen stattfinden (Bild 3.36b), also ϑ größer als ϑ_0 werden, und erst bei einem größeren Winkel ϑ'_0 eine Umkehr der Schwingung erfolgen. Wenn $\vartheta'_0 > 180°$ wird und dann die Feder das Polrad im gleichen Sinn weiterzieht, „überschlägt" sich der Generator. Will man elektrisch stoßfrei synchronisieren, muß man die mechanischen Pendelungen des Generators vermeiden, da diese elektrischen Leistungspendelungen Ausgleichsströme I_a erzeugen, die proportional der Größe x in unserem mechanischen Modell sind (Bild 3.36). Man muß also darauf achten, daß im Moment des Synchronisierens der Winkel ϑ_0 und die relative Geschwindigkeit zwischen beiden Zeigern klein ist (Bild 3.36c).

Das Synchronisieren kann von Hand oder auch durch automatisch arbeitende Synchronisiergeräte erfolgen. Bei letzteren fordert man, daß erst dann parallelgeschaltet wird, wenn erstens der Zeiger $\underline{U}_P$ und die Spannung $\underline{U}$, wie die Erfahrung lehrt, um weniger als 7° voneinander abweichen oder mit solcher Winkelgeschwindigkeit aufeinander zulaufen, daß nach der Schaltereigenzeit die Zuschaltung in dem angegebenen Abweichungsbereich liegt; wenn zweitens die Frequenzdifferenz nicht mehr als 0,2 % beträgt, und wenn drittens die Maschinenspannung gleich der Netzspannung ist. Letztere Bedingung ist aber für die Stabilität nicht sehr wichtig, da Abweichungen hiervon nur Blindströme, jedoch keine Pendelungen hervorrufen.

3.2 Synchrongeneratoren für Bahnstrom

Die Deutsche Bundesbahn betreibt ihr elektrifiziertes Streckennetz vornehmlich mit Einphasenstrom mit $16^2/_3$ Hz. Dieser Strom wird geliefert durch

— bundesbahneigene Kraftwerke,
— Einphasenstromerzeugung in bundesbahnfremden oder Gemeinschaftskraftwerken,
— Drehstromlieferungen aus bundesbahnfremden Kraftwerken an $16^2/_3$-Hz-Einphasenstromerzeugende Bundesbahnumformer.

Im Jahre 1975 wurden 1,1 % des Bedarfs in der erstgenannten, 78,8 % in der zweitgenannten und 20,1 % in der drittgenannten Form gedeckt.

Da die Einphasengeneratoren verhältnismäßig kleine Leistungen haben, werden sie öfters mit einer Anlage von größeren 50-Hz-Generatoren gekoppelt, so daß der Wirkungsgrad der Gesamtanlage besser wird, die Anlagekosten gesenkt und die Nutzungsdauer verbessert werden. Insbesondere der stoßweise Leistungsbedarf eines Bahnnetzes macht eine Koppelung mit dem elastischeren und größeren öffentlichen Netz wünschenswert; allerdings sind dann die beiden Frequenzen starr im Verhältnis 1 : 3 miteinander verbunden.

Ein Beispiel einer solchen Koppelung zeigt Bild 3.37. Der Bahngenerator hat statt drei Wicklungssträngen nur einen mit einer Anzapfung in der Mitte der Wicklung, die zu Schutzzwecken verwendet wird.

Der Ankerstrom erzeugt also kein Drehfeld, sondern ein Wechselfeld. Man kann das Wechselfeld durch die Überlagerung von zwei gegenläufigen Drehfeldern beschreiben, wobei das eine Drehfeld synchron mit dem Rotor läuft. Das inverse Feld läuft aber mit dem Doppelten der sychronen Drehzahl diesem erstgenannten Drehfeld entgegen. Es erzeugt im Rotor Ströme mit doppelter Netzfrequenz, die wieder ein Wechselfeld mit doppelter Netzfrequenz erzeugen. Dieses Feld kann man wieder in zwei Drehfelder teilen usw. Der Ankerstrom und die Ankerspannung haben also starke Oberschwingungen, da im Anker Ströme

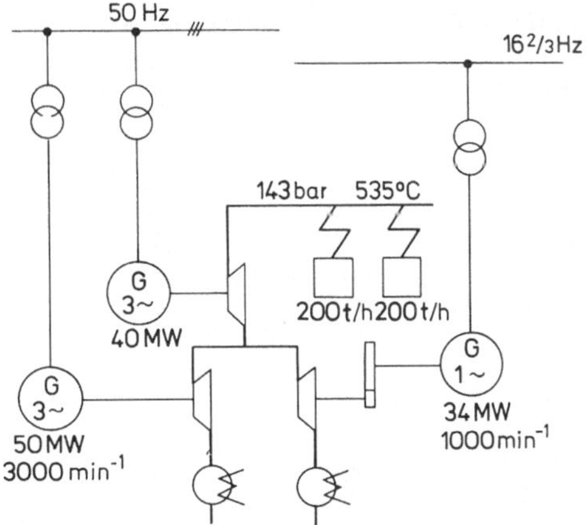

Bild 3.37. Grundschaltung eines Dreiwellenturbosatzes zur Erzeugung von 50 Hz Drehstrom und 16 2/3 Hz Einphasenstrom

3-, 5-, 7facher usw. (ungradzahliger) Netzfrequenz erzeugt werden.

Dagegen hilft eine kräftige Dämpferwicklung, die eine Eigenart des Läufers von Bahngeneratoren ist. Eine Form dieser Wicklung ist ein Kurzschlußkäfig in den geblechten Polschuhen. In dieser Wicklung erzeugen die Ankerströme ein Feld, das mit dem erzeugenden Gegenfeld synchron läuft und es praktisch aufhebt.

Das im Luftspalt übertragene Drehmoment eines Einphasengenerators ist nicht konstant, sondern pulsiert mit doppelter Netzfrequenz. Deswegen müssen die Einheiten federnd aufgestellt werden, um die Fundamente zu schonen.

Beim Antrieb zweipoliger Generatoren mit Dampfturbinen beträgt die Drehzahl 1000 1/min (Antrieb über Getriebe). Die Spannung ist auf 6,6 kV und 16,5 kV genormt. 1968 wurden in der Bundesrepublik Deutschland Bahngeneratoren mit einer Leistung bis zu 138 MVA gebaut. Als Kühlmittel wurde Wasserstoff mit einem Druck von 4 bar verwendet.

3.3 Asynchrongeneratoren

Der Asynchrongenerator unterscheidet sich vom Synchrongenerator vor allem dadurch, daß er zum Betrieb keine Gleichstromerregung benötigt, wohl aber im allgemeinen an einem Drehstromnetz liegen muß, das den zur Magnetisierung notwendigen dreiphasigen Blindstrom liefert. Der Asynchrongenerator nimmt also induktive Blindleistung auf und gibt Wirkleistung an das Netz ab. Ohne besondere elektrische Hilfsmittel (Kondensatoren, Drosselspulen) kann er kein selbständiges Netz speisen. Daher werden Asynchrongeneratoren wesentlich seltener eingesetzt als Synchrongeneratoren.

Der Asynchrongenerator kann auf dreierlei Weise erregt werden:

— Erregung vom Netz her: Am gleichen Netz arbeitende Synchrongeneratoren liefern den induktiven Blindstrom für die Erregung des Asynchrongenerators. Sie bestimmen auch die Umlaufzahl des Drehfeldes (Taktgeber). Bei so festgelegter Netzfrequenz und Netzspannung hängt die vom Asynchrongenerator abgegebene Leistung nur vom Schlupf ab.

— Erregung durch Kondensatoren (Erregung durch Kondensatoren unter Ausnutzung der Restmagnetisierung): Man kann die Asyn-

chrongeneratoren auch ohne spannungshaltendes Netz selbständig im sog. Inselbetrieb betreiben. Dazu werden Kondensatoren parallel zu der Ständerwicklung geschaltet. Auf diese Weise entstehen Schwingkreise mit den Induktivitäten der Spulen des Ständers, die sowohl untereinander als auch mit dem Läufer magnetisch gekoppelt sind. Wird der Läufer angetrieben, und diese Schwingkreise z. B. durch einen Stromstoß aus Batterien oder auch vom Restmagnetismus angeregt, so entstehen Schwingungen, die ungedämpft bleiben, auch wenn die Anregung aufgehört hat. Der Asynchrongenerator ist somit selbsterregt und kann Leistung an das Netz liefern.

— Erregung durch Drehstrom-Erregermaschine: Zur Eigenerregung können statt der Kondensatoren und Batterien auch Drehstrom-Kommutator-Erregermaschinen verwendet werden (Bild 3.38). Die Erregermaschine selbst wird über einen Transformator aus dem Netz gespeist und liefert einen Strom mit der Läuferfrequenz des Asynchrongenerators, die schlupfabhängig ist und sich ergibt zu

$$f = s\, f_0 . \tag{3.38}$$

Durch Anzapfungen im Erregertransformator kann der absolute Wert der Erregerspannung, durch einen zwischen Erregermaschinen und Asynchrongenerator einzubauenden Drehregler der Phasenwinkel geändert werden. Dadurch wird es möglich, in dem Bereich kleiner Schlupfwerte die Blindlastabgabe des Generators zu beeinflussen.

Asynchrongeneratoren mit Kurzschlußläufern sind einfach im Aufbau und billiger als

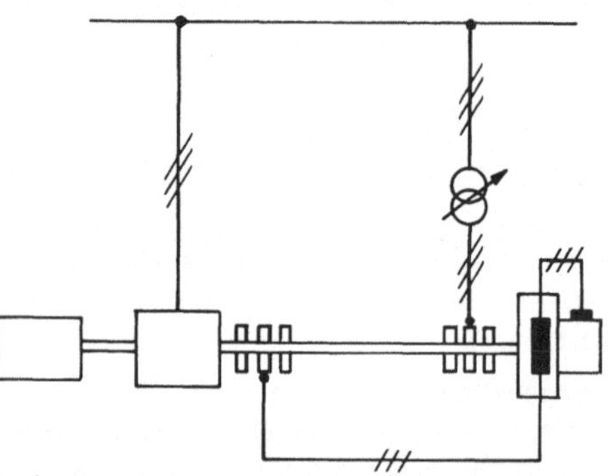

Bild 3.38. Asynchrongenerator mit Drehstromkommutator – Erregermaschine

Synchronmaschinen. Bedienung und Wartung ist problemlos. Andererseits verschlechtern Asynchrongeneratoren den Leistungsfaktor des Gesamtnetzes, da sie bei Fremderregung induktive Blindleistung aus dem Netz beziehen. Eigenerregung mit Erregermaschinen oder Selbsterregung mit Kondensatoren behebt diesen Nachteil.

Asynchrongeneratoren werden gelegentlich in abgelegenen automatischen oder ferngesteuerten Unterwerken — besonders in Wasserkraftwerken — verwendet, wenn bei kleiner Leistung noch ein wirtschaftlicher Vorteil gegenüber einer Synchronmaschine mit fernbetätigter Grobsynchronisierung und Erregung besteht. Unter Grobsynchronisierung eines Generators versteht man die Zuschaltung einer Synchronmaschine bei einer der Netzfrequenz entsprechenden Drehzahl ohne oder mit nur geringer Erregung. Diese wird erst nach Zuschaltung auf Nennwert gebracht. Das Netz muß dabei blindlastergiebig sein. Meist werden selbsterregte Maschinen eingesetzt.

Schließlich sind Asynchronmaschinen auch günstig für Eigenversorgungsanlagen, die parallel zum Netz arbeiten. Sie können in Zukunft u. U. wieder beim Einsatz in kleinen, als modifizierte Heizkraftwerke gebauten Anlagen (Blockheizkraftwerke, die vorzugsweise mit Verbrennungskraftmaschinen arbeiten) größere Bedeutung erlangen.

4 Transformatoren

Die Maschinentransformatoren haben die Aufgabe, die in den Generatoren erzeugte elektrische Energie von der Generatorspannung auf eine für die Fortleitung geeignete höhere Spannung aufzuspannen. Dabei liegen die heute bevorzugten Spannungsebenen bei 110, 220 und 380 kV. Die Transformatoren sind üblicherweise auf der Maschinenseite im Dreieck und auf der Netzseite im Stern mit herausgeführtem Nullpunkt verschaltet. Dadurch kann der Sternpunkt des Netzes beliebig behandelt werden (Abschnitt 5.2.3).

Die Maschinentransformatoren werden als Zweiwickler (eine Wicklung primärseitig, eine Wicklung sekundärseitig) oder Dreiwickler (eine Primärwicklung, eine Sekundär- und eine Tertiärwicklung) ausgeführt. Die Wahl zwischen beiden Ausführungen hängt zum einen von der gewählten Schaltung des Eigenbedarfs ab, zum anderen davon, ob in ein Netz eingespeist wird oder in zwei, die verschiedene Spannungsebenen haben (Abschnitt 3.2.1.5).

4.1 Grundsätzliches Betriebsverhalten

Für die Nenndaten eines Transformators gelten entsprechend VDE 0532, § 8/64, folgende Definitionen: Die Nennspannung auf der Primärseite wird mit U_{1N} bezeichnet. Als Nennspannung U_{2N} auf der Ausgangsseite ist die im Leerlauf auftretende Spannung U_{20} bei primärseitiger Speisung mit Nennspannung U_{1N} und Nennfrequenz definiert. Dabei gilt der Zusammenhang

$$U_{2N} = U_{20} = ü\, U_{1N}\,, \tag{4.1}$$

wobei $ü$ das Nennübersetzungsverhältnis ist.

Als Nennleistung des Transformators wird nicht die Leistungsabgabe an den Klemmen, sondern die induzierte Leistung bestimmt zu

$$P_{S,N} = U_{2N}\, I_{2N}\,. \tag{4.2}$$

Dabei ist I_{2N} der sekundäre Nennstrom und $P_{S,N}$ die – bei elektrischen Maschinen üblicherweise angegebene – Nennscheinleistung. Die tatsächlich an den Klemmen abgegebene Leistung ist kleiner, da beim belasteten Transformator infolge der auftretenden Verluste $\underline{U}_2 < \underline{U}_{20}$ ist (Abschnitt 4.14).

4.1.1 Ersatzschaltbild des Transformators

Ein Zweiwickler besteht aus einer Primärspule mit dem komplexen Widerstand $\underline{Z}_1$ und einer Sekundärspule mit dem Widerstand $\underline{Z}_2$. Beide Spulen sitzen auf einem geschlossenen Eisenkern. Dieser Kern sorgt dafür, daß möglichst der ganze in der einen Wicklung erzeugte magnetische Fluß durch die andere Wicklung hindurchgeführt wird. Hierbei tritt eine gegenseitige Induktion M auf, deren Induktivität mit $\underline{Z}_0$ bezeichnet wird.

Das Schema eines Transformators in der üblichen Kurzdarstellungsweise ist aus Bild 4.1 a ersichtlich. Daraus lassen sich unter Berücksichtigung der Zählpfeile folgende Beziehungen ableiten:

$$\underline{U}_1 = \underline{I}_1\, \underline{Z}_1 - \underline{I}_2\, \underline{Z}_0\,, \tag{4.3}$$

$$-\underline{U}_2 = \underline{I}_2\, \underline{Z}_2 - \underline{I}_1\, \underline{Z}_0\,. \tag{4.4}$$

Mit ihrer Hilfe kann man nun das Ersatzschaltbild des Transformators aufstellen (Bild 4.1 b). Daß die Gl. (4.3) und (4.4) dem abgebildeten Netzwerk genügen, läßt sich leicht nachweisen, indem man sie für die Maschen I und II aufstellt.

4.1.2 Leerlauf

Betreibt man einen Transformator bei primärseitig angelegter Nennspannung im sekundären

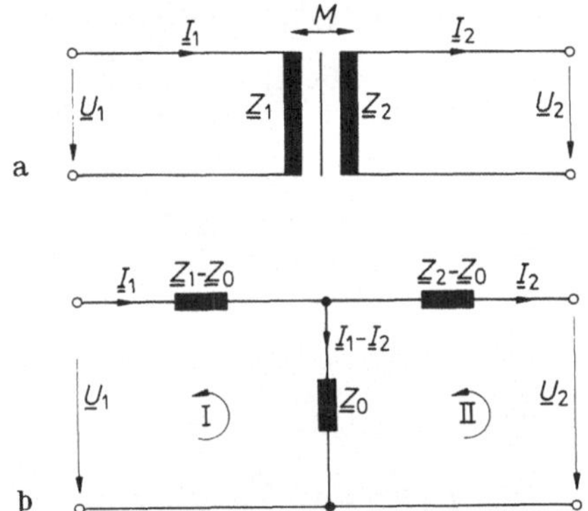

Bild 4.1a u. b. Schema (a) und Ersatzschaltbild (b) des Transformators

Leerlauf, d. h. $\underline{I}_2 = 0$, so erhält man aus Gl. (4.3)

$$\underline{I}_{10} = \frac{\underline{U}_{1N}}{\underline{Z}_1} \,. \tag{4.5}$$

Dieser primäre Leerlaufstrom $\underline{I}_{10}$ deckt die Leerlaufverluste des Transformators. Man kann ihn zerlegen in den Magnetisierungsstrom $\underline{I}_{1\mu}$ und den Wirkstromanteil für die Eisenverluste $\underline{I}_{1Fe}$ und einen vernachlässigbaren Teil zur Deckung der Kupferverluste. Damit gilt

$$\underline{I}_{10} = \underline{I}_{1\mu} + \underline{I}_{1Fe} \,. \tag{4.6}$$

Der Leistungsfaktor im Leerlauf beträgt $\cos \varphi_0 \approx 0,1$, d. h. der Betrag des Wirkanteils liegt bei ca. 10% des Leerlaufstromes.

Die Permeabilität des Eisens ist eine Funktion der Induktion B, daher verläuft der Magnetisierungsstrom nicht sinusförmig, sondern es treten Oberwellen ungeradzahliger Ordnung auf. Von besonderer Bedeutung sind dabei die 3. Harmonischen. Bei einer in Stern geschalteten Drehstromwicklung treten am Sternpunkt zeitgleich die Maxima der Oberwellen aller drei Wicklungsstränge auf. Ist der Sternpunkt starr geerdet, so bekommen die Spannungen der 3. Harmonischen an den Wicklungsklemmen beachtliche Werte, die entsprechende Ströme dreifacher Frequenz dem Netzstrom überlagert ins Netz senden. Bei nichtgeerdetem Sternpunkt liegt der Schwingungsknoten der 3. Harmonischen etwa in Strangmitte, und es kann nur über die halbe Wicklungskapazität, noch dazu zweimal in Reihe geschaltet, ein geringer Ausgleichsstrom der 3. Harmonischen fließen.

Die Wirkleistungsaufnahme im Leerlauf beträgt etwa 0,5 bis 1,5% der Nennleistung. Sie entspricht, sieht man von den minimalen Stromwärmeverlusten ab, den Eisenverlusten. Durch Verwendung speziell legierter, kaltgewalzter Transformatorbleche konnte die Verlustziffer beträchtlich gesenkt werden. Kaltgewalzte Transformatorenbleche müssen an den Ecken des Kernes auf Gehrung aneinandergestoßen werden. Man nennt solche Bleche auch kornorientierte Bleche. In Tabelle 4.1 sind für kalt- und warmgewalzte Transformatorbleche mit einer Stärke von 0,35 mm Verlustziffern für 50 Hz in Abhängigkeit von der magnetischen Induktion aufgeführt.

Tabelle 4.1. Verlustziffern in W/kg für verschiedene Transformatorbleche

Induktion	Verlustziffern	
	kaltgewalzt	warmgewalzt
10 kG	0,5	0,75
15 kG	1,0	2,0

Für die Leerlaufspannung $\underline{U}_{20}$ erhält man mit $\underline{I}_2 = 0$ aus Gl. (4.4)

$$\underline{U}_{20} = \underline{I}_{10} \, \underline{Z}_0 \,. \tag{4.7}$$

Setzt man hier Gl. (4.5) ein, so ergibt sich

$$\underline{U}_{20} = \frac{\underline{Z}_1}{\underline{Z}_0} \, \underline{U}_{1N} \,. \tag{4.8}$$

4.1.3 Kurzschluß

Neben der Betrachtung des Leerlaufs braucht man für die Untersuchung des allgemeinen Betriebsverhaltens die Klärung der Vorgänge beim Kurzschluß. Für $\underline{U}_2 = 0$ erhält man aus Gl. (4.4)

$$\underline{I}_2 \, \underline{Z}_2 = \underline{I}_1 \, \underline{Z}_0 \,. \tag{4.9}$$

Setzt man diesen Ausdruck aufgelöst nach $\underline{I}_1$ in Gl. (4.3) ein, so ergibt sich

$$\underline{U}_1 = \underline{I}_2 \left(\frac{\underline{Z}_1 \underline{Z}_2 - \underline{Z}_0^{\,2}}{\underline{Z}_0} \right) \,. \tag{4.10}$$

Der komplexe Widerstand (Klammerausdruck) wird nun vereinfacht als $\underline{Z}_{2k}$ bezeichnet und in seinen Realteil R_{2k} und Imaginärteil jX_{2k} aufgespalten:

$$\frac{\underline{Z}_1\,\underline{Z}_2 - \underline{Z}_0{}^2}{\underline{Z}_0} = \underline{Z}_{2k} = R_{2k} + j X_{2k} \quad .(4.11)$$

Diese Ersatzwiderstände können experimentell bestimmt werden. Dazu legt man bei kurzgeschlossenen Sekundärklemmen primärseitig eine Spannung $\underline{U}_k$ in solcher Höhe an, daß sekundär der Nennstrom $\underline{I}_{2N}$ fließt.

Aus den Gl. (4.10) und (4.11) folgt dann

$$\underline{U}_k = \underline{I}_{2N}\,\underline{Z}_{2k} \quad . \tag{4.12}$$

Diese Spannung $\underline{U}_k$ heißt Kurzschlußspannung und wird meist als bezogene Nennkurzschlußspannung u_{kN} angegeben:

$$u_{kN}\ [\%] = \frac{|\underline{U}_k|}{|\underline{U}_{20}|} \cdot 100 =$$

$$\tag{4.13}$$

$$= \frac{|\underline{Z}_{2K}\,\underline{I}_{2N}|}{|\underline{U}_{20}|} \cdot 100 \quad .$$

Daneben wird die auf Nennspannung bezogene ohmsche Kurzschlußspannung u_r definiert als

$$u_r\ [\%] = \frac{R_{2k}|\underline{I}_{2N}|}{|\underline{U}_{20}|} \cdot 100 \quad . \tag{4.14}$$

Multipliziert man hier Zähler und Nenner mit $\underline{I}_{2N}$, so ist dies gleichbedeutend mit

$$u_r\ [\%] = \frac{P_{W,KN}}{P_{S,N}} \cdot 100 \quad . \tag{4.15}$$

Da die Eisenverluste beim Kurzschluß vernachlässigbar sind, ist $P_{W,KN}$ identisch mit den Nennkupferverlusten des Transformators. Analog ergibt sich die auf Nennspannung bezogene Streuspannung u_x zu

$$u_x\ [\%] = \frac{X_{2k}|\underline{I}_{2N}|}{|\underline{U}_{2N}|} \cdot 100 =$$

$$\tag{4.16}$$

$$= \frac{P_{B,KN}}{P_{S,N}} \cdot 100 = \sqrt{u_{kN}^2 - u_r^2} \quad .$$

Der bei Speisung mit der primären Nennspannung und kurzgeschlossenen Sekundärseite auftretende Dauerkurzschlußstrom $\underline{I}_{2kd}$ wird bestimmt zu

$$\underline{I}_{2kd} = \frac{\underline{I}_{2N}}{u_{kN}} = \underline{I}_{2N}\frac{|\underline{U}_{20}|}{|\underline{Z}_{2k}\,\underline{I}_{2N}|} \tag{4.17}$$

wobei u_{kN} als Dezimalzahl einzusetzen ist.

4.1.4 Spannungsänderung bei Belastung

Als Spannungsänderung bezeichnet man die Änderung der sekundären Spannung $\underline{U}_2$ gegenüber der sekundären Leerlaufspannung $\underline{U}_{20}$, wobei primärseitig mit Nennspannung $\underline{U}_1 = \underline{U}_{1N}$ eingespeist wird. Aus Gl. (4.4) ergibt sich für den Belastungsfall

$$\underline{I}_1 = \frac{\underline{U}_2}{\underline{Z}_0} + \underline{I}_2\,\frac{\underline{Z}_2}{\underline{Z}_0} \quad . \tag{4.18}$$

Gl. (4.18) in Gl. (4.3) eingesetzt, ergibt

$$\underline{U}_1 = \underline{U}_{1N} = \underline{U}_2\,\frac{\underline{Z}_1}{\underline{Z}_0} + \underline{I}_2\,\frac{\underline{Z}_1\,\underline{Z}_2}{\underline{Z}_0} - \underline{I}_2\,\underline{Z}_0 =$$

$$\tag{4.19}$$

$$= \underline{U}_2\,\frac{\underline{Z}_1}{\underline{Z}_0} + \underline{I}_2\,\frac{\underline{Z}_1\,\underline{Z}_2 - \underline{Z}_0{}^2}{\underline{Z}_0} \quad .$$

Unter Verwendung von Gl. (4.11) wird dieser Ausdruck umgeschrieben zu

$$\underline{U}_{1N} = \underline{U}_2\,\frac{\underline{Z}_1}{\underline{Z}_0} + \underline{I}_2\,\underline{Z}_{2k} \tag{4.20}$$

und mit $\underline{Z}_0/\underline{Z}_1$ multipliziert. Somit erhält man die gesuchte Sekundärspannung $\underline{U}_2$ zu

$$\underline{U}_2 = \underline{U}_{1N}\,\frac{\underline{Z}_0}{\underline{Z}_1} - \underline{I}_2\,\underline{Z}_{2k}\,\frac{\underline{Z}_0}{\underline{Z}_1} \quad . \tag{4.21}$$

Vernachlässigt man nun im Nennbetrieb die Leerlaufverluste des Transformators, so ist dies im Ersatzschaltbild nach Bild 4.1 b gleichzusetzen mit $\underline{Z}_1 - \underline{Z}_0 = 0$ oder $\underline{Z}_1/\underline{Z}_0 = 1$.

Damit und unter Verwendung von Gl. (4.8) vereinfacht sich Gl. (4.21) zu

$$\underline{U}_2 = \underline{U}_{20} - \underline{I}_2\,\underline{Z}_{2k} = \underline{U}_{20} - \underline{I}_2\,(R_{2k} + jX_{2k}) \quad .$$

$$\tag{4.22}$$

Hieraus läßt sich das in Bild 4.2a gezeigte vereinfachte Ersatzschaltbild des Transformators ableiten, auf dem die folgenden Überlegungen basieren. Der Betrag der Spannungsänderung

$$U_{2\varphi} = U_{20} - U_2 \tag{4.23}$$

wird allgemein als bezogene Spannungsänderung

$$u_\varphi = \frac{U_{2\varphi}}{U_{20}} \tag{4.24}$$

angegeben. Der Index φ besagt, daß die Spannungsänderung von der Phasenverschiebung zwischen Strom und Spannung abhängt. Das Zeigerdiagramm in Bild 4.2b zeigt diese bezo-

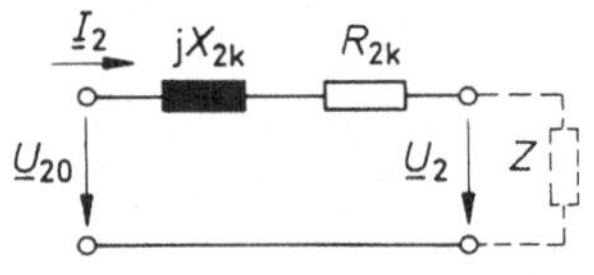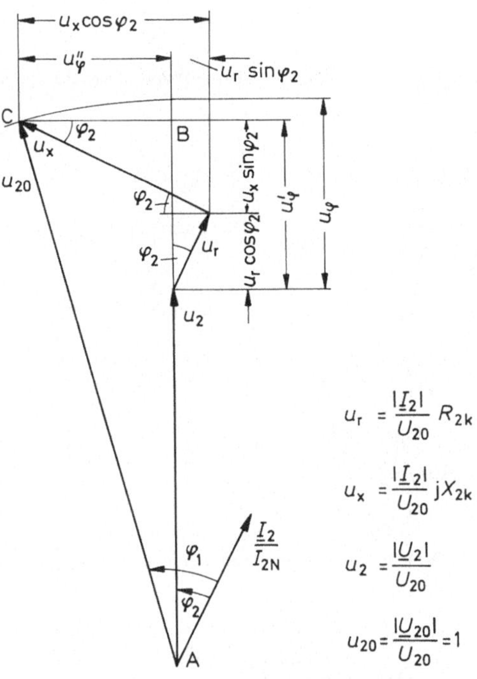

mit

$$u'_\varphi = u_\mathrm{r} \cos \varphi_2 + u_\mathrm{x} \sin \varphi_2 \qquad (4.27)$$

und

$$u''_\varphi = u_\mathrm{x} \cos \varphi_2 - u_\mathrm{r} \sin \varphi_2 . \qquad (4.28)$$

Dabei sind bei induktiver Last die Winkel positiv einzusetzen.

Bei Kurzschlußspannungen $u_\mathrm{k} \leqslant 4\%$ ist das Glied $(1/2)\, u''^2_\varphi$ sehr klein gegenüber u'_φ. Dann gilt unabhängig vom Phasenwinkel in guter Näherung

$$u_\varphi \approx u'_\varphi = u_\mathrm{r} \cos \varphi_2 + u_\mathrm{x} \sin \varphi_2 . \qquad (4.29)$$

Alle bisher abgeleiteten Gleichungen beziehen sich auf Nennstrom. Bei hiervon abweichenden Stromwerten muß die Spannungsänderung mit dem Faktor $I_2/I_{2\mathrm{N}}$ umgerechnet werden:

$$u_\varphi = u'_\varphi\, \frac{I_2}{I_{2\mathrm{N}}} + \frac{1}{2}\, (u''_\varphi\, \frac{I_2}{I_{2\mathrm{N}}})^2 . \qquad (4.30)$$

Die Abhängigkeit der Spannungsänderung von der Belastungsart zeigen die Bilder 4.3a und 4.3b. Unter der Annahme, daß $u_\mathrm{r} \ll u_\mathrm{x}$ und $\varphi_1 \approx \varphi_2$ ist, zeigt sich, daß die gesuchte Sekundärspannung $\underline{U}_2$ bei induktiver Last kleiner und bei kapazitiver Last größer als die sekundäre Leerlaufspannung $\underline{U}_{20}$ ist.

Diese Annahme führt jedoch zu falschen Werten. Die tatsächlich auftretenden Sekundärspannungen liegen niedriger, als bei Berech-

Bild 4.2 a u. b. Vereinfachtes Ersatzschaltbild (a) des Transformators, Zeigerdiagramm (b) der Spannungsänderung bei Belastung

gene Größe für einen nacheilenden Strom (induktive Last). Aus den geometrischen Beziehungen (Anwendung des Pythagoras-Satzes auf das Dreieck ABC) wird abgelesen

$$u_2 + u'_\varphi = \sqrt{1 - u''^2_\varphi}$$

und

$$u_2 = 1 - u_\varphi .$$

Daraus folgt

$$u_\varphi = u'_\varphi + 1 - \sqrt{1 - u''^2_\varphi} . \qquad (4.25)$$

Mit der Näherung

$$\sqrt{1 - u''^2_\varphi} \approx 1 - \frac{1}{2} u''^2_\varphi$$

für $u''_\varphi \ll 1$ (d. h. $\varphi_1 \approx \varphi_2$) erhält man

$$u_\varphi = u'_\varphi + \frac{1}{2} u''^2_\varphi \qquad (4.26)$$

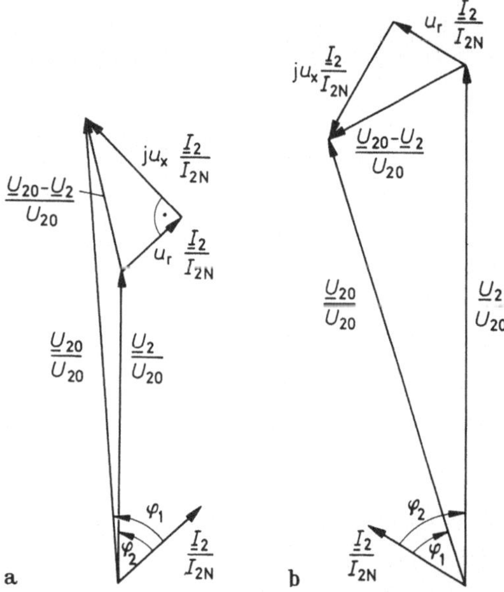

Bild 4.3 a u. b. Zeigerdiagramm für den Transformator bei induktiver (a) und kapazitiver Belastung (b)

nung mit der getroffenen Annahme. Trotzdem ist bei kapazitiver Belastung mit beträchtlichen Spannungserhöhungen zu rechnen.

Beispiel:

Für den Belastungsfall gelte

$$P_{S,N} = U_{20} I_{2N} = 90\ \text{MVA},$$
$$\cos\varphi_1 = 0{,}7\ (\text{ind.});\ \varphi_1 = 45^\circ,$$
$$u_{kN} = 14\%,$$
$$u_r = \frac{P_{kN}}{P_{S,N}} = 0{,}6\%.$$

Gesucht sind $\cos\varphi_2$ und die sekundär abgegebene Leistung $P_{S,2}$ mit der der Transformator maximal belastet werden kann.

Lösung: Aus dem Zeigerdiagramm (Bild 4.4) ergibt sich unter der Voraussetzung von $u_r \approx 0$

$$\sin(\varphi_1 - \varphi_2) = \frac{u_k \cos\varphi_2}{1}.$$

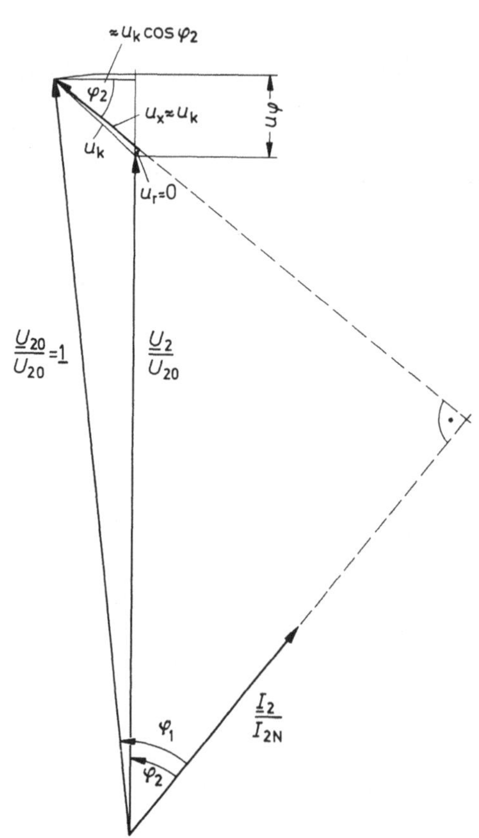

Bild 4.4. Zeigerdiagramm für ein Belastungsbeispiel

Da $\cos\varphi_2 \approx \cos\varphi_1$, ist

$$u_k \cos\varphi_2 \approx 0{,}14 \cdot 0{,}7 \approx 0{,}1 = \sin(\varphi_1 - \varphi_2).$$

Daraus folgt für den ersten Schritt der Iteration

$$\varphi_1 - \varphi_2 \approx 6^\circ,$$

also

$$\varphi_2 \approx 45^\circ - 6^\circ = 39^\circ,$$
$$\cos\varphi_2 \approx 0{,}77.$$

Die sekundäre Scheinleistungsabgabe errechnet sich zu

$$P_{S,2} = P_{S,N}(1 - u_\varphi),$$
$$u_x = \sqrt{u_{kN}^2 - u_r^2} = 13{,}0\%.$$

Unter Verwendung der Näherungsformeln (4.27) und (4.28) errechnet sich u_φ zu

$$u_\varphi = u'_\varphi + \frac{1}{2}u''^2_\varphi = 0{,}09219 +$$
$$+ \frac{1}{2} \cdot 0{,}10325^2 = 0{,}0975,$$
$$u_\varphi = 9{,}75\%$$

Daraus folgt

$$P_{S,2} = 81\ \text{MVA}.$$

(Bei Verwendung der genauen Gl. (4.25) erhält man u_φ zu $9{,}1\%$).

4.1.5 Wirtschaftliche Größe und Verlustverhalten

Der Blocktransformator muß in Anlehnung an die Leistung des zugehörigen Generators bemessen werden. Die Leistungsabgabe auf der Sekundärseite des Transformators ist gleich der primär zugeführten Leistung, vermindert um die Wirkverluste (Eisen- und Wicklungsverluste) sowie den Blindleistungsbedarf des Transformators (Magnetisierung- und Streufeldleistung). Ein Blocktransformator ist dann ausreichend bemessen, wenn seine Nennleistung (in Deutschland: primärseitige Leistungsaufnahme) gleich der vom Generator an ihn abgegebene Leistung und seine generatorseitige Nennspannung gleich der Generatorspannung ist. Versteht man unter Nennleistung die vom Transformator sekundärseitig abgegebene Leistung, wie dies z. B. bei einigen ausländischen Vorschriften der Fall ist, und würde man dann die Nennleistung des Umspanners entsprechend der vom Generator abgegebenen Leistung festlegen, so wäre der Transformator überdimensioniert.

Danach wird also die sekundärseitig abgegebene Scheinleistung gegenüber der aufgenommenen nicht nur reduziert, sondern sie kann auch nur bei einem höheren Leistungsfaktor als dem des Generators abgegeben werden.

Für technische Transformatoren gilt

$$\cos \varphi_2 = \frac{P_{S,1} \cos \varphi_1 - \Delta P}{P_{S,2}} . \qquad (4.31)$$

Speist man z. B. ein Generator mit $P_{S,1}$ = 90 MVA bei $\cos \varphi_1$ = 0,7 auf einen Transformator mit einer bezogenen Kurzschlußspannung u_k = 14% und einem bezogenen ohmschen Spannungsabfall von u_r = 0,6%, so gibt dieser Umspanner auf der Sekundärseite eine Scheinleistung $P_{S,2}$ = 81 MVA bei sekundärem Leistungsfaktor $\cos \varphi_2$ = 0,77 ab (Beispiel von Abschnitt 4.14).

Wird vor dem Transformator noch die Eigenbedarfsleistung abgezweigt, wie dies bei Blockschaltungen fast immer der Fall ist, so kann die Leistung des Blocktransformators um diesen Betrag verrringert werden.

Wenn als Blocktransformator ein Dreiwickler für die Versorgung zweier Netze eingesetzt wird, könnte er so bemessen werden, daß die Summe der beiden Nennleistungen der Oberspannungswicklung gleich der Nennleistung der der Unterspannungswicklung ist. Vielfach wählt man jedoch die Summe der Nennleistungen der beiden Oberspannungswicklungen größer als die Nennleistung der Unterspannungswicklung, um sich bei Auslastung des Generators dem zeitlich verschiedenartigen Leistungsbedarf der beiden Netze anpassen zu können.

Das Übersetzungsverhältnis eines Blocktransformators muß so gewählt werden, daß unter Berücksichtigung der Generatorspannungsregelung die für den Netzbetrieb notwendige Oberspannung erreicht wird.

Beim primärseitig an Spannung liegenden Transformator entstehen durch die Ummagnetisierung im Rhythmus der Netzfrequenz hauptsächlich im aktiven Eisen Leerlaufverluste durch Hysterese und durch Wirbelströme, die sich etwa mit dem Quadrat der Spannung verändern. Ihr Betrag entspricht annähernd den Leerlaufverlusten. Die Verlustarbeit ist maßgebend für die Wirtschaftlichkeit eines Transformators. Die Verlustarbeit ist die Summe der Produkte Leerlaufverluste mal Betriebsdauer und Wicklungsverluste mal Betriebsdauer und eines Faktors, der durch den Verlauf der Belastung gegeben ist:

$$W_v = P_{v0}\, t + P_{vk,N}\, \frac{1}{I_N^2} \int_0^t i^2\, dt . \qquad (4.32)$$

Der Wert des Integrals läßt sich in der Praxis durch den sog. Amperequadrat-Stundenzähler ermitteln.

Die wirtschaftliche Überlegenheit großer Transformatoren kommt schon in dem bekannten Wachstumsgesetz zum Ausdruck, nach dem die Leistung mit der 4. Potenz, das Gewicht und die Verluste mit der 3. Potenz der Abmessungen ansteigen. Bild 4.5 gibt einen Überblick über die Wicklungs- und Leerlaufverluste in Abhängigkeit von der Transformatorleistung. Bei großen Leistungen und hohen Spannungen können naturgemäß Abweichungen von den obengenannten Gesetzmäßigkeiten auftreten, die durch Beschränkungen des Transportgewichtes und der Abmessungen (Ladeprofil) bedingt sind.

Aus diesem Grunde dürfte auch der im doppelt-logarithmischen Papier erkennbare lineare Zusammenhang zwischen den Verlusten und der Nennleistung der Transformatoren oberhalb von 100 MVA nicht mehr gegeben sein.

Wegen der mit wachsenden Transformatorleistungen sinkenden spezifischen Kosten wird man im allgemeinen bestrebt sein, möglichst große Einheiten aufzustellen.

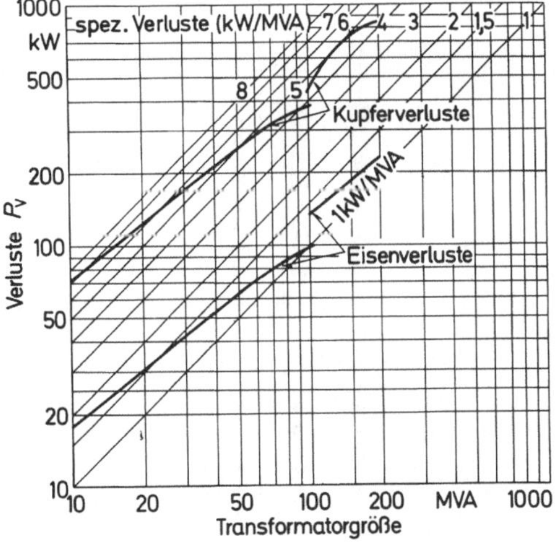

Bild 4.5. Wicklungs- und Eisenverluste von Transformatoren

4.2 Spannungsregelung

4.2.1 Transformator mit Regelwicklung

Sofern der übliche Regelbereich der Generatorspannung von ± 5 % genügt, um Spannungs- und Blindleistungsschwankungen auszugleichen, kann der Blocktransformator als Zweiwickler mit festem Übersetzungsverhältnis gebaut werden. Vielfach wird jedoch zur Deckung des Spannungsabfalles im Transformator und zur Spannungshaltung des angeschlossenen Netzes ein größerer Einstellbereich der Oberspannung erforderlich sein. Man wird dann nur selten einfache Wicklungsanzapfungen vorsehen, sondern Regeleinrichtungen einbauen, die eine feinstufige Einstellung unter Last ermöglichen. Um den Vorteil kleinerer Ströme auszunutzen, wird bei nicht zu hoher Oberspannung oder bei sehr großer Oberspannung, aber gleichzeitiger Sternpunkterdung des Netzes, die Regelung auf der Sternpunktseite der Oberspannungswicklung vorgenommen (Bild 4.6). Die Regelwicklung wird bei dieser Anordnung im normalen Betrieb, besonders bei starrer Erdung des Sternpunktes, spannungsmäßig nur geringfügig beansprucht.

Ein Dreiwicklungsumspanner für die Versorgung zweier Netze muß sich hinsichtlich seiner Oberspannungen beiden Netzen anpassen können. Dies geschieht entweder dadurch, daß man nur einer Wicklung eine Regeleinrichtung gibt, wobei der Generator mit seiner Regelung den Spannungsanforderungen des zweiten Netzes genügt, oder man gibt beiden Wicklungen je eine Regeleinrichtung. Bei großen Einheiten

wird die zweite Lösung unwirtschaftlich. In solchen Fällen kann der Blocktransformator als Zweiwickler mit einer Regelwicklung ausgeführt und die regelbare Wicklung für das zweite Netz mit dem Eigenbedarfstransformator kombiniert werden. Dies hat noch den Vorteil, daß die Regeleinrichtung des Generators zur Spannungshaltung für das Eigenbedarfsnetz herangezogen werden kann.

In der Praxis sind für Maschinentransformatoren Regelbereiche bis ± 8 % gebräuchlich. Bei Netzkupplungstransformatoren hingegen sind Regelbereiche von ± 22 % erwünscht.

4.2.2 Transformator mit Stufenschalter

Ein kontinuierliches Abtasten jeder Wicklung ist bei großen Leistungen aus konstruktiven Gründen nicht möglich. Es werden daher eine Reihe von Anzapfungen vorgesehen. Beim Umschalten darf keine Leistungsunterbrechung erfolgen. Auch darf kein Teil der Wicklungen wegen der hohen Kurzschlußströme und ihrer dynamischen Wirkungen widerstandslos auch nur ganz kurzzeitig kurzgeschlossen werden.

In Bild 4.7 sieht man eine solche Umschaltungsanordnung. a ist die Wicklung, deren Span-

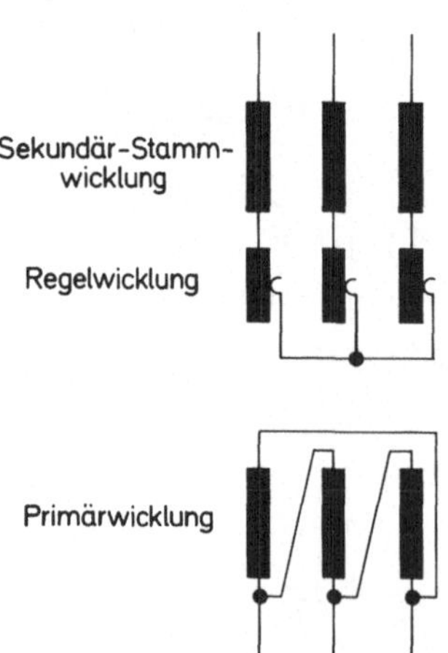

Bild 4.6. Schaltung eines Leistungstransformators mit Regelung am Sternpunkt

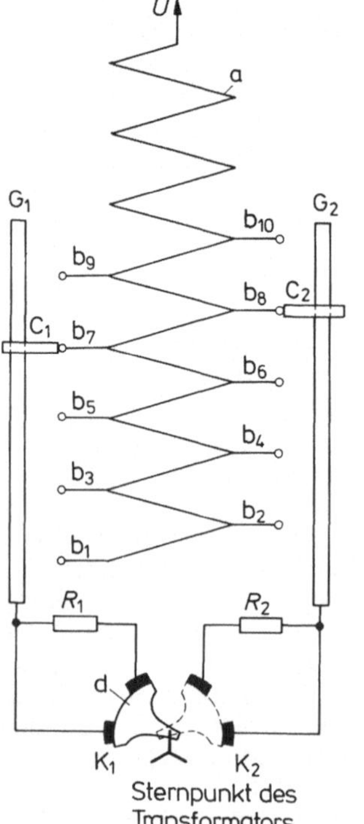

Bild 4.7. Stufenschalter für regelbare Transformatoren

nung geregelt werden soll, b_{1-10} die Anzapfungen, C_1 und C_2 die Wählerkontakte, verbunden mit den zwei Stromschienen G_1 und G_2. In der gezeichneten Lage fließt der Strom zum Verbraucher über den Lastschalter d, den Kontakt C_1, und die Anzapfung b_7. Soll auf eine andere Stufe (b_8) geschaltet werden, wird der Schalter d nach rechts in die punktierte Stellung gebracht. Diese Bewegung erfolgt ruckartig, nachdem vorher ein Kraftspeicher geladen und dann ausgelöst wurde. Während dieser Umschaltung muß ein Nulldurchgang des Stromes stattfinden. Schaltzeit daher ca. 0,03 s für den ganzen Weg und 0,01 s für den Weg zwischen R_1 und R_2. So konstruierte Lastschalter für 50 Hz sind für Bahnstromtransformatoren bei 16 2/3 Hz nicht zu gebrauchen, da der Lichtbogen dabei nicht mit Sicherheit abreißt. Der Strom fließt zunächst über R_1 und R_2. Die Wicklung $b_7 - b_8$ ist über R_1 und R_2 kurzgeschlossen. Der Kurzschlußstrom wird von diesen Widerständen aber begrenzt.

Bei weiterer Drehung des Schalters fließt der Strom jetzt über C_2 und R_2; R_1 ist abgeschaltet. In der endgültigen Stellung fließt der Strom über den Kontakt K_2.

Will man eine andere Stufe wählen, wird C_1 auf diese Stufe gesetzt und erst dann der Schalter nach links gedreht. Bei dieser Schaltung wird sehr schnell umgeschaltet (2 bis 3 Perioden). Dadurch dauert die unvermeidliche Spannungsabsenkung sehr kurz an. Wegen der kurzen Umschaltzeit können R_1 und R_2 mit relativ kleiner Wärmekapazität ausgeführt werden. Weil kein Lichtbogen beim Bewegen des Vorwählers entsteht, können die Kontakte C_1 und C_2 direkt im Trafoöl liegen. Der Schalter d muß aber in einem getrennten Ölraum innerhalb oder außerhalb des Trafokastens angeordnet sein. Konstruktiv wird der Schalter für alle Leistungen entweder als Kraftspeicher-Springschalter oder als Wälzschalter ausgebildet. Bei Regelungen bis zu ± 4 % kommt man mit einem einfachen Stufenschalter aus. Werden größere Regelbereiche verlangt, dann kommt zur Stammwicklung eine umschaltbare Grobstufe und schließlich die Feinstufenwicklung hinzu. Damit werden Regelbereiche bis zu ± 22 % erzielt.

4.2.3 Spannungsregelung durch Zusatztransformator

Lassen die Verhältnisse eine Regelung auf der Oberspannungsseite nicht zu, so wird ein getrennter Zusatzregler zwischen Generator und Umspannerprimärwicklung eingebaut. Einer direkten Spannungsregelung auf der Unterspannungsseite steht jedoch der oft sehr hohe Strom entgegen. Man legt deshalb bei großen Leistungen die Spannungsregelung in einen Zwischenkreis (Bild 4.8). Ein Regeltransformator, der nur von einem Bruchteil des Generatorstromes erregt wird, drückt einem im Zuge der Leitung liegenden Umspanner verschiedene Erregungsspannungen auf. Diese Ausführung ist sehr aufwendig.

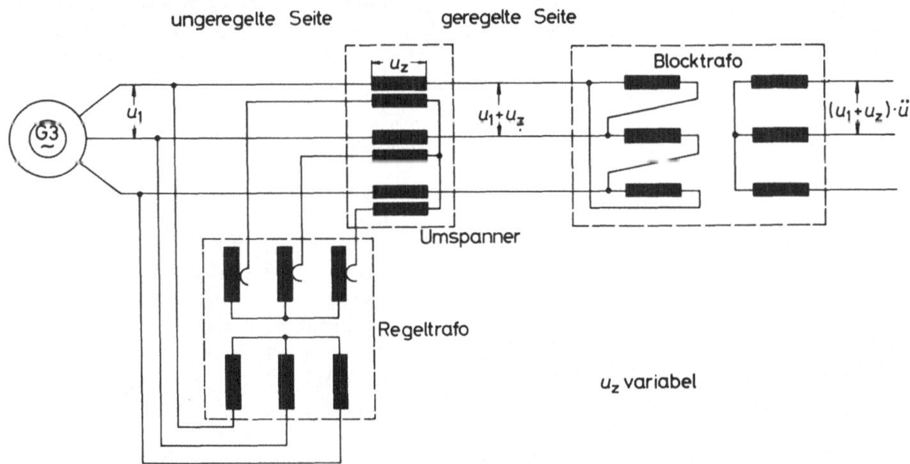

Bild 4.8. Primärseitige Spannungsregelung mit Regeltransformator im Zwischenkreis

4.3 Technische Ausführung von Maschinentransformatoren

4.3.1 Bauformen und Transport

Transformatoren mit Regelung können bis zu einer Leistung von etwa 400 MVA bei 380 kV Oberspannung als Dreiphaseneinheiten gebaut werden. Die Grenze ist in diesem Fall durch die Transportmöglichkeiten für derartige Einheiten gegeben. Für noch größere Maschinentransformatoren kommen Einphaseneinheiten in Betracht, die zu Drehstromsätzen (Banks) zusammengeschaltet werden. Man kann zu dieser aus 3 Einheiten bestehenden Transformatorenbank bei wichtigen Maschinen noch eine 4. Einheit als Reserve hinstellen, bei der dann nur noch die Anschlüsse zu wechseln sind.

Großumspanner werden in der Regel mit der Bahn transportiert, in Einzelfällen auch auf der Straße. Hinsichtlich Überwindung der Transportschwierigkeiten und -einschränkungen bildet die in Deutschland entwickelte Wanderbauart für Großtransformatoren eine ideale Lösung. Drehstromtransformatoren großer Leistung bis zu 220 kV Oberspannung lassen sich heute voll wanderfähig für die deutschen Bahnverhältnisse bauen. Der Transformator kann dann einschließlich Öl, Durchführungen, Ausdehnungsgefäß, Kühlanlage und sonstigen Hilfseinrichtungen praktisch betriebsfertig mit einem Spezialwagen transportiert werden. Für Transformatoren bis etwa 80 MVA werden hierfür Tieflader verwendet. Für größere Umspanner wurden besondere 18- und 20achsige Schnabelwagen für Nutzlasten bis 290 t entwickelt, bei denen der Transformatorenkessel während des Transportes das Mittelstück eines Trägers bildet, der beiderseitig auf Drehgestellen gelagert ist.

Die Vorteile der Wanderbauart gegenüber der stationären Ausführung liegen besonders in der kurzen Montagezeit bei Erstaufstellung und Auswechslung und in dem geringen Raumbedarf.

Allerdings bedingt die Wanderbauart bei großen Einheiten gegenüber dem stationären Transformator höhere Anschaffungskosten (z. B. Vollwandträger-Kesselkonstruktionen). Bei individuell angepaßten Maschinentransformatoren, bei denen der Gesichtspunkt der schnellen Auswechselbarkeit und Einsatzbereitschaft nicht so von Interesse ist, wird man aus Gründen der Wirtschaftlichkeit bei großen Einheiten daher oft den stationären Transformator vorziehen.

Selbstverständlich gibt es auch bei der Wanderbauart eine Leistungsgrenze, die durch Gewicht oder Abmessungen (Bahnprofil) gegeben ist. Man muß dann auf die Vorteile dieser Bauart verzichten oder zumindest Einschränkungen in Kauf nehmen. Bei den 400-MVA-Einheiten für 380 kV mit Spannungsregeleinrichtung muß z. B. während eines Transportes das Öl abgelassen und durch Stickstoff ersetzt werden. Zum Transport der 380-kV-Einphaseneinheiten werden die senkrecht angeordneten 380-kV-Durchführungen abgebaut.

Die Umspanner werden auf Spezialwagen soweit wie möglich an den vorgesehenen Aufstellungsort bzw. unter den Maschinenkran gefahren, mit den am Schnabelwagen angebauten hydraulischen Hebeeinrichtungen oder mit dem Kran auf ihre eigenen Fahrrollen abgesetzt und über Gleisanlagen auf ihre endgültigen Fundamente verzogen.

Um den Engpaß in der Maximalleistung zu beseitigen, wurde von der Deutschen Bundesbahn ein 32achsiger Tiefladewagen für maximal 450 t Nutzlast in Auftrag gegeben. Mit diesem Fahrzeug, das seit Ende 1969 zur Verfügung steht, ist der Bahntransport für Einheitsleistungen bis rund 1000 MVA möglich. Allerdings bleiben dabei noch erhebliche Schwierigkeiten bestehen, Transformatoren dieser Größe in ihren Abmessungen in das vorgegebene Bahnprofil hineinzukonstruieren. Die Forderungen an die Gesamtauslegung werden sich deshalb vielfach dem Transportproblem unterordnen müssen.

Ein Transport auf der Straße über längere Strecken scheidet wegen der meist ungenügenden Brückenbelastbarkeit und der Durchfahrtshöhe aus, ein kombinierter Schiff-Straßenfahrzeug-Transport müßte gegebenenfalls in absehbarer Zukunft durchaus in Erwägung gezogen werden.

4.3.2 Kühlung

Die Kühlung für die Transformatoren muß sich nach der Höhe der abzuführenden Verlustwärme, den Verhältnissen am Aufstellungsort und den Kosten für Anschaffung und Unterhalt der Kühlanlage sowie den Kosten für Schallschutzmaßnahmen richten. Selbstkühlung (S) und Selbstkühlung mit Ölumlauf (SU) beschränken sich auf den unteren Leistungsbereich der Großtransformatoren bis etwa 25 MVA. Für Leistungen bis maximal 100 MVA kann Fremdlüftung (F) angewendet werden. Bei den großen Leistungen, wie sie bei den Maschinentransformatoren in Blockkraftwerken meist vorkommen, wird fast ausschließlich Ölumlaufkühlung verwendet, bei der das Öl durch Wasser- (WU) oder Luftkühler (FU) rückgekühlt wird.

Transformatoren mit Kühlart F oder FU können wirtschaftlich nur im Freien aufgestellt werden, wo Frischluft ungehindert angesaugt werden kann und die warme Luft leicht abströmt. In geschlossenen Transformatorzellen ist dies insbesondere für Umspanner großer Leistung nur schwierig zu erfüllen. Die Wahl zwischen F- und FU-Kühlung ist im allgemeinen eine Frage der Wirtschaftlichkeit. Bis zu Leistungen von etwa 60 MVA liegen die Kosten für F-Kühlung niedriger, darüber die für FU-Kühlung.

Die WU-Kühlung kann dagegen sowohl bei Innenraum als auch bei Freiluftaufstellung der Transformatoren Verwendung finden. Da sie bei Großtransformatoren im allgemeinen die niedrigsten Anlagekosten ergibt, ist sie überall da mit wirtschaftlichem Vorteil einzusetzen, wo ausreichend reines Kühlwasser billig bereitgestellt werden kann. Dies ist in Kraftwerken im Rahmen der Gesamtkühlwasserversorgung fast immer möglich.

Soweit es die Verhältnisse zulassen, wird man die Kühlanlagen an den Transformator anbauen. Hierdurch wird an Platz und Kosten gespart. Die Arbeiten zur Fertigmontage des Transformators am Aufstellungsort werden verkürzt, denn vielfach wird die Kühlanlage auch während des Transports montiert bleiben können.

Die Kühlmittel werden durch Ölströmungswächter, Wasserlaufanzeiger oder Luftströmungsklappen und bei F-Kühlung durch Laufkontrolle der Lüftermotoren überwacht. Manchmal wird auch die Kühlleistung last- oder temperaturabhängig geregelt. Mehr als früher wird

man heute versuchen, die Umspannverluste u.U. mittels Wärmepumpen zur Deckung von Niedertemperaturwärme auszunutzen.

4.3.3 Geräuschbildung

Bei Aufstellung von Großtransformatoren, vor allem in dichtbesiedelten Gegenden, ist die Geräuschbildung der Transformatoren ein besonderes Problem. Ihre Ursache sind die durch die Magnetostriktion der Kernbleche erzeugten mechanischen Schwingungen des Eisenkerns einerseits und die zur Beblasung der Kühlelemente angebauten starken Lüfter andererseits.

Durch Herabsetzen der Induktion, Verminderung der Schwingungsübertragung vom Kern zum Kessel mittels federnder Zwischenlagen, Maßnahmen der Schwingungsdämpfung am Kern selbst, Herabsetzen der Kesselschwingungen mittels steife Kesselkonstruktion und angeschraubte Körperschallabsorber aus Gummi, die auf entsprechende Oberschwellen der Netzfrequenz abgestimmt sind, durch Anbau von Dämmwänden aus Glasfaserplatten und schließlich durch die Verwendung geräuscharmer langsamlaufender Lüfter wird die Geräuschentwicklung und -abstrahlung erfolgreich bekämpft und der Geräuschpegel um mehr als 10 dB gesenkt.

Auch außerhalb des Transformators kann man die Schwingungsübertragung herabsetzen, z. B. durch schwingungsdämpfende Mittel zwischen Transformator und Fundament (Schwingmetallschienen), schallhemmende Wände bei Freilufttransformatoren oder durch Auskleiden der Zellenräume und Kühlluftkanäle mit schallschluckenden Stoffen bei Innenraumaufstellung. Welche Maßnahmen zweckmäßig und erforderlich sind, muß von Fall zu Fall nach den gegebenen Umständen entschieden werden.

5 Verteilungsanlagen im Kraftwerk

5.1 Bauweise von Kraftwerken

5.1.1 Sammelschienenkraftwerk

Bei dem Aufbau neuzeitlicher Kraftwerke ist zwischen der Sammelschienen- und der Blockbauweise zu unterscheiden. Bei einem Sammelschienenkraftwerk (Bild 5.1a) sind mehrere Kessel sowohl wasser- als auch dampfseitig an je eine Sammelschiene angeschlossen, und ebenso geben die Generatoren die erzeugte elektrische Energie an eine gemeinsame Sammelschiene ab, deren Spannung im allgemeinen mit der Klemmenspannung der Generatoren identisch ist.

Diese Bauweise läßt sich wirtschaftlich nur bei verhältnismäßig geringen Dampfdrücken und Dampftemperaturen und demgemäß niedrigen Turbinenleistungen ausführen. Auf der elektrischen Seite ist ihr außerdem durch die sich bei einem Kurzschluß addierenden Kurzschlußleistungen der einzelnen parallel betriebenen Generatoren bald eine Grenze gesetzt, da andernfalls entsprechend teuere Schaltanlagen

für hohe Abschaltleistungen erforderlich werden. Aus den erwähnten Gründen werden Kraftwerke in Sammelschienenbauweise für die öffentliche Elektrizitätsversorgung heute kaum mehr gebaut. Ihr Anwendungsgebiet ist i. a. auf kleinere und mittlere Industriekraftwerke beschränkt.

5.1.2 Blockkraftwerk

Für Hochdruckkraftwerke mit Maschinensätzen großer Leistung, wie sie heute wegen der Bau- und Betriebskosten in der öffentlichen Elektrizitätsversorgung die Regel sind, hat sich eindeutig die Blockbauweise durchgesetzt (Bild 5.1 b). Bei dieser Bauweise sind jeweils Dampfkessel und Turbosatz einander fest zugeordnet, sie bilden einen Block. Zwischen den einzelnen Blöcken eines Kraftwerkes bestehen normalerweise keine wasser- oder dampfseitigen Querverbindungen, so daß sich Störungen an einem Block nur auf diesen selbst auswirken.

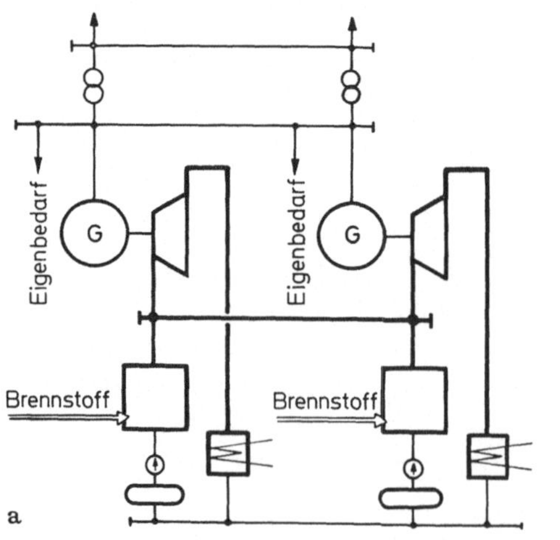

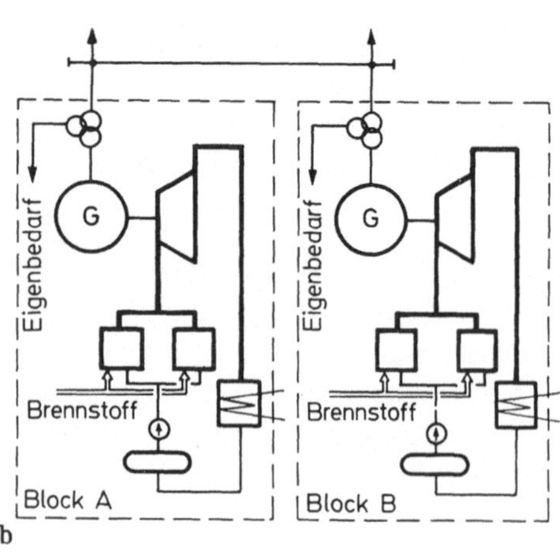

Bild 5.1a u. b. Sammelschienenkraftwerk (a) und Blockkraftwerk (b)

Bei den hier in Frage kommenden großen Leistungen kann die im Turbosatz erzeugte elektrische Energie nicht mehr mit der Klemmenspannung des Generators dem Abnehmer zugeführt werden. Sie wird daher von der Generatorspannung (bei großen Kernkraftwerken z. B. Biblis 27 kV) auf 110, 220 oder 380 kV aufgespannt. Da die hohen Kurzschlußleistungen einen klemmenseitigen Zusammenschluß der Generatoren nicht zulassen, wird auch zwangsläufig der Maschinenumspanner seinem Generator oder bei unterteilten Primärspulen seinen (Wasserkraft-)Generatoren fest zugeordnet. Der Block erstreckt sich also von dem Kessel über den Turbosatz bis zum Maschinentransformator und den zugehörigen Schaltern.

5.2 Ableitung und Umspannung*

5.2.1 Generatorableitung

Die von den Generatoren erzeugte elektrische Energie wird über die Generatorableitungen den zugehörigen Schaltanlagen bzw. Aufspannungsanlagen zugeleitet.

Der Nennstrom (bis maximal 34 kA) bestimmt den Querschnitt der Leiter. Der bei einem Kurzschluß innerhalb der Generatorableitung auftretende Stoßkurzschlußstrom bewirkt große magnetische Kräfte, deren Beherrschung hohe Anforderungen an die Stützisolatoren und Durchführungen stellt. Am stärksten werden die Abzweigungen von der Hauptableitung zum Eigenbedarfstrafo beansprucht, falls der Kurzschluß in dieser Ableitung stattfindet, da in diesen Abzweigungen sich die Kurzschlußströme von Generator und Netz addieren. Liegt die Kurzschlußstelle in der Generatorableitung (zwischen Generator und Blocktrafo), so fließt auf dem Ableitungsstück zwischen Generator und Kurzschlußstelle der Kurzschlußstrom I_{k1} vom Generator, auf dem Ableitungsstück zwischen Blocktrafo und Kurzschlußstelle der Kurzschlußstrom I_{k2} aus dem Netz. Befindet sich dagegen die Kurzschlußstelle im Abzweig zum Eigenbedarfstrafo, so fließt in diesem die Summe der beiden Kurzschlußströme $I_{k1}+I_{k2}$. Ferner sind in der Regel die Abzweige zum Eigenbedarfstrafo querschnittsmäßig schwächer als die Generatorableitung dimensioniert.

Je nach Bauart der Generatoren und Art des Kurzschlusses (ein- oder mehrpolig) können Kurzschlußströme in der Größenordnung

einiger hundert Kiloampere auftreten. Deswegen wird angestrebt, daß

— Generator und Aufspanntrafo möglichst nahe beieinander aufgestellt werden,
— der Eigenbedarfstrafo unmittelbar unter der Generatorableitung aufgestellt wird,
— die Isolationsklasse angehoben wird.

Bei Generatoren bis etwa 40 MVA läßt sich die Ableitung zwischen Generator und Aufspanntrafo noch mit Kabeln ausführen. Bei höheren Leistungen geht man jedoch auf Verwendung blanker Leiter über, die entweder offen oder in metallgekapselter Bauweise verlegt werden. Als Leitermaterial wird Kupfer oder Aluminium verwendet. Der Leiterquerschnitt wird aus dem höchsten Betriebsstrom und den spezifischen Strombelastungen berechnet. Seine Form wird durch die Kurzschlußkräfte, den Skin-Effekt und die Stromverdrängung (Proximity-Effekt) beeinflußt. Eine ideale Form ist der Hohlzylinder; aus konstruktiven Gründen werden jedoch auch U- und V-Profile, quadratische oder Sechskantrohre verwendet.

Offen verlegte Leiter brauchen aufwendige Abstützungen. Die Isolatoren neigen wegen der möglichen Verschmutzung zu Erdschlüssen, die sich zu mehrpoligen Kurzschlüssen entwickeln können. Weiterhin sind Maßnahmen zum Schutz gegen Berührung erforderlich. Man verwendet daher trotz der höheren Kosten zur Verbindung zwischen Generator und Blockumspanner meist metallgekapselte Hochstromschienenkanäle. Dabei bietet die getrennte Kapselung der drei Leiter die besten Kühlverhältnisse und die größte elektrische Sicherheit. Weil durch die luftdichte Kapselung die Kühlung für die Leiter ungünstiger wird, sind allerdings größere Leiterquerschnitte als bei offen verlegten Schienen notwendig. Für Stromstärken über 9 kA ist eine zusätzliche Fremdbelüftung erforderlich.

In den Umhüllungen aus Metall entstehen Wirbelströme, die zwar einerseits unerwünschte Verluste verursachen; andererseits wird aber durch die Abschirmung der Leiter die Stromverdrängung und damit der Leiterwiderstand und die direkten Stromwärmeverluste verringert. Außerdem werden dadurch bei Kurzschluß die magnetischen Kräfte auf die Leiter verrringert und Sekundärverluste in der Umgebung der Leiter völlig vermieden. Besondere Beachtung erfordern die Anschlußstellen zu wasserstoffgekühlten Generatoren, da Undichtigkeiten hier u. U. zum Zustandekommen von explosiven Wasserstoff-Luftgemischen führen können.

---

* Teilweise wörtlich nach Schröder, K.: Große Dampfkraftwerke.

5.2.2 Transformator- und Schalteranordnung

Bei der Blockbauweise werden in der Regel zwischen Generator und Transformator keine Schaltgeräte eingebaut. Die erforderlichen Leistungsschalter sind auf der Oberspannungsseite des Blockes und auf der Unterspannungsseite des Eigenbedarfsumspanners angeordnet. Der oberspannungsseitige Schalter kann bei den hier in Frage kommenden Spannungen leicht für die erforderliche Schaltleistung, die überwiegend von dem angeschlossenen Netz bestimmt wird, bemessen werden. Der Eigenbedarfsschalter wird durch den Eigenbedarfstransformator, dessen Größe sich etwa bei einem Zehntel der Blockleistung bewegt, gegen die hohen Kurzschlußbeanspruchungen geschützt. Es häufen sich jedoch neuerdings die Fälle, bei denen Schaltgeräte auf der Generatorseite eingebaut werden müssen.

— Für das Anfahren aus dem Stillstand ist für jedes Dampfkraftwerk eine Fremdeinspeisung erforderlich. Die zum Anfahren notwendige Energie wird im allgemeinen aus dem Verbundnetz entnommen. Steht hierfür keine geeignete Verbindungsleitung zur Verfügung, so kann für das Anfahren der Blocktransformator verwendet werden, wenn zwischen Generator und Eigenbedarfsabzweig ein Leistungstrenner eingebaut ist (Bild 5.2a).

— In manchen Fällen ist es wünschenswert, für zwei oder mehrere Blöcke, von denen jeder mit einem Blocktransformator ausgerüstet ist, eine gemeinsame Freileitung zu verwenden (Bild 5.2b). Bei der Schwierigkeit, in dichtbesiedelten Industriegebieten die erforderlichen Freileitungstrassen zu finden, gewinnt dieses Problem an Bedeutung. Die Zusammenschaltung verlangt jedoch für jeden Generator einen eigenen Leistungschalter, mit dem man ihn parallel schalten kann. Des erforderlichen Platzes und der Kosten wegen kommen oberspannungsseitige Schalter meist nicht in Frage, sondern nur solche auf der Unterspannungsseite.

— Verschiedentlich werden zwei Generatoren zusammengeschlossen und auf einen gemeinsamen Transformator geschaltet (Bild 5.2c). Auch hier sind meist Generatorschalter erforderlich. Ausnahmen bilden die Fälle, in denen es sich bei den beiden auf einen Transformator arbeitenden Turbosätzen um zusammengehörige Vor- und Nachschalt- oder Crosscompound-Maschinen handelt, die

stets zusammen hochgefahren und auch bei Störungen gleichzeitig abgesetzt werden müssen.

— Ein Generatorschalter ist meist auch dann erwünscht, wenn außer der Einspeisung in ein Verbundnetz noch ein weiteres Netz mit anderer Spannung (z. B. Industrienetz) versorgt werden soll (Bild 5.2d). Bei einer Störung innerhalb des Kraftwerkes sollen beide Netze durch den Generatorschalter vom Kraftwerk getrennt und das zweite Netz sowie der Kraftwerkseigenbedarf möglichst ungestört aus dem Verbundnetz weiter versorgt werden können.

5.2.3 Sternpunkt in Drehstromnetzen

Die Maschinentransformatoren haben fast ausschließlich primärseitig Dreiecks- und sekundärseitig Sternschaltung. Dabei kann der Sternpunkt entweder starr geerdet werden, wobei

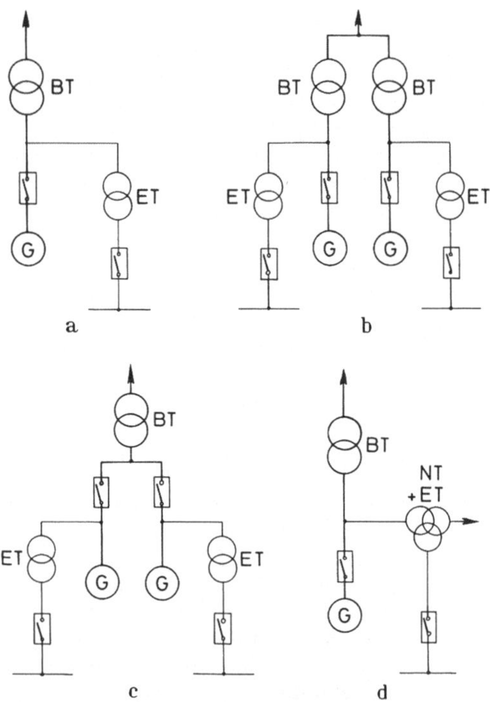

BT Blocktransformator
ET Eigenbedarfstransformator
NT Netztransformator

Bild 5.2 a–d. Einsatz von Generatorleistungsschaltern bei großen Einheiten

jeder einphasige Isolationsfehler ein Kurzschluß wird, oder er kann isoliert, also unbeschaltet bleiben und nur mit einem Überspannungsableiter versehen werden.

Wichtiger aber ist die Beschaltung des Sternpunktes mit einer Erdschlußspule — auch Petersen-Spule genannt — zur Kompensation des über die Phasenkapazitäten, des Verteilernetzes fließenden und über die Fehlerstelle zurücklaufenden Stromes (ca. 100 A). Er würde an der Fehlerstelle bald größere Zerstörungen hervorrufen. Die Petersen-Spule wird daher über die Anzapfungen auf den zu kompensierenden Netzteil genau abgestimmt, so daß über die Fehlerstelle möglichst nur geringe Restströme fließen. Ein Lichtbogenerdschluß wird dabei erlöschen und das Netz ist daraufhin wieder „gesund".

5.3 Eigenbedarfsanlagen von Kraftwerken

5.3.1 Aufgabe des Eigenbedarfs

Der elektrische Eigenbedarf eines Kraftwerks verlangt zusätzliche Einrichtungen. Sie haben die Hilfsantriebe sowie die Steuer- und Regeleinrichtungen jederzeit mit elektrischer Energie zu versorgen. Je nach dem zur Verwendung gelangenden Brennstoff — Stein- bzw. Braunkohle, Öl oder Gas — und den Dampfparametern der Leistung der Turbosätze liegt der Eigenbedarf in der Größenordnung von etwa 4 bis 7,5 % der Kraftwerksleistung.

Zu den Hilfsantrieben der Kesselanlagen gehören im wesentlichen

— die Kesselspeisepumpen,
— die Saugzug- und Frischluftgebläse und
— die Kohlemühlen und -zuteiler.

Besitzt der Kessel keine Kohlefeuerung, sondern Öl- oder Gasfeuerung, so treten an Stelle der Mühlen die entsprechenden Pumpen und Brenner.

Beim Turbosatz, der bei größeren Einheiten für die öffentliche Elektrizitätsversorgung meist als Kondensationsturbosatz ausgeführt wird, sind als hauptsächlichste Antriebe die Kühlwasserpumpen sowie die Kondensatpumpen zu erwähnen.

Außer diesen wenigen, einzeln aufgezählten Antrieben mit sehr großen Leistungen ist noch eine Vielzahl kleinerer Antriebe vorhanden, wobei zur Einschätzung der Größenord-

nung dienen mag, daß ein Kraftwerksblock über 100 Hilfsantriebe umfaßt. Hierfür hat sich der Elektromotor bewährt. Eine Ausnahme machen in manchen Kraftwerken nur die Kesselspeisepumpen, bei denen auch der Antrieb mittels Dampfturbine gebräuchlich ist.

Falls nicht besondere Forderungen — z. B. hinsichtlich der Regelbarkeit der Drehzahl — zu erfüllen sind, wird fast ausschließlich der Drehstrom-Asynchronmotor mit Kurzschlußläufer für direkte Einschaltung verwendet. Motoren bis zu Leistungen von etwa 80 bis 100 kW werden im allgemeinen mit 380 V, neuerdings auch mit 660 V, versorgt, Motoren mit größeren Leistungen dagegen mit 6 bzw. 10 kV. Außerdem sind einige kleinere Anlagen mit Gleichstrommotoren als Antrieb ausgerüstet, die bei einem Zusammenbruch der Drehstrom-Eigenbedarfsversorgung in Betrieb genommen werden. Sie werden dann aus der Gleichstrombatterie des Kraftwerkes gespeist.

Die Aufgabe der Eigenbedarfsversorgung besteht darin, die Energie für die Antriebsmotoren und die Steuer- und Regelanlagen während des Anfahrens, des Betriebes und des Abfahrens des Kraftwerkes mit Sicherheit zur Verfügung zu stellen. Beim Anfahren des Kraftwerkes ist die Energie für die Hilfsantriebe von einer fremden Stromquelle zu liefern bis zu dem Zeitpunkt, da das Kraftwerk in der Lage ist, seinen Energiebedarf selbst zu decken. Beim Abfahren eines Kraftwerkes muß noch die Energie verfügbar sein, um Kessel und Turbosatz abfahren zu können.

Neben diesen Normalfällen muß die Versorgung der Eigenbedarfsanlage auch in Schadensfällen gewährleistet sein. Bei Netzstörungen soll der Block, wenn er vom Netz abgetrennt wird, im Inselbetrieb weiterlaufen und seinen Eigenbedarf selbst decken. Falls das nicht möglich ist, muß auf eine Reserveversorgung aus einer fremden Stromquelle umgeschaltet werden.

Wenn die blockgebundene Normalversorgung der Eigenbedarfsanlagen und die Reserveversorgung aus einer fremden Stromquelle ausgefallen sind, muß der Block stillgelegt werden. Durch eine Notversorgung aus einer Kraftwerks-Hilfsstromquelle (Batterie) muß sichergestellt sein, daß der Block ohne Schäden abgefahren werden kann und seine Betriebsfähigkeit in vollem Umfang, z. B. durch eine Hilfsölpumpe, erhalten bleibt. An die Zuverlässigkeit des Eigenversorgungssystems werden somit sehr hohe Ansprüche gestellt, da ein Versagen nicht nur den kurzfristigen Ausfall der Erzeugung des betroffenen Kessels und Turbosatzes bedeutet, sondern darüber hinaus schwere nur langfristig zu behebende Schäden zur Folge haben kann.

5.3.2 Grundsätzliche Kriterien und versorgungstechnische Ausführungen

Für eine zuverlässige Stromversorgung der Hilfsanlagen eines Blockes können verschiedene Schaltungen angewandt werden. Die Schaltung muß den Kraftwerksbedingungen angepaßt und in erster Linie unter dem Gesichtspunkt größter Betriebssicherheit ausgewählt werden.

Als Kriterium, wann auf welche Versorgung umgeschaltet werden muß, dient neben der Spannungsmessung der Frequenzabfall im Netz, wobei folgende Grenzwerte im Rahmen der UCPTE vereinbart sind: Bei Frequenzabfall auf 48,4 Hz wird das Verbundnetz an geeigneten Stellen automatisch aufgetrennt, bei weiterem Abfall auf 47,6 HZ werden die Blöcke vom Netz getrennt. Die genauen Werte hängen auch noch von den Schaufeleigenschwingungen der verwendeten Turbinen ab und werden somit von den Kraftwerksleistungen selbst bestimmt.

In Bild 5.3 sind typische Beispiele für die Eigenbedarfsversorgung dargestellt. Mit einge-

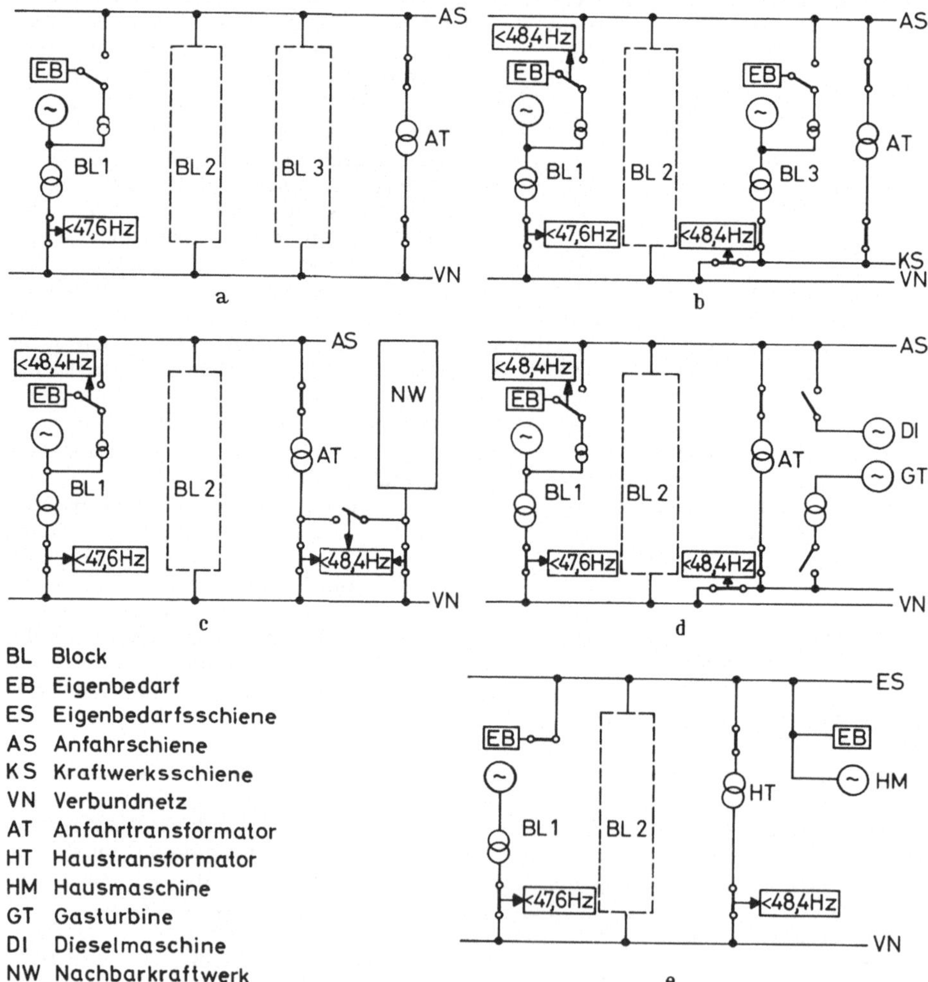

BL Block
EB Eigenbedarf
ES Eigenbedarfsschiene
AS Anfahrschiene
KS Kraftwerksschiene
VN Verbundnetz
AT Anfahrtransformator
HT Haustransformator
HM Hausmaschine
GT Gasturbine
DI Dieselmaschine
NW Nachbarkraftwerk

Bild 5.3 a–e. Eigenbedarfsversorgung thermischer Blöcke im Störungsfall. **a** Blockgebundene Versorgung. **b** Speisung vom Nachbarblock, **c** Speisung vom Nachbarwerk, **d** Speisung durch Diesel oder Gasturbine, **e** Speisung durch Hausmaschine

tragen sind die Grenzfrequenzen, bei denen eine Umschaltung der Eigenbedarfsversorgung und ein Abtrennen des Blocks vom Netz erfolgen. Dagegen ist die in allen Fällen notwendige Notversorgung bestimmter Anlagenteile (Schutz, Steuerung, Regelung und Notbeleuchtung) aus einer Akkumulatorenbatterie nicht mit aufgenommen.

— Blockgebundene Versorgung: Sowohl im Normalbetrieb als auch im Störungsfall wird der Eigenbedarf vom Block selbst gespeist. Die Versorgung des Eigenbedarfs geschieht über einen zwischen Generator und Maschinentransformator angeschlossenen Eigenbedarfstransformator. Da der Block, auch wenn er vom Netz getrennt läuft, seinen Eigenbedarf weiterhin selbst deckt, braucht die Versorgung bei Netzstörungen nicht umgeschaltet zu werden. Dem blockgebundenen Eigenbedarfstransformator ist in der Regel ein Anfahrtransformator zugeordnet. Er wird meistens an das Netz, in das der Block einspeist, angeschlossen und steht über eine Anfahrschiene allen Blöcken des Kraftwerks zum Anfahren, Abfahren und als Reserve bei Blockstörungen zur Verfügung.

— Speisung vom Nachbarblock: Normalerweise deckt jeder Block seinen Eigenbedarf selbst. Im Störungsfall wird einer der Blöcke, im Bild Block 3 (im allgemeinen der kleinste oder der, der vor Eintritt der Störung die geringste Leistung ans Netz lieferte) rechtzeitig (Frequenzabfall auf 48,4 Hz) vom Netz getrennt. Er sichert seine eigene Eigenbedarfsversorgung sowie über die Anfahrsammelschiene die aller übrigen Blöcke.

— Speisung vom Nachbarwerk: Ein benachbartes Kraftwerk, am besten ein Wasserkraftwerk, das im Normalbetrieb am Netz liegt, wird bei Eintreten einer Störung vom Netz getrennt und liefert über eine gesonderte Leitung den Eigenbedarf.

— Speisung durch Diesel bzw. Gasturbine: Im Störungsfall übernehmen schnell hochlaufende und in kurzer Frist belastbare Dieselaggregate oder Gasturbinen die Versorgung des Kraftwerkseigenbedarfs. Bei diesen Maschinen ist eine hohe Anfahrsicherheit erforderlich. Die Zeit zwischen Eintritt des Schadensfalles und der Belastbarkeit der Notstromaggregate muß durch Versorgung aus Pufferbatterien überbrückt werden.

— Speisung durch Hausmaschinen: Eine Hausmaschine liefert im Normalbetrieb den Kraftwerkseigenbedarf parallel zum Netz über eine Sammelschiene. Auf diese Eigenbedarfsschiene ist der gesamte Eigenbedarf des Kraftwerks geschaltet. Sie wird im Störungsfall vom Netz getrennt. Diese Schaltung wurde früher häufig bei Sammelschienenkraftwerken angewandt. Die Versorgungssicherheit hängt voll von der Verfügbarkeit der Hausmaschine ab sowie von der situationsgerechten Abtrennung der Eigenbedarfsschiene vom gestörten Netz.

5.3.3 Eigenbedarfsschaltanlagen

Die Umschaltungen des Eigenbedarfs erfolgen stets mit Unterbrechung. Einerseits muß die Unterbrechungszeit möglichst kurz gehalten werden, um keine zu großen Wiederhochlaufströme der abgefallenen Eigenbedarfsmotoren zu erhalten. Andererseits darf die Umschaltzeit aber nicht zu kurz sein, da wegen möglicher Phasenopposition zwischen der durch das Restfeld erzeugten Motorspannung und der neuen Spannung sehr hohe Ausgleichsströme auftreten können. Bei solcher Langzeitumschaltung ergeben sich, je nach Zusammensetzung der Motorengruppen, Umschaltzeiten von etwa 1,2 bis 1,5 s.

Eine andere Methode besteht darin, die Zuschaltung in einem solchen Augenblick vorzunehmen, in dem sich die Vektoren der Motorrestspannung und der neuen Netzspannung annähernd decken. Bei synchronen Netzen werden hierbei Unterbrechungszeiten bis herab zu etwa 0,04 s erreicht. Bei asynchronen Netzen liegen sie bei etwa 0,03 bis 0,7 s.

In den Eigenbedarfsschaltanlagen werden für die Hochspannungsmotoren Leistungschalter verwendet, deren Schaltstellung durch die Umschaltung mit Unterbrechung nicht beeinflußt wird. Die Niederspannungsmotoren werden dagegen fast ausnahmslos über Schütze geschaltet. Diese Schütze besitzen Wechselstrommagnetspulen und fallen bei dem Absinken der Steuerspannung, die während des Umschaltvorganges mit der Restspannung der Motoren identisch ist, ab. Um nach der Wiederkehr der Netzspannung ein Anziehen der Schütze zu gewährleisten, wird der Schaltimpuls über ein Zeitrelais etwa 4 s lang aufrechterhalten. Kehrt die Spannung bis zu diesem Zeitpunkt wieder, schalten sich die Schütze selbsttätig wieder ein. Ist die Spannung nach Ablauf dieser Zeit infolge einer Störung in der Eigenbedarfsversorgung nicht wieder verfügbar, so ist ein Wiederanlaufen der Motoren nicht mehr erwünscht, und die Schütze bleiben endgültig abgefallen. Auch diejenigen Motoren, die über Leistungsschalter geschaltet werden, werden dann durch die verzögerte Nullspannungsauslösung abgeschaltet.

Bei der Auslegung der Eigenbedarfsschaltanlage ist darauf zu achten, daß die Kurzschlußleistung von 200 MVA bei 6 kV möglichst nicht überschritten wird, da sich sonst höhere Kosten für die Schaltanlagen selbst und die mit Rücksicht auf die thermische Beanspruchung im Kurzschlußfalle zu bemessenden Kabel ergeben. Die Hoch- und Niederspannungsanlagen werden überwiegend in offener Bauweise errichtet, so daß die Anlagen leicht kontrolliert und überwacht werden können. Diese Bauweise erfordert aber abgeschlossene Betriebsräume, wobei die einzelnen Schaltanlagen aus Sicherheitsgründen in voneinander getrennten Räumen untergebracht sein sollten. Sind die Raumverhältnisse beengt, so können stahlblechgekapselte Anlagen verwendet werden, die aber während des Betriebes nicht so gut zu überwachen sind. Außerdem sind die Kosten der stahlblechgekapselten Bauweise höher.

Die Versorgung der kleineren Motoren von etwa 50 kW abwärts erfolgt über gußgekapselte Unterverteilungen. Diese werden von den offenen Schaltanlagen über Ringkabel eingespeist und befinden sich in den Verbrauchsschwerpunkten. Als Schutzeinrichtungen der Eigenbedarfsschaltanlagen sind in den Einspeisungen unabhängige Überstromzeitrelais eingebaut, deren Einstellung nach Strom und Zeit so gestaffelt ist, daß auftretende Fehler schließlich nur auf den betroffenen Anlageteil beschränkt bleiben.

5.3.4 Eigenbedarfsschaltwarte

Die Eigenbedarfsschaltanlagen eines Kraftwerkes werden in den Schaltwarten gesteuert und überwacht. Es ist zwischen zwei Arten von Warten zu unterscheiden, dem thermischen Leitstand und der Elektrowarte, die in getrennten Räumen oder auch in einem gemeinsamen Raum angeordnet sein können.

Der thermische Leitstand dient der Regelung, Steuerung und Überwachung der Wärmekreisläufe des Kraftwerkes. Von hier aus werden die wichtigsten Motoren der Eigenbedarfsantriebe des Kessels und des Turbosatzes gesteuert und ihr Betriebszustand überwacht. Von hier aus wird auch die Wirkleistung bestimmt.

In der Elektrowarte dagegen wird die Einspeisung der Eigenbedarfsversorgung gesteuert

und überwacht. Außerdem wird von hier der Generator mit dem Netz synchronisiert und über die Regelung seiner Spannung die abzugebende Blindleistung eingestellt. Die Steuerung der Höchstspannungsanlagen wird dann in der Elektrowarte vorgenommen, wenn nicht – wie allgemein bei größeren Anlagen – eine getrennte Netzwarte vorhanden ist. In der Elektrowarte werden die Störmeldungen der elektrischen Anlagen zentral zusammengefaßt, und hier befinden sich die wichtigsten Schutzrelais, Zähler und Meßgeräte.

5.3.5 Gleichstromanlage

Ein wichtiger Bestandteil der Eigenbedarfsversorgung ist die Gleichstromanlage. Sie speist im normalen Betrieb die Steuer- und Meldeeinrichtungen sowie die Auslösestromkreise der Schutzrelais. Bei einem vollständigen Zusammenbruch der Drehstromversorgung müssen außer diesen Einrichtungen einzelne wichtige Verbraucher weiterhin versorgt und deshalb mit Gleichstrom gespeist werden. Dazu gehören die Hilfsölpumpen für die Ölversorgung der Lager des Turbosatzes während des Auslaufens der Turbine. Weiterhin sind bei wasserstoffgekühlten Generatoren die Wellendichtungen beim Auslaufen und möglichst auch im Stillstand mit Dichtöl zu versorgen. Außerdem benötigt der thermische Leitstand für wärmetechnische Messungen und die Regelung eine gesicherte Versorgung mit Dreh- oder Wechselstrom, wofür mit Gleichstrommotor angetriebene Umformer installiert sind. Wichtig ist auch die Speisung der Gleichstromnotbeleuchtung des Kraftwerkes.

Die Gleichstromanlage wird im normalen Betrieb von einer Batterie versorgt, die mit einem Puffergleichrichter parallel arbeitet. Der Puffergleichrichter liefert den Strom für die angeschlossenen Abnehmer und hält gleichzeitig die Batterie auf dem vollen Ladezustand, so daß ihre ganze Kapazität bei dem Ausfall der Drehstromversorgung verfügbar ist. Aus Sicherheitsgründen sind in einem Kraftwerk mindestens zwei Batterien mit Ladegeräten vorhanden, bei Blockkraftwerken erhält meist jeder Block seine eigene Batterie. Die Batterie wird in ihrer Kapazität so bemessen, daß im Störungsfalle wichtige Abnehmer etwa zwei Stunden lang versorgt werden können.

Gleichstrombatterien haben außer der Aufgabe, in Notfällen an wichtige Anlageteile beim Ausfall des Drehstromnetzes Energie zu liefern, vor allem Bedeutung als Lieferer der Betätigungsspannung für die Schutzeinrichtungen, Schütze und Schalter. In dieser Eigenschaft ist nicht nur die Querunterteilung des Versorgungsbereiches, z. B. für jeden Block, sondern auch die Längsaufteilung des Versorgungsbereiches von Bedeutung. Jedem Kraftwerk ist auch eine Netzstation angegliedert, und es ist daher zweckmäßig, den Schutzbereich der Netzstation (mit der Netzwarte) von einer eigenen Batterie versorgen zu lassen und nicht eine der im Kraftwerk vorhandenen Batterien auch für die Betätigung der Netzschalter einzusetzen. Fällt nämlich diese Batterie aus irgendwelchen Gründen aus und tritt gleichzeitig im Netz in Nähe des Kraftwerkes ein Kurzschluß auf, so können weder die Netzschalter noch die Kraft-

werkschalter auslösen, und somit beträchtliche Schäden eintreten.

Das über die Versorgung der Hilfsbetriebe in Wärmekraftwerken Gesagte gilt sinngemäß auch für Wasserkraftwerke. Hier beträgt die für den Eigenbedarf benötigte Leistung allerdings nur etwa 0,5 bis 1 % der Kraftwerksleistung, da insbesondere die für den Dampferzeuger erforderlichen zahlreichen Hilfsantriebe wegfallen. Für die Energieversorgung der Eigenbedarfsantriebe bei Wasserkraftwerken sind mit den Hauptturbinen gekuppelte Wellengeneratoren oder aber besondere Hausturbinen gebräuchlich. Die Eigenbedarfsversorgung wird durch die Kupplung der elektrischen Anlagen mit fremden Netzen sichergestellt.

6 Schutzeinrichtungen

6.1 Allgemeines

Die Generatoren und Transformatoren in den Kraftwerken stellen einen großen Wert dar. Da ein Fehler an oder in der Maschine zu schweren Beschädigungen oder auch zur Zerstörung der Maschine führen kann, sind zahlreiche Schutzeinrichtungen installiert. Der Zweck der nachstehenden Erläuterungen ist nicht eine Darstellung aller Einzelheiten der Schutztechnik, sondern es soll ein Überblick über die grundsätzlichen Gesichtspunkte gegeben werden, die es erlauben, die Möglichkeiten der Schutztechnik zu übersehen und die Zweckmäßigkeit ihres Einsatzes zu beurteilen.

Die Schutztechnik ist hierbei im engeren Sinne als Schutz elektrischer Anlagen und ihrer Teile gegen elektrische Fehler gemeint. Es wird also nicht der Schutz elektrischer Anlagen gegen mechanische Schäden, wie z. B. Lagerdefekte, besprochen, sondern nur der Schutz gegen Fehler, bei denen die abnormalen Verhältnisse über elektrische Größen erfaßt werden können. Die in diesem Sinne definierten Schutzeinrichtungen können in zwei große Gruppen unterteilt werden, nämlich den Maschinenschutz und den Netzschutz.

Die vordringlichste Aufgabe des Maschinenschutzes ist es, die Auswirkung eines Fehlers auf die zu schützende Maschine möglichst gering zu halten. Dies bedeutet in vielen Fällen, daß die Maschine schnellstens außer Betrieb genommen werden muß, auch wenn es für den Netzbetrieb sehr unangenehme Auswirkungen haben kann.

Neben den Schäden, die durch tatsächlich in der Maschine auftretende Fehler verursacht werden, können auch Gefährdungen der Maschine durch das Netz auftreten. Auch dann hat der Schutz der Maschine den Vorrang vor dem Aufrechterhalten des Netzbetriebes.

Dies bedeutet jedoch nicht, daß der Maschinenschutz ohne jede Rücksicht auf den Netzbetrieb geplant oder ausgelegt ist. Insbesondere bei vom Netz verursachten Gefährdungen soll die Möglichkeit bestehen, durch geeignete Maßnahmen im Netz selbst die Gefährdung zu beseitigen, ohne den Maschinensatz außer Betrieb zu nehmen. Deshalb greift vielfach der Maschinenschutz zeitlich verzögert ein, um anderen unmittelbar zuständigen Einrichtungen — vor allem dem Netzschutz — das Abschalten zu ermöglichen.

Außerdem gibt es noch eine Anzahl weiterer Fehler, die in der Maschine selbst auftreten können, ohne jedoch unmittelbare Zerstörung hervorzurufen. Erst durch Hinzutreten eines weiteren Fehlers besteht eine erhöhte Gefährdung der Maschine. Es besteht also nicht der unmittelbare Zwang, die Maschine sofort abzuschalten, sondern es können erst geeignete Maßnahmen — wie z. B. Inbetriebnahme eines Reservemaschinensatzes — getroffen werden. In diesen Fällen reicht es aus, den eingetretenen Fehler nur anzuzeigen.

Beim Netzschutz dagegen will man die Auswirkungen eines Leitungsdefektes auf den Betrieb des Netzes auf ein möglichst geringes Maß beschränken und somit Störungen in den nicht unmittelbar betroffenen Netzteilen vermeiden. Diese Forderung bedeutet vor allem Selektivität, d. h. eindeutige Feststellung des vom Fehler betroffenen Netzteiles und dessen alleinige Abschaltung. Die Forderung nach Selektivität ist dermaßen charakteristisch mit der Gestaltung des Netzschutzes verbunden, daß oft die Begriffe Netzschutz und Selektivschutz gleichgesetzt werden.

Der Wunsch nach einer Begrenzung der Auswirkung eines Fehlers auf ein möglichst geringes Maß führt zudem zu der Forderung nach einem schnellen Eingreifen des Schutzes. Dadurch wird die Schadenswirkung eines Fehlers erheblich vermindert.

6.2 Generatorschutz

Bei den Schutzmaßnahmen für die Maschine können grundsätzlich zwei Fehlerkategorien unterschieden werden. Es sind zum ersten in der Maschine selbst auftretende Fehler und zum zweiten Gefährdungen des Maschinensatzes von außen.

6.2.1 Generatorschutz bei inneren Fehlern

Im Inneren des Generators können folgende Fehler auftreten:
— Kurzschluß zwischen den Wicklungssträngen zweier verschiedener Phasen, der als Wicklungsschluß oder auch innerer Maschinenkurzschluß bezeichnet wird;
— Windungsschluß, bei dem zwei oder mehrere Windungen derselben Phase kurzgeschlossen sind;
— Isolationsdurchbruch der Wicklung des Ständers gegen das geerdete Eisen (Ständererdschluß);
— Isolationsdurchbruch der Gleichstromläuferwicklung gegen den geerdeten Läufer (Läufererdschluß);
— ein zweiter Isolationsdurchbruch der Gleichstromläuferwicklung gegen den geerdeten Läufer oder eine Störung in der Erregereinrichtung bringt den Generator infolge von Untererregung in die Gefahr des Außertrittfallens.

6.2.1.1 Schutz bei Wicklungsschluß

Der Wicklungsschluß ist dadurch charakterisiert, daß sich innerhalb der Maschine ein Fehlerstromkreis parallel zur äußeren Belastung

bildet und der Strom daher am Eintritt und am Austritt der schadhaften Wicklungsphasen verschieden ist, während bei fehlerfreien Maschinen der Strom am Eintritt und Austritt der jeweiligen Wicklungsphase gleich ist.

Als Schutzmaßnahme kann man also den Strom am Eingang der Wicklung (Sternpunkt) und den am Ausgang jeder Phase (Klemme bzw. Durchführung) miteinander vergleichen. Bei einer „gesunden" Maschine sind diese beiden Ströme gleich, während sie bei Kurzschluß zwischen den Phasen verschieden groß sind.

Technisch verwirklichen läßt sich dieser Schutz, indem die Ströme I am Eingang und Ausgang einer Wicklung mit Stromwandlern gemessen werden. Die Wandlersekundärströme i werden gegeneinander geschaltet, und in einem quer dazu liegenden Strompfad wird ein Relais installiert (Bild 6.1a). Bei Kurzschluß zwischen zwei Phasen entsteht also ein dem Fehlerstrom ΔI proportionaler Differenzstrom Δi, das Relais kommt zum Anziehen. Es leitet die Abschaltung und Entregung des Generators ein.

Dieser Differentialschutz bedarf zusätzlicher Maßnahmen, um einwandfrei zu arbeiten. Die Notwendigkeit, nicht die Generatorströme, sondern die Wandlerströme zu vergleichen, beinhaltet eine Fehlerquelle. Im allgemeinen wird bei einem Fehlerstrom von 10 bis 20% des Nennstromes das Differentialrelais ausgelöst. Ist aber ein Netzkurzschluß entstanden, fließen große Ströme, und die Wandler kommen in den gesättigten Teil ihrer Kennlinie. Sind diese Kennlinien nicht völlig gleich, dann ergeben sich verschiedene Wandlerströme. Es kommt zum Ansprechen des Relais. Auch bei genau gleichen Wandlern kann es Differenzen geben, wenn nämlich die Länge der Zuleitung

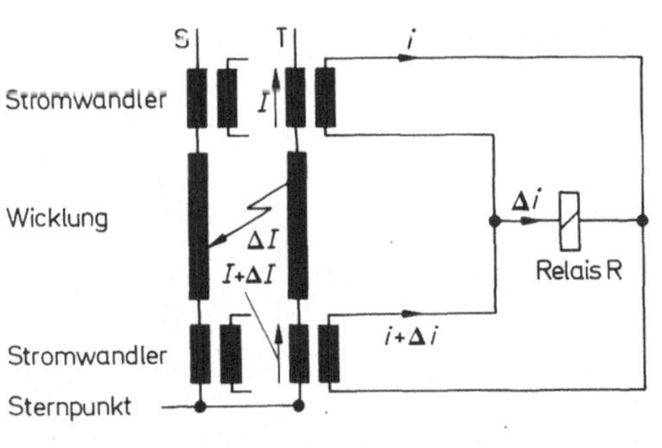

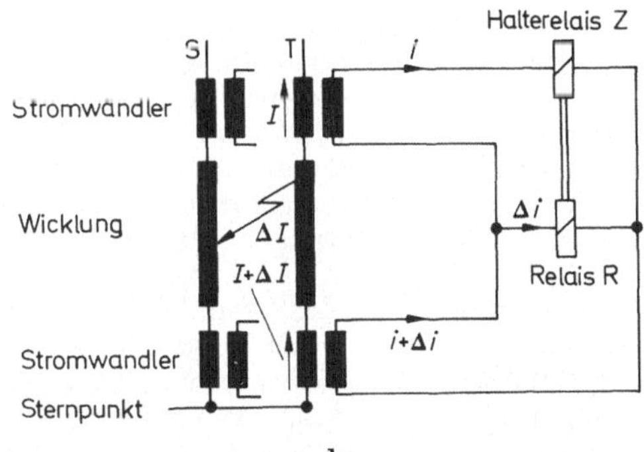

Bild 6.1a u. b. Grundsätzliches Differentialschutzprinzip (Wicklungsschluß zwischen S und T) ohne (a) und mit Halterelais (b)

unterschiedlich ist. Bei den sehr hohen Kurz-schlußströmen genügt bereits diese kleine Abweichung, um Fehlerauslösung zu verursachen.

Um das Verhalten der Wandler für den Schutz zu kennzeichnen, wurde der Begriff der Überstromkennziffer eingeführt. Sie bezeichnet das Vielfache des Nennstromes, bei dem der mit der Nennbürde belastete Wandler ein Übersetzungsfehler von −10% aufweist. Für Schutzzwecke wird meist eine Überstromkennziffer zwischen 5 und 10 verlangt.

Um bei der Differentialschutzschaltung Fehlauslösungen durch äußere Fehler zu vermeiden, muß sie stabilisiert werden. Da Fehlauslösungen umso eher zu befürchten sind, je höher die Überströme sind, muß der Schutz umso unempfindlicher gemacht werden, je höher der Durchgangsstrom ist. Die prinzipielle Schaltung ist aus Bild 6.1 b ersichtlich. Der Anker des Differentialrelais R ist mit einem zweiten Relais Z verbunden, welches von einem Strom i durchflossen wird, der dem Leitungsstrom entspricht.

Die Kräfte von Z und R sind einander entgegengesetzt gerichtet. Steigt der Leitungsstrom, dann nimmt die Kraft der Spule Z, welche den Anker in der Ruhelage halten will, zu. Um ein Ansprechen des Differentialrelais R herbeizuführen, muß also ein größerer Fehlerstrom fließen.

Der Differentialschutz spricht auf Kurzschlüsse in dem durch die beiden Stromwandler eingesetzten Bereich an, ferner auf Doppelerdschlüsse, bei welchen wenigstens ein Erdschlußpunkt in dem geschützten Bereich liegt, und bei Generatoren oder Netzen mit niederohmiger Sternpunkterdung auch bei einfachem Erdschluß im geschützten Bereich.

In den geschützten Bereich kann man auch den Transformator einschließen. Dabei muß man jedoch berücksichtigen, daß der Transformator vielfach in Dreieck-Stern-Schaltung geschaltet ist, der oberspannungsseitige vorhandene Spannungsstern also gegenüber dem Spannungsstern des Generators in der Phase verschoben ist. Diese Phasenverschiebung kann jedoch durch Zwischenwandler im Sekundärstromkreis für den Normalbetrieb wieder aufgehoben werden. Zusätzlich muß auch der Magnetisierungsstrom des Transformators berücksichtigt werden, wodurch gerade hierfür eine Stabilisierung des Schutzes notwendig ist. Durch spezielle Schaltung kann erreicht werden, daß auch ein Fehlansprechen durch den Einschaltstrom des Transformators vermieden wird.

6.2.1.2 Schutz bei Windungsschluß

Beim Windungsschluß muß hinsichtlich der Schutzeinrichtung zwischen zwei Wicklungsarten unterschieden werden:

Typ a:

Kleinere Maschinen mit Spulenwicklung, bei denen Leiter verschiedenen Potentials in derselben Stabhülse unmittelbar beisammenliegen;

Typ b:

Maschinen sehr großer Leistung, bei denen eine Phasenwicklung aus mehreren Parallel geschalteten Zweigen besteht. Bei derartigen Maschinen kreuzen sich die Leiter derselben Phase in den Wicklungsköpfen, wodurch an diesen Stellen größere Feldstärken entstehen.

Der Windungsschluß kann durch den normalen Längs-Differentialschutz nicht erfaßt werden, da bei ihm kein Unterschied des ein- und austretenden Stromes vorhanden ist. Zur Erfassung des Windungsschlusses stehen zwei Möglichkeiten zur Verfügung:

— Bei Maschinen mit Spulenwicklung (Typ a) wird bei Windungsschluß die Spannung der betroffenen Phase verkleinert. Diese Spannungsabsenkung kann zu einer Schutzmaßnahme zur Erkennung des Windungsschlusses ausgenutzt werden. Über einen Spannungswandler wird die geometrische Summe der drei Spannungen gebildet. Während beim

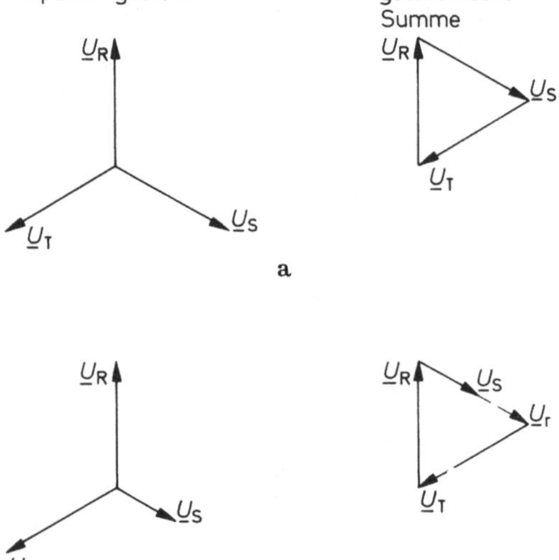

Bild 6.2 a u. b. Windungsschluß bei Normalbetrieb (a) und in Phase S (b)

intakten Generator diese geometrische Summe Null ist, tritt bei Windungsschluß eine Restspannung $\underline{U}_r$ auf (Bild 6.2). Um zu vermeiden, daß im Normalbetrieb durch höhere harmonische Oberwellen in den Phasenspannungen des Generators (3. und höhere Harmonische) Falschauslösungen stattfinden können, ist ein Sperrkreis in den Relaiskreis oder ein Saugkreis parallel zum Relais geschaltet.

- Bei großen Maschinen mit Phasenwicklungen aus mehreren Parallelzweigen (Maschinentyp b) kann der Windungsschluß durch einen Quer-Differentialschutz erfaßt werden (Bild 6.3). Quer-Differentialschutzeinrichtungen können so empfindlich eingestellt werden, daß sie sogar auf geringe, sonst nicht erkennbare Windungsschlüsse in der Erregerwicklung ansprechen.

In der intakten Maschine sind die Teilstöme I einer Phase unter sich gleich, dagegen verschieden bei einem Windungsschluß in einer Teilwicklung. Dieser Stromunterschied kann in ganz ähnlicher Weise wie beim normalen Differentialschutz verwendet und zum Ansprechen des Schutzes herangezogen werden.

6.2.1.3 Schutz bei Ständererdschluß

Ständererdschluß liegt beim Durchbruch der Isolation gegen das geerdete Ständereisen vor. Falls der auftretende Strom hierbei auf über

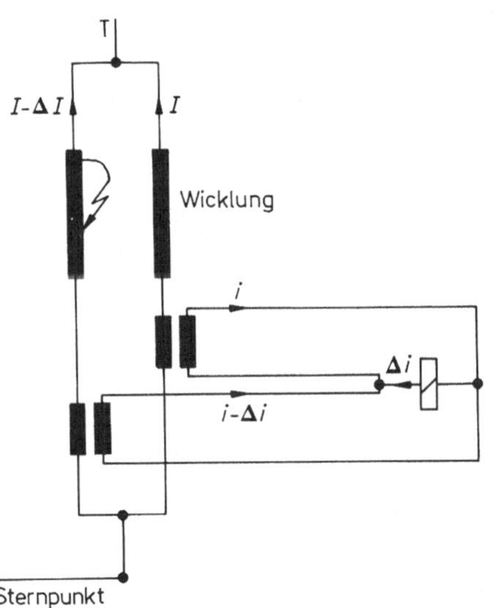

Bild 6.3. Prinzip des Querdifferentialschutzes (Phase T)

10 A anwächst, ruft der Lichtbogen schon bei kurzer Dauer große Schäden des Eisens (Eisenbrand) hervor.

Möglichkeiten der Behandlung des Generator-Nullpunktes sind:

- Starre Erdung oder Erdung über einen relativ kleinen induktiven oder ohmschen Widerstand: In den USA und England sind die Maschinensternpunkte starr- oder niederohmig geerdet, um eine Verringerung der im Betrieb auftretenden Überspannung und damit eine verringerte Wahrscheinlichkeit für das Eintreten von Erdschlüssen zu erhalten. Die Ströme bei einem Generatorerdschluß sind hier allerdings beträchtlich (einige 100 A), so daß selbst bei kürzester Dauer (ungefähr 20 ms) Eisenverbrennungen nicht zu verhindern sind. Dadurch werden kostspielige Reparaturen notwendig.
- Erdung über einen hochohmigen Widerstand: Um diese Nachteile der starren Erdung zu vermeiden, sind die Maschinen und Hochspannungsnetze in Mitteleuropa hochohmig oder gar nicht geerdet. Bei Ständererdschlüssen sind daher die Ströme klein, und es müssen besondere Schutzmaßnahmen ergriffen werden, um diese kleinen Fehlerströme zu erfassen. Durch den Ständererdschluß verlagert sich das Sternpunktpotential gegenüber Erde. Die Größe dieser Verlagerung hängt von der Stelle ab, an der in der Wicklung der Durchschlag erfolgt. Sie beträgt 100 % der Phasenspannung bei einem Fehler unmittelbar an den Ausgangsklemmen und 0 % bei einem Fehler am Sternpunkt des Generators.

Die Potentialverlagerung im Sternpunkt bewirkt einen Erdstrom durch die Fehlerstelle, wobei sich der Stromkreis über die Kapazitäten und Widerstände des Netzes gegen Erde schließt.

Ist der Generator mit der Sammelschiene über einen eigenen Transformator verbunden, kann die Verlagerung seines Sternpunktes gegenüber einem durch einen Drehstromspannungswandler (Stützdrossel) gebildeten künstlichen Sternpunkt direkt als selektives Kriterium verwendet werden, da die Sternpunktverlagerung durch die galvanische Trennung über den Transformator nicht auf das Netz übertragen wird.

Ist der Generator aber mit dem Netz metallisch verbunden, kann die Potentialverlagerung selbst nicht mehr verwendet werden, denn sie tritt auch bei Erdschluß an irgendeiner Stelle des Netzes auf und kennzeichnet somit nicht mehr die effektive Schadensstelle.

Der Fehlerstrom, hervorgerufen durch Ständererdschluß, könnte normalerweise mit einem Differentialschutz erfaßt werden. Dieser ist jedoch mit Rücksicht auf die Kurzschlußströme im Netz meist zu unempfindlich eingestellt. Deshalb muß man, um einen brauchbaren Erdschlußschutz zu schaffen, den Erdschlußstrom künstlich vergrößern, etwa dadurch, daß man den Generatorsternpunkt über einen geeignet bemessenen Widerstand erdet. Die Größe des Widerstandes ergibt sich aus der Forderung, daß bei Erdschluß an den Generatorklemmen, bei dem der größte Fehlerstrom fließt, der Erdschlußstrom nicht größer als etwa 5 A ist, um Zerstörungen am Generator zu vermeiden. Je näher der Fehler an den Wicklungssternpunkt rückt, umso kleiner wird der durch den Erdungswiderstand fließende Strom. Bei einem Fehler im Wicklungssternpunkt wird der Strom zu Null. Deshalb bietet die Messung des Erdstromes nur etwa für 70 % der Wicklung Schutz. Durch ein Sperrelais wird vermieden, daß bei Erdschluß im Netz der Ständererdschluß anspricht.

Erdschlüsse in der Nähe des Sternpunktes werden nicht erfaßt. Sie sind jedoch selten, da die Spannungen klein sind, die Isolation jedoch auf der ganzen Wicklung gleich stark ist.

Arbeitet der Generator in Blockschaltung über einen Transformator auf das Netz, sind die Verhältnisse etwas einfacher. Hierbei wird, wie bereits erwähnt, die Verlagerung des Sternpunktes des Generators gegenüber Erde über einen Spannungswandler registriert (Bilder 6.4 und 6.5). Hierdurch lassen sich Erdschlüsse erfassen, die eine Verlagerungsspannung des Sternpunktes in der Größenordnung von 10 % und mehr der bei sattem Klemmenerdschluß auftretenden Spannung beträgt. Das bedeutet, daß etwa ein 90 %iger Schutzbereich erzielt wird. Erdschlüsse im Sternpunkt selbst oder in unmittelbarer Nähe dagegen werden nicht erfaßt. Mit dieser Anordnung läßt sich jedoch auch ein 100 %iger Erdschlußschutz erreichen. Jeder Generator bildet in der Phasenspannung Oberschwellen aus, insbesondere die 3. Harmonische. Der Oberwellenstrom ist bei Erdschluß in der Nähe des Sternpunktes wesentlich größer als bei erdschlußfreiem Betrieb. Deshalb wird im Sekundärkreis des Spannungswandlers durch eine geeignete Kapazität C die Empfindlichkeit für die Oberwellenströme durch Resonanz um etwa das Dreifache gesteigert. Es läßt sich hiermit also praktisch ein 100 %iger Erdschlußschutz erreichen.

Bei hoher Belastung steigt die Oberwellenspannung ebenfalls stark an. Um Fehlauslösungen zu vermeiden, führt man dem Relais

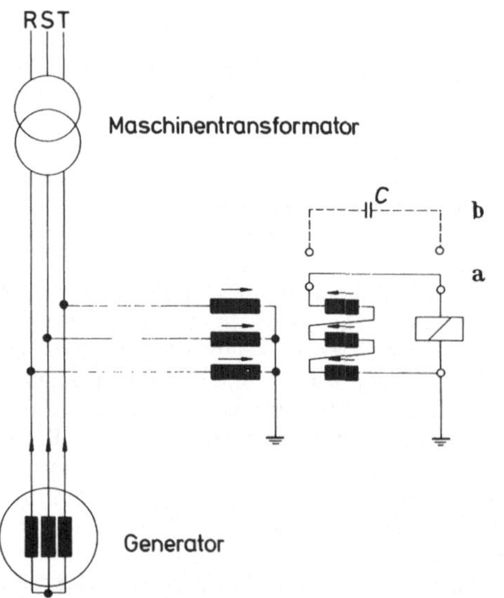

Bild 6.4 a u. b. Ständererdschluß-Schutz. a Schutzbereich ca. 90 %, b Schutzbereich 100 % (unter Ausnützung der 3. Harmonischen)

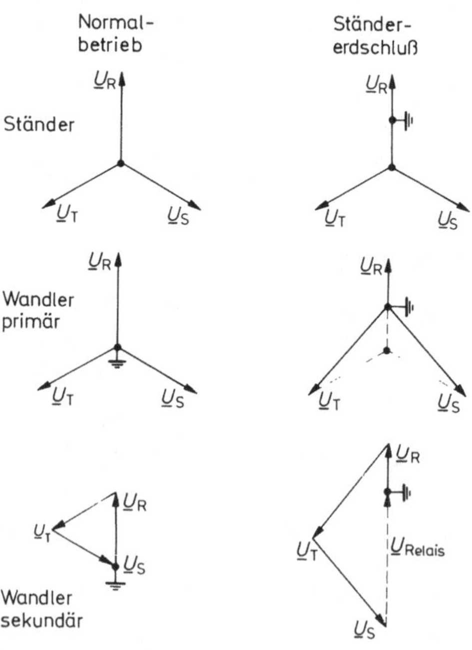

Bild 6.5. Zeigerdiagramm für Ständererdschlußschutz

einen vom Laststrom abhängigen Strom zu, der entgegengesetzt dem Ansprechstrom fließt.

Um einen 100 %igen Schutz bei Generatoren zu erreichen, die direkt auf eine Sammelschiene speisen, sind komplizierte Schutzschaltungen notwendig.

6.2.1.4 Schutz bei Rotorerdschluß

Tritt im Läufer ein einfacher Erdschluß auf, so bedeutet dies noch keine Gefährdung des Maschinensatzes. Erst durch einen zweiten Schluß wird ein Teil der Erregerwicklung kurzgeschlossen. Hierdurch treten in den einzelnen Polen unterschiedliche magnetische Flüsse auf, die zu unsymmetrischen magnetischen Kräfen führen. Diese einseitigen Kräfte bringen den Rotor in starke Vibration und können zu mechanischen Beschädigungen führen. Bei zweipoligen Generatoren tritt dann besonders ausgeprägt ein Magnetfluß durch die beiden Wellenzapfen und die Lager über die Grundplatte zum Blechrücken über. Diese Magnetflußübergänge sind die Ursache für die Entstehung unipolarer Spannungen (einige Volt), die bei bestehender Ausgleichsmöglichkeit zu Strömen von mehreren Kiloampere führen.

Eine entsprechende Schutzmaßnahme bei einfachem Läufererdschluß zeigt die in Bild 6.6 angegebene Schaltung im Erregerkreis. Dabei wird das eine Ende der Erregerwicklung über einen Kondensator, ein Wechselstromrelais und einen Trafo geerdet. Der Kondensator blockt den im Erregerkreis fließenden Gleichstrom gegen die Erde ab. Durch den Trafo wird in der Erdleitung eine Wechselspannung induziert. Liegt im Läufer kein Erdschluß vor, dann kann über die Kapazität C praktisch kein Strom fließen und das Relais R spricht nicht an. Bei Erdschluß fließt jedoch über die Kapazität C ein Wechselstrom, der sich über die Fehlerstelle und die Erde schließen kann. Das Relais spricht jetzt an und gibt ein Warnsignal. Wegen der großen Eigenkapazität der Induktorwicklung ist diese Anordnung jedoch wenig geeignet. Besser wirkt bei mehrfachem

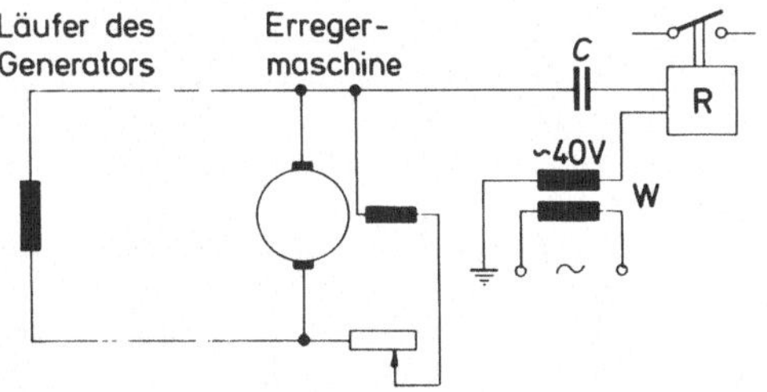

Bild 6.6. Schutz des Läufers

Läufererdschluß der Untererregungsschutz, der einen Abschaltbefehl gibt, wenn das maximal zulässige Verhältnis von kapazitiver Blindleistung zu Wirkleistung infolge zu geringer Erregung überschritten wird.

6.2.1.5 Schnellentregung

Bei Fehlern im Innern des Generators, insbesondere bei denen, die Lichtbögen hervorrufen, muß die Energiezufuhr zur Defektstelle sofort unterbunden und bei luftgekühlten Maschinen Kohlensäure eingeblasen werden, damit der entstandene Schaden möglichst gering bleibt. Hierfür genügt es jedoch nicht, nur den Generator vom Netz zu trennen. Es muß zusätzlich auch eine möglichst rasche Entmagnetisierung vorgenommen werden, damit der Generator mit seiner eigenen Spannung nicht länger auf die Defektstelle arbeitet. Hierzu dient die Schnellentregungseinrichtung. Sie hat die Aufgabe, nach dem Abschalten des Generators vom Netz einen raschen Feldabbau im Generator herbeizuführen.

Man könnte daran denken, einen Polradschalter im Störungsfall zu öffnen. Dies führt zwar zu der kürzesten Entregungszeit, es entstünden jedoch in der Läuferwicklung zu hohe Überspannungen. Schaltet man dagegen im Entregungsfalle einen kleinen Widerstand in den Läuferkreis, so erhält man zwar eine niedrige Spannungsbeanspruchung für die Läuferwicklung, die Generatorspannung klingt jedoch nur langsam ab. Zwischen diesen beiden Extremen muß ein Kompromiß gewählt werden, der bewirkt, daß die Generatorspannung in wenigen Sekunden auf mindestens 10 % abklingt, und die Spannungsspitzen für die Läuferwicklung hierbei ungefährlich sind.

In der einfachsten Ausführung, die vorwiegend für kleinere Generatoren Anwendung findet, wird ein Widerstand im Feldkreis der Erregermaschine zugeschaltet, der im Normalbetrieb überbrückt ist (1) (Bild 6.7). Hierdurch wird das Feld der Erregermaschine geschwächt, wodurch auch die Erregung des Generators und damit seine Spannung abklingt. Die Entregungszeit ist jedoch verhältnismäßig groß. Deshalb wird für große Generatoren zur Erreichung einer kürzeren Entregungszeit ein zusätzlicher Widerstand in den Rotorkreis eingeschaltet (2).

Gebräuchlich ist auch eine Anordnung, bei der im Entregungsfalle die Rotorwicklung einseitig von der Erregermaschine abgetrennt und unterbrechungslos auf einen Dämpfungswiderstand umgeschaltet wird (3).

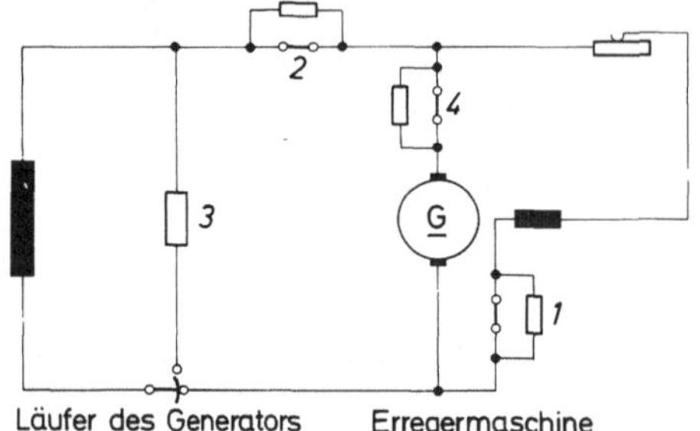

Bild 6.7. Möglichkeiten der Schnellentregung

Eine andere, häufig verwendete Möglichkeit der Schnellentregung ist die Schwingungsentregung. Hierzu wird in den Ankerkreis der Erregermaschine, durch den normalerweise sowohl der Läuferstrom wie auch der Feldstrom fließt, ein geeignet bemessener Widerstand eingeschaltet (4). Dann muß ein Teil des Läuferstromes in entgegengesetzter Richtung durch die Erregerspule der Erregermaschine fließen, so daß ein sehr schneller Abbau des magnetischen Feldes der Erregermaschine und des Polrades erreicht wird.

Bei Generatoren sehr großer Leistung mit Hilfserregermaschinen werden aufwendigere Verfahren zur weiteren Verkürzung der Entregungszeit eingesetzt.

Bei inneren Generatorschäden an luftgekühlten Maschinen können leicht Wicklungsbrände entstehen. Zur Verminderung von Brandschäden wird gleichzeitig mit der Entregung das Einblasen von Kohlensäure aus Flaschenbatterien eingeleitet, die zur Füllungskontrolle auf Waagen stehen. Die gleiche Menge Kühlluft wird an geeigneter Stelle durch Überdruckklappen ins Freie geleitet. Bei Wasserstoffkühlung kann wegen Fehlens des Sauerstoffes ein Brand nicht aufkommen.

6.2.2 Generatorschutz gegen äußere Einflüsse

Im folgenden sind die Gefährdungen der Maschine von außen und die entsprechenden Schutzmaßnahmen zusammengestellt:
- Überstrom durch Kurzschlüsse im Netz, Überstromschutz;
- Überlastung des Maschinensatzes, Überlastschutz;
- Spannungssteigerung durch Hochgehen der Drehzahl bei Lastabwurf, Spannungssteigerungsschutz (insbesondere bei Wasserkraftgeneratoren);

- Unsymmetrie der Last, Schieflastschutz;
- Antrieb eines Generators als Motor, Rückleistungsschutz.

6.2.2.1 Überstrom- und Überlastschutz

Überströme entstehen meist durch Kurzschlüsse im Netz oder auf der Sammelschiene, können aber auch durch Kurzschluß in der Maschine selbst bedingt sein. Ein Netzkurzschluß soll normalerweise von dem Schalter weggeschaltet werden, der der Schadensstelle am nächsten liegt.

Der Überstromschutz des Generators dient hierbei nur als Reserve. Deshalb muß der Überstromschutz gegenüber dem Netzschutz die längere Auslösezeit haben, da er als letzter bei Störungen im Netz eingreifen soll. Andererseits dient der Überstromschutz gleichzeitig auch als Reserveschutz für den Maschinenschutz, wenn nämlich der Differentialschutz oder andere Schutzmaßnahmen versagen sollten. Hierfür müßten jedoch die Auslösezeiten möglichst kurzgehalten werden. Zudem bereitet die Selektivität besondere Schwierigkeiten. Tritt z. B. bei einer Maschine, die mit einem anderen Generator parallel auf das Netz arbeitet, ein Kurzschluß auf, so arbeitet die gesunde Maschine auf die Fehlerstelle und kann überlastet werden. Das Ergebnis ist ein unerwünschtes Abschalten des gesunden Generators. Überstromschutz kommt daher praktisch nur in Frage zum Schutz gegen Sammelschienenkurzschlüsse oder als Reserveschutz.

Die Ausführung des Überstromschutzes kann auf zwei Arten verwirklicht werden. Die eine Form besteht aus einem einfachen Überstromrelais, das über Stromwandler in alle drei Strompfade eingeschleift wird. Die andere Form dagegen verwendet ein Distanzrelais, wie es auch beim Netzschutz eingesetzt wird. Dieses Distanzrelais wird beim Auftreten von Überstrom angeregt und schaltet je nach dem, ob der Fehler in Maschinennähe oder weiter entfernt liegt, mit einer geringeren oder größeren Zeitverzögerung den Generator ab, wobei der Vorteil entsteht, daß der Generator u. U. doch am Netz bleiben kann, wenn zwischenzeitlich ein Netzschalter, der näher an der Kurzschlußstelle liegt, den Fehler abgetrennt hat. Bei Fehlern im Generator wird auch die Richtungserkennung des Impendanzrelais ausgenützt und dabei eine sehr kurze Auslösezeit erzielt.

Die Generatoren sind wie die anderen Anlagen in einem Netz auch vorübergehend überlastbar, insbesondere wenn sie vorher unterhalb ihrer Nennleistung betrieben wurden. Andererseits kann eine zu lange oder zu hohe Belastung infolge zu hoher Temperaturen die Isolation beschädigen und dadurch zu Erd-bzw. Kurzschlüssen führen. Um die Überlastungsfähigkeit von Generatoren voll ausnützen zu können, hat man deshalb den Überlastschutz geschaffen. Diese Schutzmaßnahme läßt sich nur mit einer Einrichtung verwirklichen, die die Erwärmung des Generators während des Betriebs dauernd überwacht und die Überschreitung der zulässigen Grenztemperatur meldet. Möglich hierfür wäre eine Temperaturmessung in der Statorwicklung. Dies ist jedoch aus isolationstechnischen Gründen nur in manchen Fällen möglich. Statt dessen wird der Temperaturzustand im Ständer an einem Modell nachgebildet. Bei einer Überschreitung einer gewissen Temperatur wird der Zustand dem Betriebspersonal signalisiert. Eine automatische Abschaltung des Generators ist nicht notwendig.

Eine günstige Anordnung zum Schutz des Generators gegen zu hohe Lastströme und zu hohe Leistungen besteht aus zwei Überstromzeitrelais für den Kurzschlußschutz und einem Thermorelais für den Überlastschutz in der dritten Phase.

6.2.2.2 Spannungssteigerungsschutz

Eine Gefährdung des Generators durch unzulässig hohe Spannungssteigerung kann hauptsächlich bei Wasserkraftanlagen durch das Verhalten der Antriebsmaschine verursacht werden. Wird aus irgendwelchen Gründen der Generator plötzlich entlastet, steigt die Drehzahl der Turbine zunächst u. U. erheblich an und dementsprechend auch die im Generator erzeugte Spannung, besonders wenn die Erregermaschine starr gekuppelt ist. Die Ausgangsspannung der Erregermaschine erhöht sich und somit auch das Magnetfeld. Werden dadurch unzulässige Werte der Spannung erreicht, muß durch ein spannungsabhängiges Relais ausgelöst die Maschine abgeschaltet und entregt werden.

Bei Dampfturbinen reagiert auf Drehzahlerhöhungen der Turbinenschnellschluß schnell und zuverlässig genug, so daß hier keine zusätzlichen Schutzmaßnahmen notwendig sind.

Generatoren, die auf Freileitungen arbeiten, können durch äußere Überspannungen, etwa durch Blitzschlag in die Leitung, Überbeanspruchungen ausgesetzt werden. Als Schutz ist ein Überspannungsableiter, ein sog. Maschinenabschalter, am Eingang des Generators und

bei nicht geerdetem Generator auch im Sternpunkt vorgesehen.

6.2.2.3 Schieflastschutz

Falls im Netz eine Schieflast auftritt, d. h. eine unsymmetrische Belastung der drei Phasen, wird im Generator ein inverses Feld mit der doppelten Synchrondrehzahl erzeugt. Dieses Feld induziert in den Metallteilen des Läufers Ströme der doppelten Netzfrequenz, die starke Erwärmung verursachen. Eine unverzügliche Abschaltung des Generators ist nicht notwendig, da erst bei Erreichen der Grenztemperatur im Läufer und Ständer der Generator gefährdet ist. Die Schieflast muß also nur dem Personal gemeldet werden, damit durch deren Eingreifen in das Netz die Gefahr ohne Abschalten der Maschine beseitigt werden kann.

Zur Feststellung einer Schieflast werden die Ströme in zwei Phasen gemessen und verglichen. Der Vergleich bezieht sich sowohl auf den absoluten Betrag der Ströme als auch auf die Winkel zu der jeweiligen Phasenspannung. Die Notwendigkeit des zusätzlichen Vergleichs der Phasenwinkel ist in Bild 6.8 erläutert.

Angenommen, die Ströme werden in den Phasen S und T gemessen. Im dargestellten Beispiel sind die Ströme $\underline{J}_S$ und $\underline{J}_T$ dem Betrage nach gleich groß (der Strom $\underline{J}_R$ ist dann durch den Zusammenhang $\underline{J}_R + \underline{J}_S + \underline{J}_T = \underline{O}$ festgelegt), so daß diese Messung allein kein Kriterium für eine Schieflast liefert. Erst der Vergleich mit den dazugehörigen Phasenwinkeln bringt Klarheit. Im Zeigerdiagramm in Bild 6.8 sind die Phasenwinkel φ_S und φ_T dem Betrage nach gleich groß angesetzt. Eine Betrachtung des Vorzeichens jedoch zeigt, daß die Phase T gemischt kapazitiv, die Phase S gemischt induktiv belastet ist. Die Zusammenstellung von Wirk- Blind- und Scheinleistung für die drei Phasen verdeutlicht deren unterschiedliche Belastung, wobei sich die Belastung der beiden gemessenen Phasen lediglich durch das Vorzeichen der Blindlast unterscheidet. Die Belastung der dritten Phase R liegt jedoch bei gänzlich anderen Werten.

6.2.2.4 Rückleistungsschutz

Bei Turbogeneratoren besteht die Möglichkeit, daß bei belasteter Maschine plötzlich die Dampfzufuhr ausfällt und der Generator vom Netz her als Motor gespeist wird und die Turbine antreibt. Dies spielt zwar für den Generator keine Rolle, bedeutet aber bei längerem An-

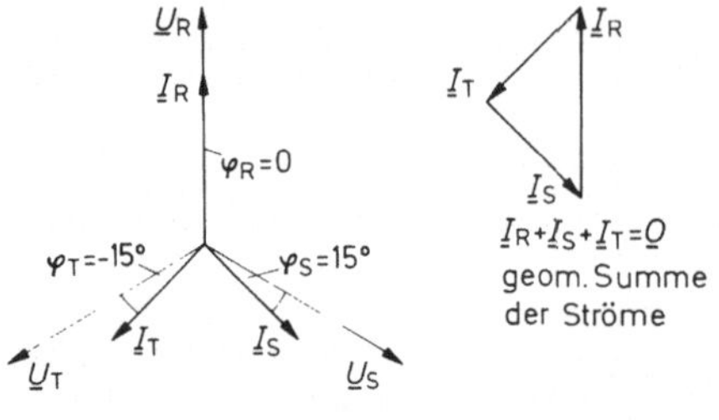

	P_W [kW]	P_B [kvar]	P_S [kVA]
Phase R: $I_R = I$	$U \cdot I$	0	$U \cdot I$
Phase S: $I_S = \frac{\sqrt{2}}{2} I$	$U \frac{\sqrt{2}}{2} I \cdot 0,9659$	$+ U \frac{\sqrt{2}}{2} I \cdot 0,2588$	$\frac{\sqrt{2}}{2} U \cdot I$
Phase T: $I_T = \frac{\sqrt{2}}{2} I$	$U \frac{\sqrt{2}}{2} I \cdot 0,9659$	$- U \frac{\sqrt{2}}{2} I \cdot 0,2588$	$\frac{\sqrt{2}}{2} U \cdot I$

Strom- und Spannungsstern $\quad \cos(\pm 15°) = 0,9659$
$U_R = U_S = U_T = U \qquad \sin(\pm 15°) = \pm 0,2588$

$I_R + I_S + I_T = 0$ geom. Summe der Ströme

Bild 6.8. Schieflast bei gleichem Betrag der Ströme in den Phasen S und T

stehen eine Gefährdung der Turbine. Werden nämlich Dampfturbinen ohne Kühldampfzufuhr angetrieben, können unzulässig hohe Temperaturen auftreten, da die jetzt von dem als Motor laufenden Generator an die Turbine abgegebene Energie durch die starke Schaufelventilation in der Turbine in Wärme umgesetzt wird. Um Schäden der Turbine zu verhindern, wird der Leistungsaustausch mit dem Netz durch ein wattmetrisches Relais größen- und richtungsmäßig erfaßt. Das Relais wird auf eine Rückleistung von etwa 1 bis 5 % der Nennleistung eingestellt. Dieser Wert entspricht der Leerlaufleistungsaufnahme des Maschinensatzes.

Es kann vorkommen, daß das Rückwärtsrelais bei belasteter Maschine anspricht, z. B. bei Wicklungsschluß oder kurzzeitigem Dampfausfall. Dann würde nach dem Auslösen des Generatorschalters die Dampfturbine auf Überdrehzahl kommen. Um die für diesen Fall vorgesehenen Schutzeinrichtungen nicht unnötig in Funktion zu setzen, wird grundsätzlich durch das Rückwärtsrelais der Schnellschluß ausgelöst. Der geschlossene Schnellschluß hat seinerseits einen Kontakt, der den Generatorschalter betätigt. So wird jede Gefährdung des Maschinensatzes vermieden.

6.3 Transformatorschutz

Für die Transformatoren gilt derselbe Grundsatz wie für die Generatoren. Ihre Konstruktionen müssen allen betriebsmäßigen Anforderungen dauernd und darüber hinausgehenden Beanspruchungen vorübergehend gewachsen sein, ohne Schaden zu erleiden.

Um einen Transformatorschaden infolge außergewöhnlicher innerer oder äußerer Einwirkungen zu vermeiden oder zu begrenzen, sind Schutzmaßnahmen notwendig, die bei einer drohenden Gefahr vorbeugend warnen oder abschalten und bei einem eintretenden Defekt den Transformator sofort spannungslos machen. Wie bei den Generatoren muß das Schutzrelais bei inneren Schäden und bei Störungen auf den anschließenden Sammelschienen sicher ansprechen, bei entfernten Netzstörungen jedoch Fehlauslösungen vermeiden. Der Schutz für Transformatoren ist mit einfacheren Mitteln möglich als der für die Generatoren. Wesentliche Schutzarten und -einrichtungen für Transformatoren sind
— bei inneren Fehlern: Buchholz-Schutz und Differentialschutz;
— bei äußeren Einwirkungen: Schutz gegen atmosphärische Überspannungen, Schutz gegen äußere Kurzschlüsse und gegen thermische Überbeanspruchungen.

6.3.1 Transformatorschutz bei inneren Fehlern

6.3.1.1 Buchholz-Schutz

Zur Feststellung innerer Fehler bei Öl- und Clophentransformatoren mit Ausdehnungsgefäß eignet sich besonders der sog. Buchholz-Schutz. Er arbeitet sehr empfindlich. Sein Prinzip beruht auf der Tatsache, daß jeder Fehler im Transformator von einer Gasentwicklung des Öles oder anderer Isolierstoffe begleitet wird. Die Gasblasen werden in einem Schwimmerapparat am Deckel des Transformatorgehäuses gesammelt, der bei leichten Fehlern ein Warnsignal betätigt, bei schweren den Transformator allseitig abschaltet.

Mit dem Buchholz-Schutz werden außer Kurzschlüssen im Transformator auch Eisenbrand, Leiterbrüche, schlechte Kontaktstellen sowie Überschläge unter dem Deckel registriert. Er arbeitet selektiv, da er nur auf Vorgänge innerhalb des Transformatorkessels anspricht.

6.3.1.2 Differentialschutz

Im Hinblick auf mögliche Störungen außerhalb des Transformatorkessels, etwa Klemmenüberschläge, muß der Buchholz-Schutz ergänzt werden. Hierzu verwendet man meist den Differentialschutz. Seine Wirkungsweise wurde bereits beim Generatorschutz beschrieben.

Beim Differentialschutz für Transformatoren sind jedoch einige spezielle Probleme zu berücksichtigen. So darf es z. B. im Normalbetrieb bei Transformatoren mit einer Regelwicklung zu keiner Fehlauslösung des Differentialschutzes kommen, wenn das Übersetzungsverhältnis des Transformators geändert wird. Ferner darf durch die unvermeidliche Änderungen des Magnetisierungsstroms keine Fehlauslösung bewirkt werden. Dieser Magnetisierungsstrom wird unter anderem von den Betriebsverhältnissen im Netz beeinflußt und steigt z. B. bei einer Erhöhung der Netzspannung durch Lastabschaltung an, kann also u. U. das Differentialrelais zum Ansprechen bringen. Auch ist der Magnetisierungsstrom beim Einschalten von Transformatoren sehr groß.

Zudem kann bei Sterntransformatoren mit geerdetem Sternpunkt im Falle von Netzerdschlüssen ein hoher Fehlerstrom entstehen, der ohne besondere Abhilfe das Differentialrelais auch zum Ansprechen bringen würde. Zu beachten ist auch, daß die Primär- und Sekundärwicklungen meist verschiedene Schaltungen besitzen, daß also die einer Sternschaltung zugeführten Ströme nicht ohne weiteres mit den von einer Dreieckschaltung abgegebenen Strömen selbst unter Berücksichtigung des Übersetzungsverhältnisses verglichen werden können. Vielmehr muß erst ein Stern-Dreieck-Wandler im Differential-Schutzkreis zwischengeschaltet werden.

Zur Vermeidung von Fehlauslösungen infolge der genannten Ursachen muß der Differentialschutz stabilisiert werden, ähnlich wie es bereits beim Generatorschutz besprochen wurde. Auf die einzelnen Schaltungsmöglichkeiten kann jedoch hier nicht eingegangen werden.

6.3.2 Transformatorschutz gegen äußere Fehler

6.3.2.1 Überstrom- und Überlastschutz

Wird bei Sammelschienen- und Netzkurzschlüssen die Defektstelle nicht vom Netzschutz weggeschaltet, so muß der Transformator abgeschaltet werden, um eine übermäßige Erwärmung zu vermeiden. Hierzu werden Überstromzeitrelais eingesetzt, deren Zeitverzögerung so eingestellt ist, daß im Normalfall der Netzschutz zuerst ansprechen kann. Diese Relais sprechen auch auf innere Kurzschlüsse an, haben jedoch wegen der Auslöseverzögerung nur eine Grobschutzwirkung. Will man die Überlastbarkeit des Transformators ausnutzen, so muß die Wicklungstemperatur überwacht werden. Hierzu dienen Thermorelais, die die Erwärmung des Transformators dauernd messen und erst ansprechen, wenn der zulässige Höchstwert erreicht ist. Für den Überlastschutz genügt ein Thermorelais in einer Phase. Man kombiniert meist den Überstrom- und Überlastschutz dadurch, daß wie beim Generator in zwei Phasen je ein Überstromrelais und in der 3. Phase ein Thermorelais installiert wird.

6.3.2.2 Überspannungsschutz

Gefährliche Überspannungen können durch atmosphärische Störungen, Schaltvorgänge oder intermittierende Erdschlüsse ausgelöst werden. Um diese Überspannungen auf einen für den Transformator unschädliches Maß herabzusetzen, werden Überspannungsableiter vorgesehen, die in der Regel am Eingang der Station in jeder Phase und Leitung eingebaut sind. In ausgedehnten Anlagen empfiehlt es sich, einen zusätzlichen Überspannungsableitersatz in unmittelbarer Nähe des Transformators zwischen den Phasen und der Erde sowie im Sternpunkt vorzusehen.

Ist eine tertiäre Dreieckswicklung vorhanden, so empfiehlt sich zur Vermeidung von Schaltüberspannungen dort die Anwendung von im Dreieck geschalteter Überspannungsableiter.

Bei Transformatoren, die an sehr langen Sammelschienen liegen, deren abgehende Freileitungen für leitungsgerichtete Telefonie mit Hochfrequenzdrosseln bestückt sind, empfielt sich der Vergleich der Sammelschieneneigenfrequenz, die z. B. beim Ziehen von Trennmessern angeregt wird, mit der Resonanzfrequenz der Transformatoren, die man durch Anlegen veränderter Frequenzen ermitteln kann. Liegen sie nahe beisammen, so ist ein Überschlag an der Unterspannungsseite nicht zu vermeiden.

7 Spannungs- und Blindleistungsregelung

7.1 Grundprinzipien der Spannungsregelung

7.1.1 Allgemeines und Begriffsbestimmungen

Es ist bei der Spannungsregelung von Synchrongeneratoren seit Jahrzehnten üblich, die Meßsysteme der Spannungsregler bei bestimmten Betriebsbedingungen außer durch die Spannung auch noch zusätzlich durch den Laststrom des Generators zu beeinflussen. Die zunehmende Vermaschung der Netze hat zur Folge, daß dieses regelungstechnische Verfahren in Verbindung mit der allgemeinen Betriebssicherheit des Netzes und mit der wirtschaftlichen Betriebsführung der Maschinen immer sorgfältiger angewendet werden muß.

Nun findet man z. B. in komplizierten Netzen, die im Laufe einiger Jahrzehnte aufgebaut worden sind, verschiedenste Spannungsregeleinrichtungen. Zum Teil sind in solchen Netzen auch noch ungeregelte Generatoren in Betrieb.

Erschwerend für eine allgemeine Darstellung ist, daß gelegentlich für dieselbe Schaltung verschiedene Benennungen oder für verschiedene Schaltungen gleiche Benennungen vorkommen. Es werden im folgenden nur die wesentlichen Grundlagen und einige verhältnismäßig einfache Beispiele des Parallelbetriebes von Drehstrom-Synchrongeneratoren dargestellt; auf einzelne Schaltungen wird nicht eingegangen. Außerdem werden nur die nach einer Laständerung sich einstellenden stationären Endzustände betrachtet; die dynamischen Regelungsvorgänge werden nicht behandelt.

Die natürlichen Spannungslinien eines Generators

Zunächst soll gezeigt werden, wie sich die Spannung bei einem Generator ohne Änderung seiner Erregung in Abhängigkeit von der Belastung

verhält. Ein mit fester Erregung arbeitender Generator hat die natürliche Eigenschaft, daß sich seine Klemmenspannung beim Auftreten einer Belastung in verhältnismäßig weiten Grenzen ändert. Als Belastung kann im allgemeinen eine beliebige Impedanz oder ein rein ohmscher induktiver oder kapazitiver Widerstand auftreten (Bild 7.1).

Trägt man die Klemmenspannung des Generators über dem Belastungsstrom auf, so erhält man die schon in Abschnitt 3.1.5.2 besprochenen natürlichen Spannungs-Belastungs-Kennlinien des Generators (Bild 7.2). Hierbei sind Spannung und Strom als bezogene Größen dargestellt, um eine für alle Generatoren gültige Darstellung zu erhalten. Während die

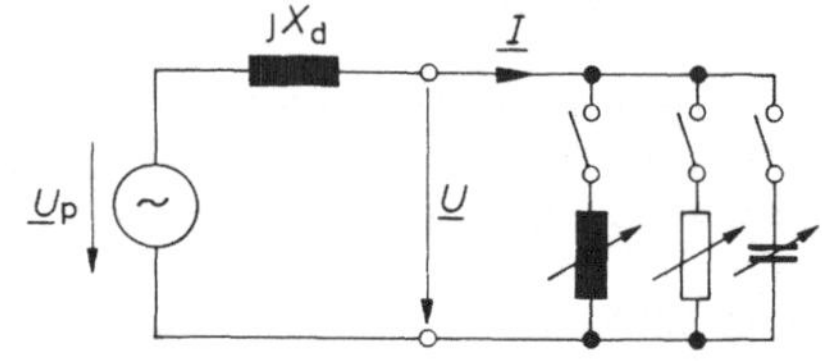

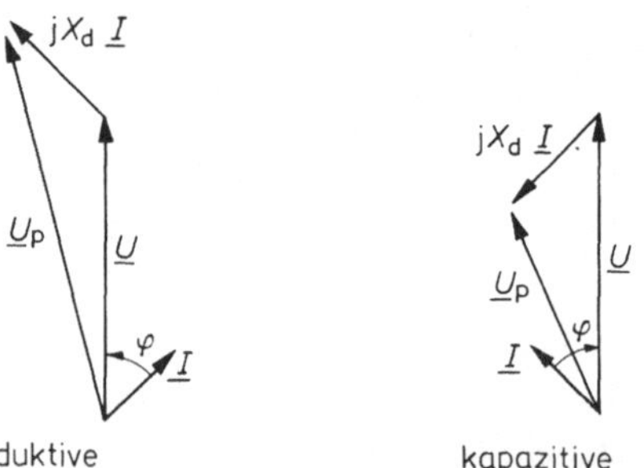

Bild 7.1. Ersatzschaltbild und Zeigerdiagramm des Synchrongenerators für stationären Betrieb mit verschiedenen Lasten

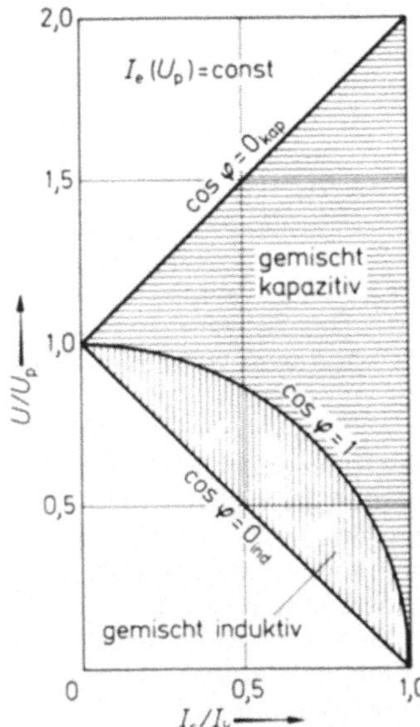

Bild 7.2. Natürliche Spannungskennlinien der Synchronmaschine (vom Scheinstrom abhängig)

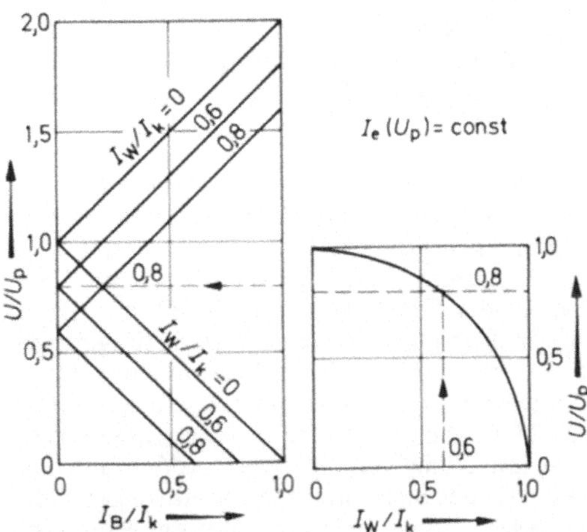

Bild 7.3. Natürliche Spannungskennlinien (vom Blindstrom abhängig)

Klemmenspannung U auf die Polradspannung U_P bezogen ist, ist der Scheinstrom I_s auf den Dauerkurzschlußstrom I_k bezogen, der bei kurzgeschlossenen Klemmen und Erregung mit der Polradspannung U_P auftritt.

Ist $U_P = U_N$ und damit der Erregerstrom gleich I_{e0}, so erhält man den Generatorkurzschlußstrom bei Leerlauferregung I_{k0}. Das Leerlaufkurzschlußverhältnis $k_0 = I_{k0}/I_N$, kann auch ausgedrückt werden als $U_N/(I_N X_d)$, und ist daher ein wesentlicher, rein konstruktiv bedingter Kennwert des Synchrongenerators. Bezieht man den Strom I nicht auf den Dauerkurzschlußstrom I_k, sondern auf den Nennstrom I_N, so zeigt sich, daß der Verlauf der Kennlinien wesentlich vom Leerlaufkurzschlußverhältnis k_0 abhängt.

Ist z. B. $k_0 = 1$, also $I_{k0} = I_N$, so wird nach Bild 7.2 bei ohmscher oder induktiver Belastung und Leerlauferregung ($U_P = U_N$) des Generators die Klemmenspannung schon bei Nennstrom I_N zu Null, d.h. der Generator arbeitet bereits im Kurzschluß. Da k_0 meist kleiner ist als 1, wird dieser Kurzschlußfall bereits bei kleineren Strömen erreicht.

Eine für die Probleme der Spannungsregelung und der damit im Parallelbetrieb zusammenhängenden Blindstromverteilung nützlichere Darstellungsweise der Spannungskennlinien erhält man, wenn diese über dem Blindstrom aufgetragen werden (Bild 7.3).

Die Kennlinie für $I_w/I_k = 0$ in Bild 7.3 links entspricht der Kennlinie $\cos\varphi = 0$ in Bild 7.2. Ist ein Wirkstrom vorhanden, so verschiebt sich die Kennlinie parallel und damit auch ihr Ordinatenschnittpunkt, wobei der Betrag der Verschiebung aus Bild 7.3 rechts ersichtlich ist, das der Kennlinie $\cos\varphi = 1$ in Bild 7.2 entspricht.

Die Regelkennlinien

Durch die Anwendung eines selbsttätigen Reglers wird erreicht, daß die Klemmenspannung je nach der Art des verwendeten Reglers über dem ganzen Lastbereich konstant oder nahezu konstant bleibt (Bild 7.4). Man unterscheidet dabei die astatische und statische Regelung. Die Regelkennlinie gibt an, wie die geregelte Spannung in Abhängigkeit vom Laststrom des Generators verläuft. Bei der Regelung mit einem

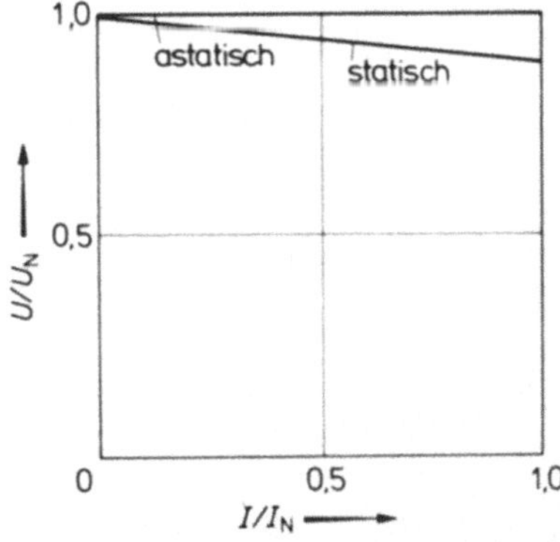

Bild 7.4. Regelkennlinien des Generators

statischen Regler hat man im Beharrungszustand eine Stellungszuordnung, während beim astatischen Regler keine Stellungszuordnung vorhanden ist.

Laststromabhängige Kennliniensteuerung
Solange ein Generator allein auf sein eigenes Verbrauchernetz arbeitet, spielt der statische oder astatische Verlauf der Regelkennlinie nur bei der Frage der Genauigkeit der Spannungshaltung eine Rolle. Um derartig geregelte Generatoren den Erfordernissen des Parallelbetriebes anzupassen, müssen jedoch zusätzliche Maßnahmen getroffen werden, indem man auch laststromabhängige Regelgrößen auf den Meßkreis des Spannungsreglers einwirken läßt. In diesem Zusammenhang soll unter einer laststromabhängigen Kennliniensteuerung die im Meßkreis eines Spannungsreglers vorgenommene Störwertaufschaltung durch den Laststrom verstanden werden, mit dem besonderen Ziel, beim Einzelbetrieb des Generators eine ganz bestimmte definierte Regelkennlinie zu erzeugen.

Eine solche auf diese Weise erzielte Regelkennlinie hat für einen im Einzelbetrieb unmittelbar auf einen Verbraucher speisenden Generators keinen besonderen Sinn. In der Kraftwerks- und Übertragungstechnik wird dieses Verfahren für zwei unterschiedliche Aufgabenstellungen angewendet. Einmal handelt es sich um die Probleme der Kompensation des durch Transformatoren und Leitungen verursachten Spannungsabfalles. Dabei wird an den Generatorklemmen in Abhängigkeit vom Laststrom jeweils eine bestimmte Regelkennlinie eingestellt, um an einem entfernten Punkt die Spannungshaltung zu verbessern. Das andere Anwendungsgebiet der laststromabhängigen Kennliniensteuerung ist der Parallelbetrieb von Generatoren. Hier soll die Kennliniensteuerung dazu dienen, vorgegebene Kennlinienzusammenhänge zwischen anderen bestimmten Größen des Generators, wie etwa zwischen Wirk- und Blindstrom, zu erfüllen.

Von den zahlreichen Schaltungsmöglichkeiten bei der Laststromaufschaltung soll diejenige betrachtet werden, bei welcher der Strom derjenigen Phase gewählt wird, an die das Spannungsmeßwerk nicht angeschlossen ist. Außerdem wird nur die Anwendung eines astatischen Reglers betrachtet. In ähnlicher Weise können die Verhältnisse auch bei Anwendung statischer Regler untersucht werden.

7.1.2 Generator im Alleinbetrieb

7.1.2.1 Astatische Regelung

Bild 7.5a zeigt die Schaltung des Meßkreises mit Anschluß eines astatischen Reglers an die Phasen S und T ($\underline{U}_{ST}$).

Das Zeigerdiagramm für die Spannungen im Reglerkreis zeigt Bild 7.5b. Die Meßspannung $\underline{U}_M$ ist gleich der Spannung $\underline{U}_{ST}$ und wird

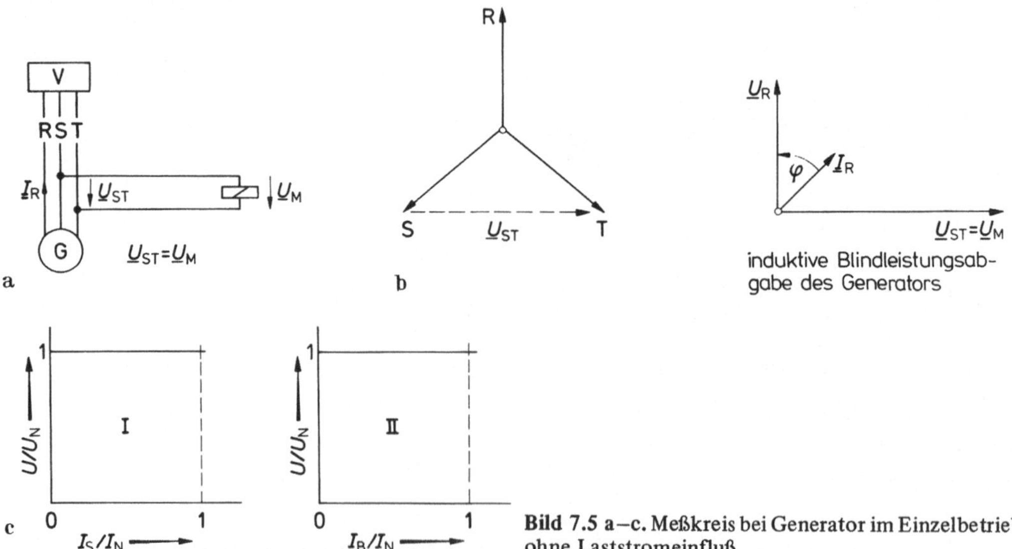

Bild 7.5 a–c. Meßkreis bei Generator im Einzelbetrieb ohne Laststromeinfluß

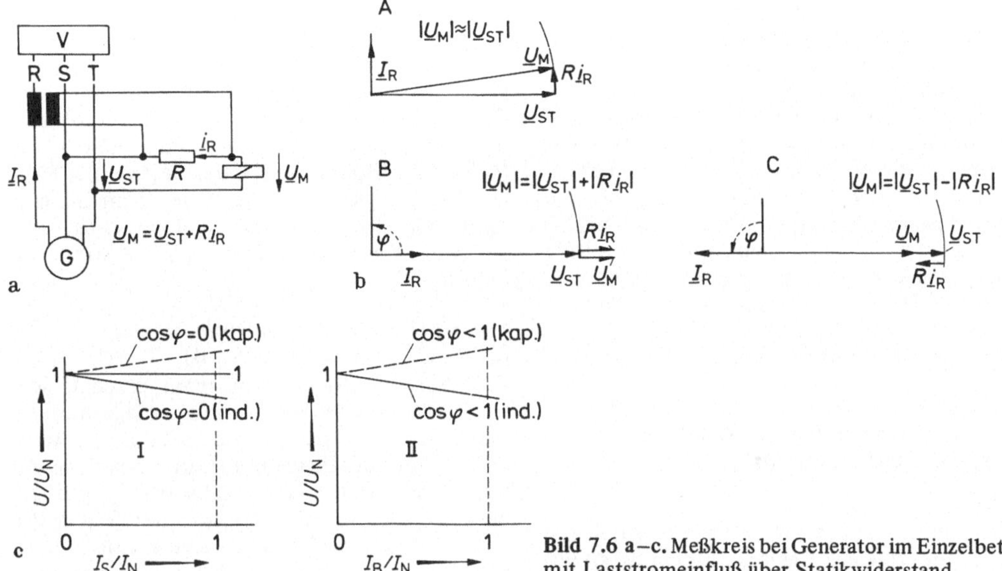

Bild 7.6 a–c. Meßkreis bei Generator im Einzelbetrieb mit Laststromeinfluß über Statikwiderstand

nicht vom Laststrom $\underline{I}$ beeinflußt. Die Klemmenspannung $\underline{U}$ ist also über den gesamten Lastbereich (sowohl in Abhängigkeit von I_S wie auch von I_B) konstant (Bild 7.5c).

7.1.2.2 Laststromgesteuerte Regelung mit Statikwiderstand

Schaltung

Wird in den Meßkreis ein Widerstand zugeschaltet, durch den der Sekundärstrom $\underline{i}_R$ eines Stromwandlers in der Phase R fließt (Bild 7.6a), so wird im Meßkreis eine Zusatzspannung erzeugt, die bewirkt, daß die astatische Regelkennlinie nur noch ein Sonderfall innerhalb einer Schar steigender oder fallender, also statischer Regelkennlinien ist. Ein solcher Zusatzwiderstand wird daher als Statisierung bezeichnet. Im gleichen Sinne wird im Abschnitt 7.1.2.3 auch von Statikreaktanz und Statikimpedanz gesprochen.

Reine Wirkstrombelastung

(Bild 7.6b, Zeigerdiagramm A)

Zunächst ist der Generator mit einem reinen Wirkstrom belastet. Auf das Meßwerk des Reglers wirkt dann außer der Netzspannung $\underline{U}_{ST}$ noch eine Zusatzspannung $\underline{i}_R R$. Die Summenspannung $\underline{U}_M$ ist aber dem Betrag nach nahezu gleich dem Betrag der Netzspannung $\underline{U}_{ST}$, so daß praktisch keine Abweichung vom Soll-

wert eintritt. Trägt man die vom Regler eingeregelte Spannungskennlinie über dem Scheinstrom auf, so erhält man bei $\cos\varphi = 1$ eine Regelkennlinie mit konstanter Klemmenspannung (Bild 7.6c, Spannungskennlinie I für $\cos\varphi = 1$).

Reine induktive Blindstrombelastung

(Bild 7.6b, Zeigerdiagramm B)

Als nächstes wird der Einfluß eines reinen Blindstromes (induktive Blindleistungsabgabe des Generators) auf den Meßkreis des Reglers betrachtet. Hier vergrößert sich der Betrag der Summenspannung U_M am Meßwerk um $\underline{i}_R R$. Der Regler muß die Netzspannung $\underline{U}_{ST}$ so weit herunterregeln, bis die Summenspannung dem Betrag nach gleich der Sollspannung des Meßwerkes ist. Über dem Scheinstrom aufgetragen, erhält man also bei $\cos\varphi = 0$ induktiv eine Regelkennlinie mit fallender Klemmenspannung (Bild 7.6c, Spannungskennlinie I für $\cos\varphi = 0$ induktiv). Die Verhältnisse liegen umgekehrt, wenn nach Bild 7.6b, Zeigerdiagramm C, nicht ein Magnetisierungs-, sondern ein Ladeblindstrom auftritt. Man erhält dann über dem Scheinstrom aufgetragen, wie in Bild 7.6c gestrichelt angedeutet ist, die Spannungskennlinie für $\cos\varphi = 0$ kapazitiv.

Diese Wirkung kann umgekehrt werden, wenn man die Anschlüsse am Stromwandler oder am Statikwiderstand vertauscht, d.h. die Richtung von $\underline{i}_R$ um $180°$ dreht.

Regelkennlinie in Abhängigkeit
vom Blindstrom

Für die noch fehlenden Untersuchungen des Parallelbetriebes ist es erforderlich, die Regelkennlinien über dem Blindstrom aufzutragen. In diesem Fall erhält man bei beliebiger induktiver Belastung nur eine einzige Regelkennlinie (welche der bei $\cos\varphi = 0$ induktiv über dem Scheinstrom im Diagrammteil I entspricht), weil die Wirkleistungskomponente des Laststromes in dieser Darstellungsweise nicht in Erscheinung tritt (Bild 7.6c durchgezogene Spannungskennlinie II). Entsprechend erhält man die gestrichelt eingezeichnete Kennlinie für kapazitive Belastung. Es sieht also so aus, als ob der Meßkreis des Spannungsreglers zusätzlich nur vom Blindstrom beeinflußt wird, obwohl der Scheinstrom aufgeschaltet ist.

7.1.2.3 Laststromgesteuerte Regelung mit Statikimpedanz

Schaltung

Es wird nun, wie aus Bild 7.7a ersichtlich ist, in den Meßkreis des Reglers zu dem Statikwiderstand noch eine Statikreaktanz zugeschaltet. Statikwiderstand plus Statikreaktanz ergeben dann zusammen die Statikimpedanz. Um einen bestimmten Fall betrachten zu können, werden im folgenden der ohmsche Widerstand und der induktive Widerstand der Statikimpedanz dem Betrag nach gleich groß angesetzt.

Reine Wirkstrombelastung
(Bild 7.7b, Zeigerdiagramm A)

Der Generator sei zunächst nur mit reinem Wirkstrom belastet. Dieser erzeugt an der Statikimpedanz im Meßkreis des Reglers eine Spannung, durch welche die Summenspannung am Meßwerk dem Betrag nach verkleinert wird. Der Regler wird also in der Weise eingreifen, daß er die Netzspannung so weit vergrößert, bis die Meßwerkspannung wieder gleich der Meßwerksollspannung ist, bei welcher der Regler dann in Ruhe bleibt. Über dem Scheinstrom aufgetragen erhält man jetzt eine ansteigende Regelkennlinie (Bild 7.7c, Spannungskennlinie I, $\cos\varphi = 1$).

Reine induktive Blindstrombelastung
(Bild 7.7b, Zeigerdiagramm B)

Ein rein induktiver Blindstrom erzeugt, wie aus dem entsprechenden Zeigerdiagramm ersichtlich ist, an der Statikimpedanz des Meßkreises eine Zusatzspannung, durch welche die Summenspannung am Meßwerk vergrößert wird. In diesem Fall wird also der Regler die Netzspannung entsprechend verkleinern müssen, bis am Meßwerk wieder dessen Sollspannung herrscht. Die über dem Scheinstrom aufgetragene Regelkennlinie hat jetzt fallenden Charakter (Bild 7.7c, Spannungskennlinie I, $\cos\varphi = 0$ ind.).

Wirk- und Blindstrombelastung

Es wird eine Wirk- und Blindstrombelastung mit einem solchen Verhältnis angenommen,

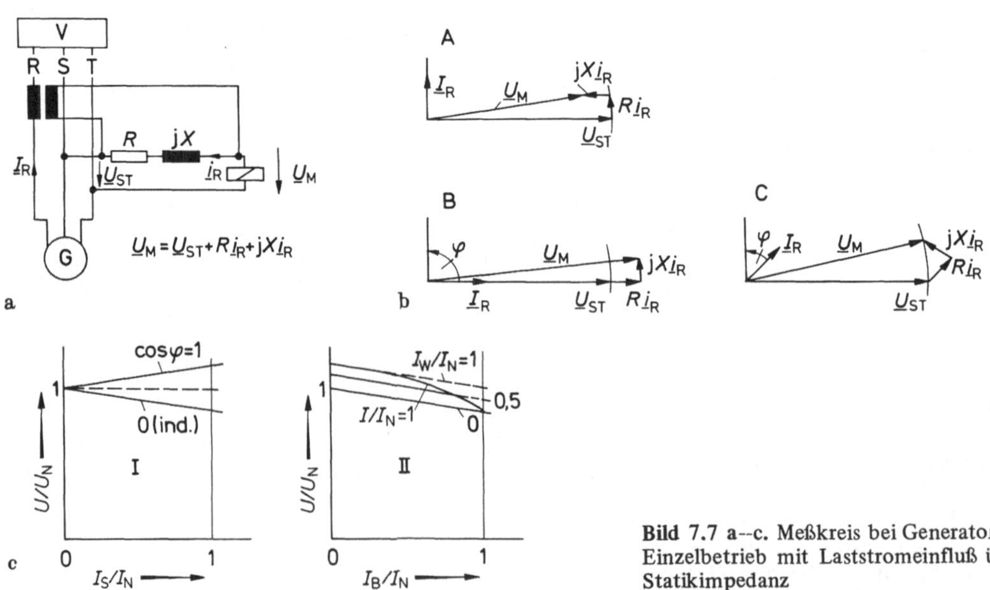

Bild 7.7 a–c. Meßkreis bei Generator im Einzelbetrieb mit Laststromeinfluß über Statikimpedanz

daß die Wirkstrom- zur Blindstromkomponente sich gerade so verhält wie der ohmsche zum induktivenWiderstand der Zusatzimpedanz im Meßkreis, also $\cos\varphi = 0{,}7$. Aus dem zu Bild 7.7b gehörigen Zeigerdiagramm C erkennt man, daß jetzt der Betrag der Summenspannung U_M unabhängig vom Betrag des Scheinstromes nahezu konstant bleibt. Über dem Scheinstrom aufgetragen ergibt sich jetzt eine Regelkennlinie mit konstanter Netzspannung (Bild 7.7c, gestrichelte Spannungskennlinie I). Man darf aber nicht in den Irrtum verfallen, diese Kennlinie etwa als astatische Regelkennlinie zu bezeichnen, da sie bei einer Abweichung des vorhin vorausgesetzten Betriebs $\cos\varphi = 0{,}7$ sofort eine Statik erhalten würde.

Entspricht der $\cos\varphi$ bzw. das Verhältnis von Wirk- und Blindstrom dem Verhältnis von R und X der Zusatzimpedanz, dann regelt der Generator auf konstante Netzspannung. Ist diese Übereinstimmung nicht vorhanden, dann erhält man entweder eine statisch ansteigende oder eine statisch fallende resultierende Regelkennlinie.

Regelkennlinien in Abhängigkeit
vom Blindstrom
(Bild 7.7c, Spannungskennlinien II)
Für die Untersuchung des Parallelbetriebes ist es nun wieder erforderlich, die Regelkennlinien in Abhängigkeit vom Blindstrom aufzutragen. Im Gegensatz zum Betrieb nur mit dem Statikwiderstand hat jetzt der Wirkstrom infolge der Statikreaktanz bereits dann einen Einfluß auf die Netzspannung, wenn noch kein Blindstrom vorhanden ist. Ohne Wirkstrom, also bei $\cos\varphi = 0$, stimmt die über dem Blindstrom aufgetragene Kennlinie mit der entsprechenden über dem Scheinstrom aufgetragenen Kennlinie überein. Bei reiner Wirkbelastung ergibt sich mit steigendem Wirkstrom ein Spannungsanstieg; bei zusätzlicher Blindstrombelastung ergibt sich eine fallende Kennlinie dergestalt, daß die über dem Blindstrom aufgetragenen statischen Regelkennlinien durch den Wirkstrom parallel verschoben werden.

7.2 Regelung beim Parallelbetrieb von Generatoren

In einem Kraftwerk arbeiten zwei Generatoren gleicher Nennleistung und einem Leerlaufkurzschlußverhältnis von $k_0 = 0{,}9$ auf ein eigenes Netz ohne weitere Einspeisungen (Bild 7,8a). Im folgenden werden drei Belastungsfälle betrachtet. Dabei wird davon ausgegangen, daß

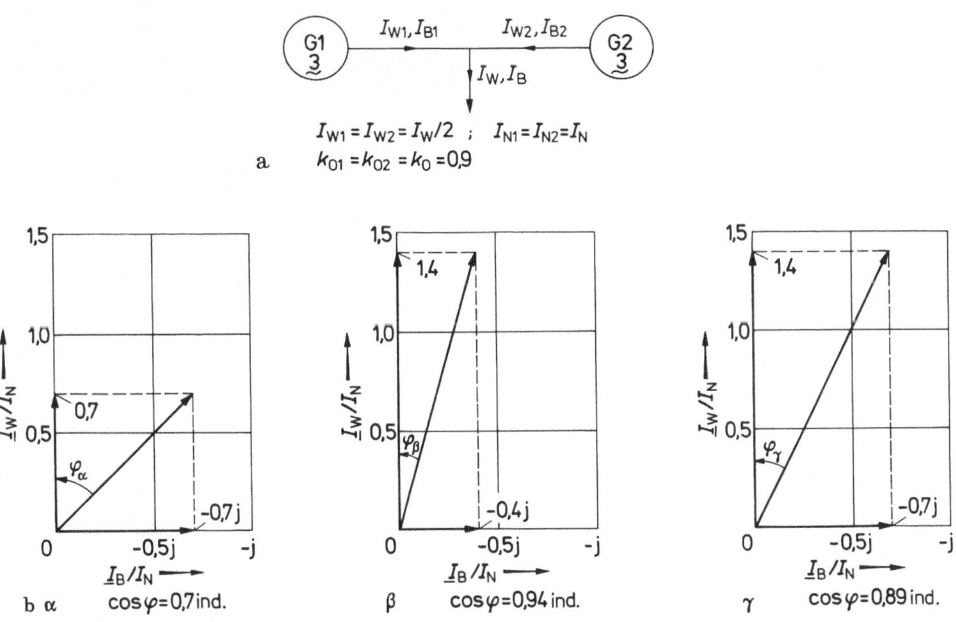

Bild 7.8 a u. b. Belastungsbeispiele für den Parallelbetrieb von zwei Generatoren

die Drehzahlkennlinien der Einzelmaschinen so eingestellt sind, daß sich der Netzwirkstrom hälftig auf beide Generatoren verteilt.

$$P_{W,N_1} = P_{W,N_2} = 1/2\, P_{W,Netz}\,.$$

Die Netzbelastungen in den drei Fällen sind

b) $P_{W,Netz} = 0{,}7\, P_{W,N}$; $\cos\varphi = 0{,}7$ induktiv,

c) $P_{W,Netz} = 1{,}4\, P_{W,N}$; $\cos\varphi = 0{,}94$ induktiv,

d) $P_{W,Netz} = 1{,}4\, P_{W,N}$; $\cos\varphi = 0{,}89$ induktiv,

Die dazugehörigen Zeigerdiagramme sind in Bild 7.8 $\alpha-\gamma$ dargestellt. Alle Größen sind auf die Nenndaten einer Maschine (I_N) bezogen.

Das Verhalten der Generatoren aufgrund der im Netz auftretenden Last kann man an Hand der entsprechenden Stromdiagramme für Synchrongeneratoren erkennen. Dieses Diagramm wurde bereits in Abschnitt 3.1.5.1 besprochen, doch sollen hier die grundsätzlichen Einzelheiten nochmals kurz erwähnt werden. Das dem Bild 7.9a zugrundegelegte Ersatzschaltbild der Synchronmaschine zeigt Bild 7.9b. Bei konstanter Klemmenspannung benötigt der Generator einen bestimmten Magnetisierungsstrom $\underline{I}\mu$. Der Erregerstrom $\underline{I}_e'$ des Generators ist um den Polradwinkel ϑ gegen $\underline{I}\mu$ gedreht. Die Ströme in dem Diagramm sind

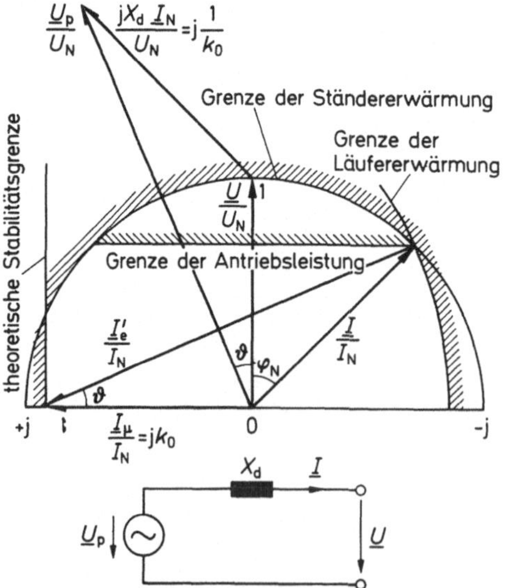

Bild 7.9 a u. b. Stromdiagramm und Ersatzschaltbild des Synchrongenerators mit Belastungsgrenzen ($k_0 = 0{,}9$)

alle auf den Ständernennstrom bezogen. Außerdem sind noch die Belastungsgrenzen mit eingezeichnet. In diese Darstellung geht das Leerlaufkurzschlußverhältnis k_0 ein. Deshalb wird auch bei der Betrachtung der natürlichen Spannungskennlinien in Bild 7.10a abweichend von Abschnitt 3.1.5.2 als Bezugsgröße nicht der Kurzschlußstrom, sondern der Nennstrom gewählt. Es gilt $k_0 = I_k/I_N$, wenn $U_p = U_N$ (allgemein $k_0 = I_{k0}/I_N$), und damit wird $I/I_N = k_0\, I/I_K$, also $I/I_N = k_0$ für $I/I_K = 1$.

7.2.1 Ein Generator astatisch geregelt, ein Generator ungeregelt

Zur Konstanthaltung der Netzspannung ist ein Generator mit einem astatischen Regler ausgerüstet, während der zweite Generator von Hand auf eine feste Erregung eingestellt wird. Die Spannung wird dann im stationären Betrieb durch den geregelten Generator konstant $U/U_N = 1$ gehalten, so daß es für den von Hand gesteuerten Generator so aussieht, als ob er auf ein starres Netz arbeiten würde. Der geregelte Generator regelt in Abhängigkeit vom abgegebenen Blindstrom eine astatische Regelkennlinie ein, während der ungeregelte Generator mit seiner natürlichen Spannungskennlinie arbeitet.

Aus Bild 7.10a erkennt man, daß der ungeregelte Generator 2 bei konstantem Magnetisierungsstrom ($I\mu$ = const) bei Nennspannung und den vorgegebenen Wirkströmen im kapazitiven Bereich arbeitet, d. h. daß er induktiven Blindstrom aufnimmt. Demzufolge muß der astatisch geregelte Generator 1 diesen Magnetisierungsblindstrom und den Blindstrombedarf des Netzes und der angeschlossenen Verbraucher zur Verfügung stellen. Bei geringen Netzwirklasten ist dies auch bei niedrigen $\cos\varphi$ möglich (Bild 7.10 α). Bei steigenden Netzlasten (Bild 7.10 β) erreicht der Generator 1 aber bald auch bei großem Leistungsfaktor die Grenzen seiner Belastbarkeit und kann bei nur geringfügiger Verringerung des Leistungsfaktors überlastet werden (Bild 7.10 γ).

Bei langsamen Laständerungen ist es möglich, beim ungeregelten Generator 2 von Hand den Erregerstrom und damit die Blindstromerzeugung nachzuregeln. Bei schnellen und plötzlichen Lastwechseln ist dies jedoch nicht möglich. Daher besteht bei der beschriebenen Art der Regelung zweier Generatoren stets die Gefahr, daß beim astatisch geregelten Generator der Überstromschutz anspricht und die Maschine vom Netz getrennt wird.

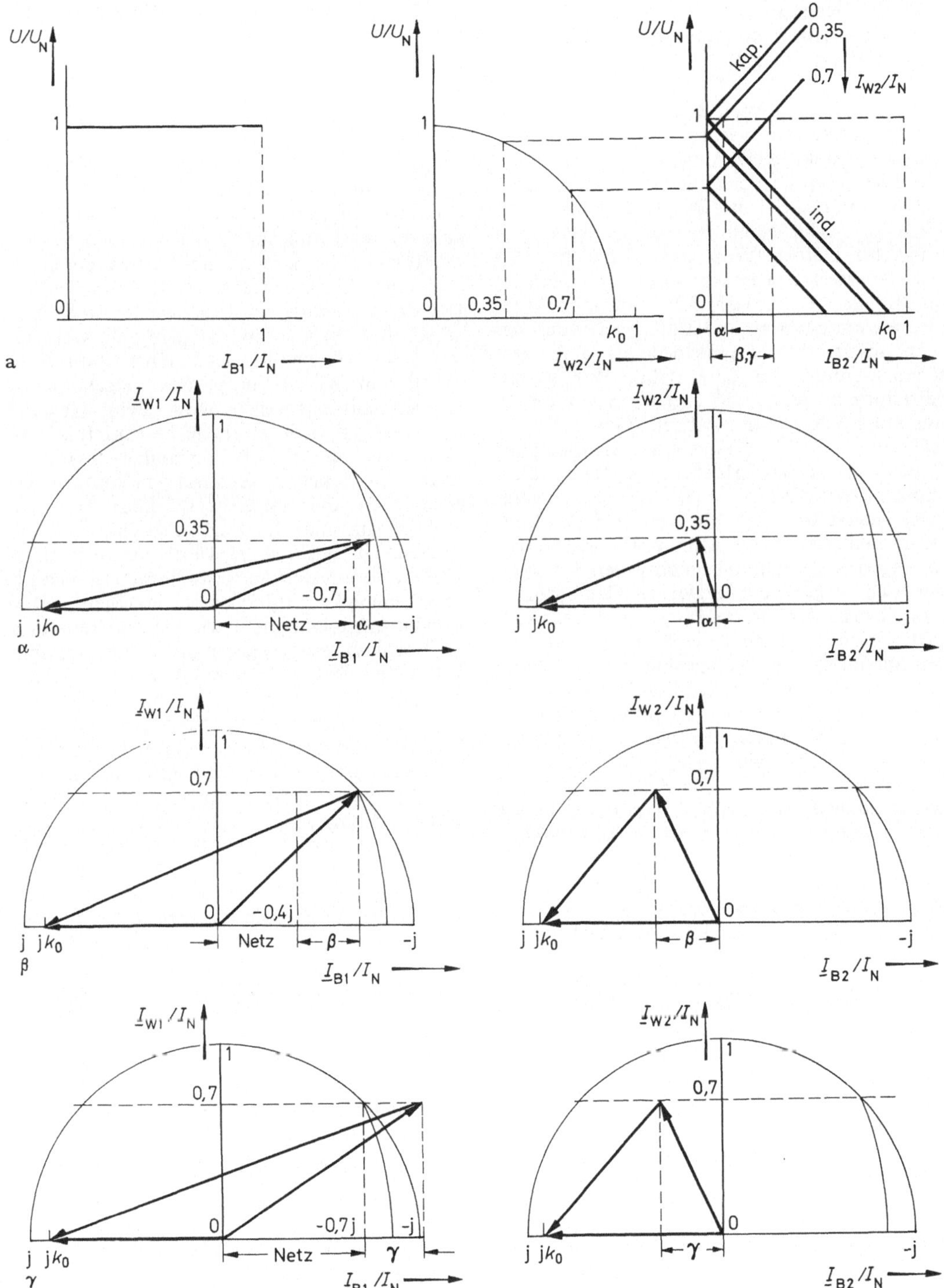

Bild 7.10 a u. b. Spannungsabhängige Kennlinienregelung bei zwei Generatoren im Parallelbetrieb. Generator 1 astatisch geregelt, Generator 2 ungeregelt

7.2.2 Ein Generator astatisch geregelt, ein Generator kennliniengeregelt, mit Statikwiderstand

Die bisher geschilderten Belastungsverhältnisse können verbessert werden, wenn man beide Generatoren in geeigneter Weise regelt. Normalerweise wird jeder Generator einen astatischen Regler, meist mit Proportional-Integral-Verhalten, oder einen statischen Regler mit möglichst kleinem Proportionalbereich erhalten. Bei zwei astatischen Regelkennlinien ist die Blindlastverteilung auf die einzelnen Generatoren unbestimmt und muß auch noch bei sehr geringer Statik praktisch als labil angesehen werden. Um eine stabile Blindstromverteilung zu erreichen, regelt man nun z. B. nur einen Generator astatisch (Generator 1), während der andere eine laststromabhängige Regelkennlinie mit Hilfe eines Statikwiderstandes erhält (Bild 7.11a). Der astatisch geregelte Generator 1 hält die Netzspannung konstant und zieht jede Blindleistungsänderung im Netz an sich, während der mit einem Statikwiderstand ausgerüstete Regler des Generators 2 jetzt jeweils denjenigen Blindstrom konstanthält, welcher mit Hilfe des Sollwerteinstellers des Spannungsreglers eingestellt wurde. Würde z. B. der Generator 2 einen Blindstrom liefern, der tatsächlich größer ist, als der von Hand vorher eingestellte Blindstrom war, so würde am Statikwiderstand eine zusätzliche Spannungskomponente entstehen. Die Meßwerkspannung würde zu groß werden, und der Regler müßte die Erregung und damit den Blindstrom so lange verkleinern, bis die Sollspannung des Meßwerkes und damit der ursprüngliche Wert des Blindstromes wieder erreicht ist.

Es werden nun wieder die in Bild 7.8 angesetzten Lastwerte untersucht. Man erkennt aus Bild 7.11 $a-\gamma$, daß der statisch mit Statikwiderstand geregelte Generator 2 bei der nach Bild 7.11a eingestellten Kennlinie mit konstantem Blindlastanteil (in diesem Falle $\cos\varphi_2 = 1$) fährt. Der astatisch geregelte Generator 1 braucht jetzt nur die im Netz anfallende Blindleistung zu übernehmen, so daß die Gefahr der Überlastung gegenüber den vorigen Beispielen in Bild 7.10 verringert wird.

In der vorliegenden Kombination regelt also ein Generator auf konstante Spannung und der andere auf konstanten Blindstrom. Dem astatisch geregelten Generator wird jetzt zwar bei steigendem Wirkstrom von dem statisch geregelten Generator keine Blindleistung mehr zugeschoben, doch muß er immer noch alle Blindleistungsänderungen des Netzes aufnehmen.

7.2.3 Ein Generator astatisch geregelt, ein Generator kennliniengeregelt, mit Statikimpedanz

Eine weitere Verbesserung kann man erreichen, wenn nun wieder ein Generator astatisch geregelt wird und der Regler des anderen Generators im Meßkreis einen Statikwiderstand und eine Statikreaktanz erhält (Bild 7.12a). Der eine Generator wird also wieder nach einer astatischen Regelkennlinie geregelt, während der zweite Generator nach einer statischen, durch den Wirkstrom parallel verschobenen Regelkennlinie geregelt wird. Beim Generator 2 entspricht jetzt einem bestimmten Verhältnis des ohmschen Widerstandes zum induktiven Widerstand angenähert ein bestimmter $\cos\varphi$. Stellt man z. B. bei Wirklast Null den Sollwerteinsteller des Reglers so ein, daß kein Blindstrom fließt, so wird sich bei steigendem Wirkstrom ein dem eingestellten $\cos\varphi = const$ entsprechender Blindstrom einregeln. Der Blindstrom bleibt nicht wie bei der Steuerung mit Statikwiderstand konstant, sondern nimmt, wie in dem Stromdiagramm dargestellt ist, mit zunehmendem Wirkstrom so zu, daß ein vorher festgelegter $\cos\varphi$ konstant gehalten wird. Der astatisch geregelte Generator hat von der Netzblindlast nur noch den Rest, welchen der kennliniengesteuerte Generator nicht deckt, zu übernehmen.

In der vorliegenden Kombination regelt also ein Generator auf konstante Spannung und der andere Generator auf konstanten $\cos\varphi$. Der astatisch geregelte Generator wird also jetzt noch mehr von der Blindlastlieferung bei entsprechenden Belastungsänderungen im Netz entlastet als in den Fällen mit Handsteuerung bzw. Regelung mit Statikwiderstand (Bild 7.12 $a-\gamma$).

7.2.4 Beide Generatoren kennliniengeregelt, mit Statikwiderstand

Wenn die astatischen Regler beider Generatoren einen gleich großen Statikwiderstand erhalten, so regeln beide nach der gleichen statischen Regelkennlinie. Die anfallende Netzblindleistung verteilt sich jetzt, unabhängig von der Aufteilung der Wirkleistung, gleichmäßig auf beide Generatoren. Die Netzspannung fällt aber dann entsprechend der Statik in Abhän-

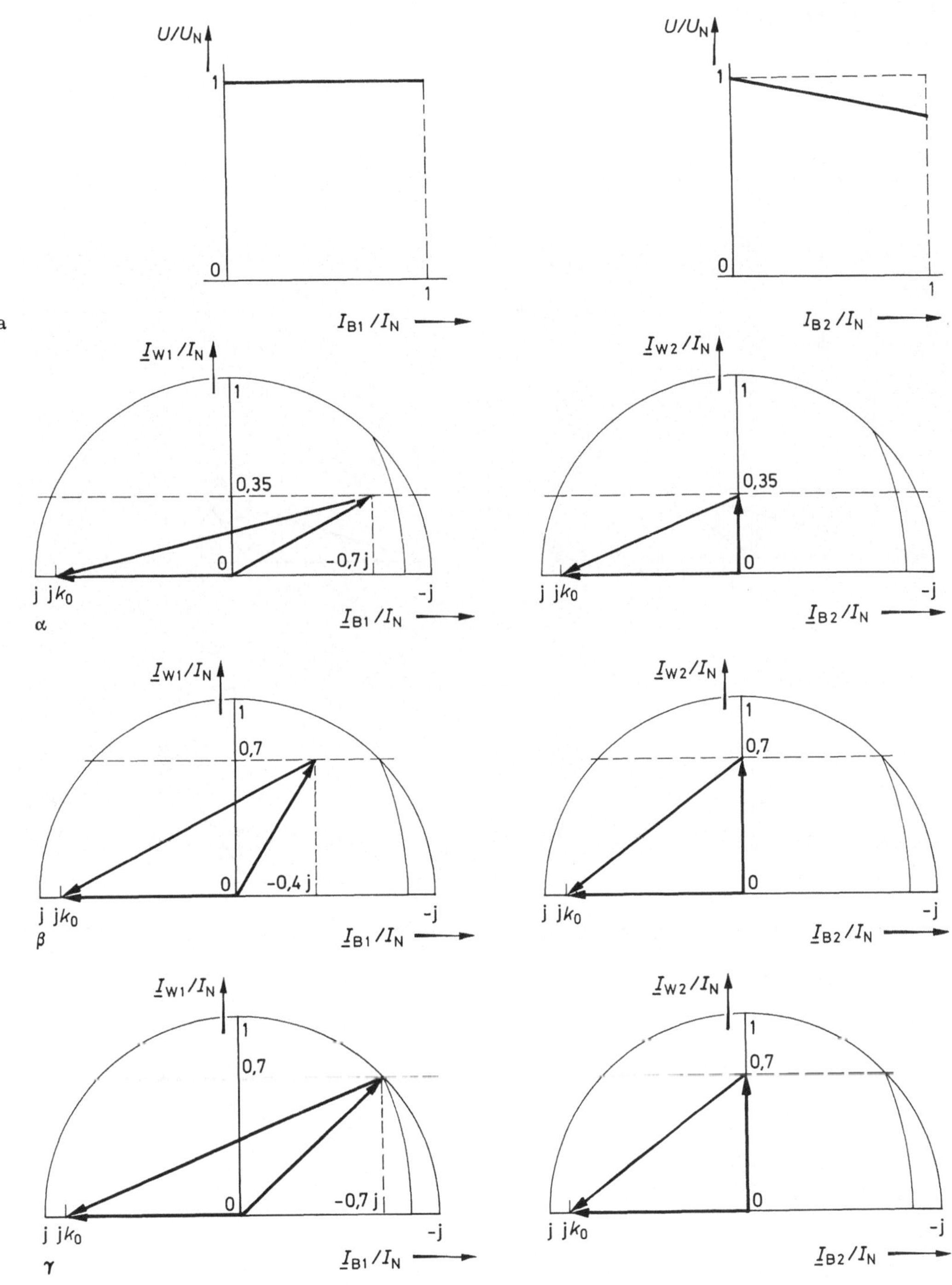

Bild 7.11 a u. b. Spannungs- und laststromabhängige Kennlinienregelung bei zwei Generatoren im Parallelbetrieb. Generator 1 astatisch geregelt, Generator 2 kennliniengeregelt mit Statikwiderstand

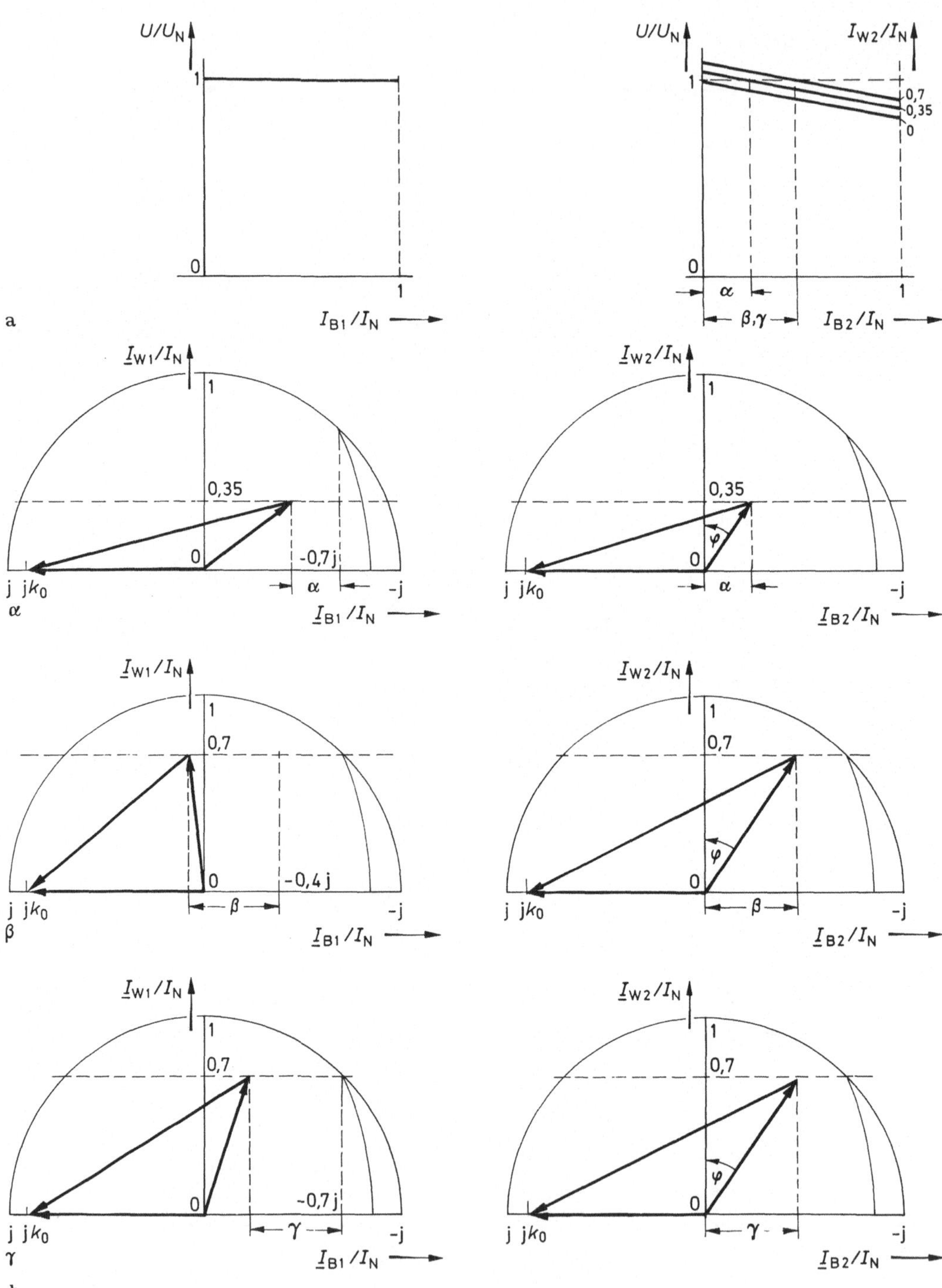

Bild 7.12 a u. b. Spannungs- und laststromabhängige Kennlinienregelung bei zwei Generatoren im Parallelbetrieb. Generator 1 astatisch geregelt, Generator 2 kennliniengeregelt mit Statikimpedanz

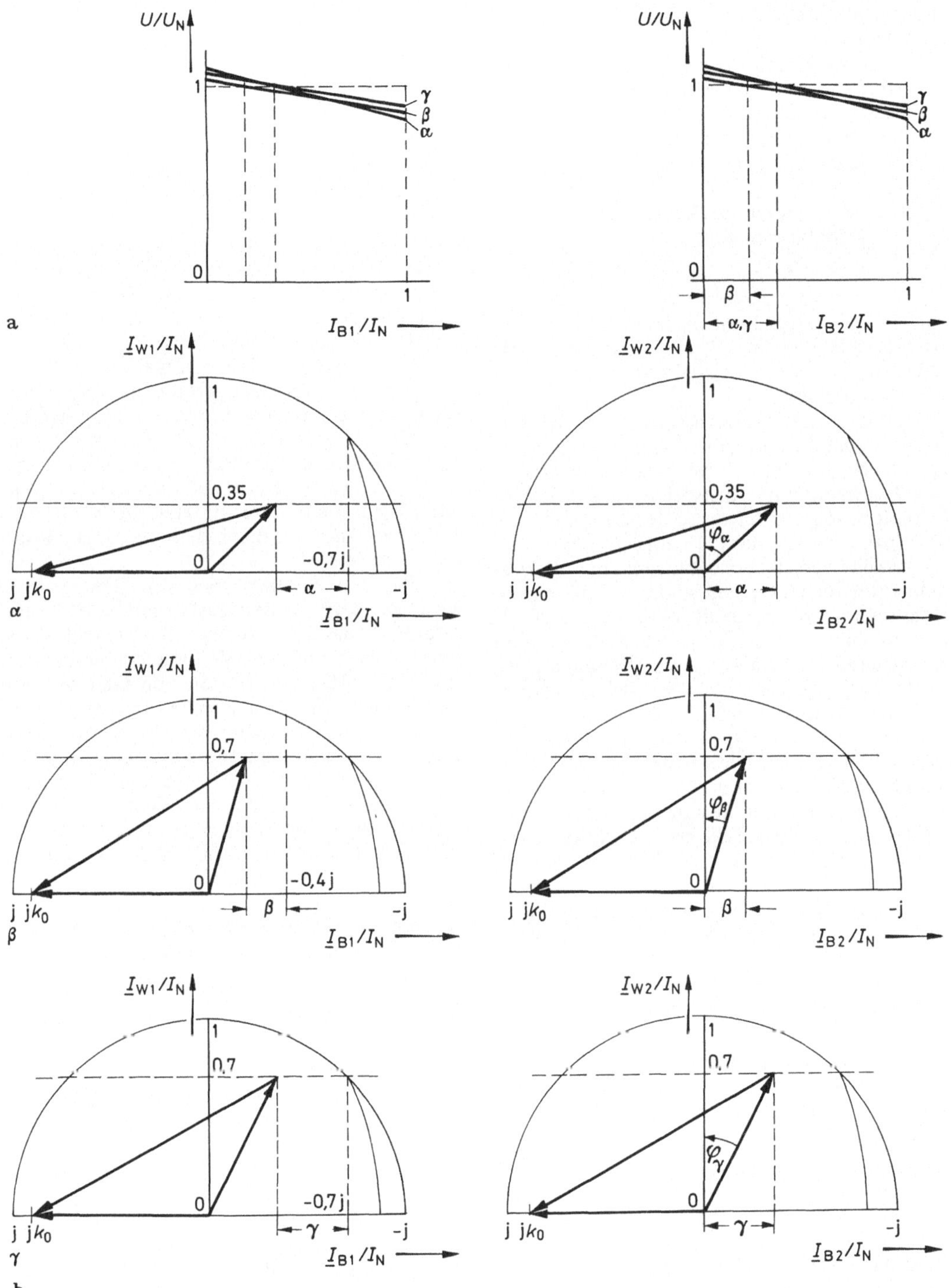

Bild 7.13 a u. b. Spannungs- und lastromabhänige Kennlinienregelung bei zwei Generatoren im Parallelbetrieb. Generator 1 und 2 kennliniengeregelt mit Statikimpedanz

gigkeit von der Blindstromkomponente des Netzstromes ab.

In dieser Kombination ist also hinsichtlich der Blindlastverteilung gegenüber dem vorherigen Beispiel eine weitere Verbesserung erreicht worden, jedoch mit dem Nachteil einer Spannungsabsenkung.

7.2.5 Beide Generatoren kennliniengeregelt, mit Statikimpedanz

In Bild 7.13 sieht man, wie durch Hinzufügen einer veränderbaren Statikreaktanz zum Statikwiderstand die Blindleistung sich ebenfalls nach Wunsch gleichmäßig auf die Generatoren verteilen läßt, die Spannungshaltung in diesem Fall jedoch verbessert wird.

Beide Generatoren arbeiten nach einer statischen, bei konstant gehaltenem $\cos\varphi$ des Netzes, durch den Wirkstrom parallel verschobenen Regelkennlinie. Entspricht das gewählte Verhältnis R zu X dem $\cos\varphi$ der Last, so bleibt die Spannung konstant. In Bild 7.13 $a-\gamma$ treten jeweils verschiedene Lastwinkel auf. Deshalb muß für jeden Lastwinkel φ eine eigene Kennlinienschar ermittelt werden. Die eingezeichneten Kennlinien α, β, γ sind die aus diesen Scharen für die jeweils antreffenden Stromwerte I_W/I_N gültigen Kurven. Dabei entsprechen die an den Maschinen eingestellten Leistungsfaktoren $\varphi\alpha$, $\varphi\beta$, $\varphi\gamma$ den Leistungsfaktoren der Netzlasten. Die Spannung bleibt in allen Fällen $U/U_N = \text{const} = 1$.

Die Generatoren regeln in dieser Kombination also beide auf konstanten (aber wählbaren) $\cos\varphi$. Man kann auch ohne weiteres den beiden Generatoren verschiedene Phasenwinkel zuordnen. Die Netzspannung wird hierbei dann konstant bleiben, wenn der arithmetische Mittelwert der beiden eingestellten Phasenwinkel gleich dem Phasenwinkel des Netzstromes ist.

7.2.6 Summenstromregelung aller Generatoren mit Statikwiderstand

Eine gleichmäßige und stabile Blindlastverteilung bei in allen Fällen genauer Konstanthaltung der Spannung läßt sich mit Hilfe von Schaltungen erreichen, bei welchen außer der normalen Schaltung mit Statikwiderstand noch ein weiterer Statikwiderstand vorgesehen wird. Dieser wird dann von dem Summenstrom aller Generatoren beeinflußt. Im einzelnen soll auf die Wirkungsweise derartiger Anordnungen hier nicht näher eingegangen werden. Sie sind für den praktischen Bereich auch schaltungsmäßig

umständlich und haben sich in größerem Maße nicht durchsetzen können.

7.3 Schlußbetrachtungen

Außer den behandelten Schaltungen besteht noch die Möglichkeit und oft auch die Notwendigkeit, bei der laststromabhängigen Kennliniensteuerung nicht nur mit dem Strom derjenigen Phase zu arbeiten, an welche das Spannungsmeßwerk nicht angeschlossen ist, sondern auch den Strom einer anderen oder auch von zwei oder drei Phasen aufzuschalten. Das geschieht meistens in der Weise, daß man die Ströme verschiedener Phasen in geeigneten Wandlerkombinationen überlagert und ihre geometrische Summe auf eine Impedanz im Meßkreis aufschaltet. Bei manchen Reglerarten kann man den Strom auch auf verschiedene Wicklungen eines Meßsystems einwirken lassen oder verschiedene Meßsysteme elektrisch beeinflussen und mechanisch miteinander koppeln.

Für den Parallelbetrieb von Generatoren wird hier nur der Betriebsfall mit zwei Generatoren behandelt, welche ohne Transformatoren direkt auf den Verbraucher geschaltet sind. Bei Blockschaltungen von Generatoren und Transformatoren muß in die natürlichen Kennlinien das Verhalten der Transformatoren und Leitungen einbezogen werden.

Im Verbundbetrieb wird die Netzspannung durch die Summe aller Generatoren bestimmt. In diesem Fall können u. U. die geschilderten automatischen Regelungsschaltungen versagen, wenn nicht von Zeit zu Zeit von Hand nachgesteuert wird. In Fällen, wo die Netzniveauschwankungen sehr schnell vor sich gehen, sind, um einen sicheren Betrieb der Generatoren zu gewährleisten und Abschaltungen der Generatoren durch Überlastung oder durch Kippen zu verhindern, Zusatzeinrichtungen vorgesehen.

Alle aufgezeigten Schaltungen haben ihre volle Wirksamkeit nur, wenn das Spannungsdreieck symmetrisch bleibt. Bei Kurzschlüssen im Netz, die nicht dreiphasig sind, entstehen Verzerrungen des Spannungsdreieckes, die selbst bei gleichartigen Regelungsschaltungen in auseinanderliegenden Kraftwerken stark voneinander abweichende Regelergebnisse zeigen, welche zu Pendelungen und Netztrennungen führen. In solchen Fällen ist es notwendig, die drei Netzspannungsphasen über Zwischenwandler gleichzurichten und addiert der Spannungsreglerspule zuzuführen.

8 Frequenz-Leistungs-Regelung

8.1 Maschinenregelung im Kraftwerk

8.1.1 Allgemeines

Die Regelung der Kraftmaschinen ist für ein einwandfreies Arbeiten der Kraftwerke von großer Bedeutung, weil sie direkt Frequenz und Wirkleistung beeinflußt. Bei einem im Inselbetrieb arbeitenden Drehstromgenerator mit Kraftmaschine fällt bei konstanter Energiezufuhr die Drehzahl bei Belastung ab und steigt bei Entlastung an. Um dies zu vermeiden, muß ein Regler eingreifen und durch Ventilbetätigung die Wasser- oder Dampfzufuhr vergrößern oder verkleinern. Günstig erscheint zunächst ein Regler, der die gewünschte Drehzahl möglichst konstant hält (Bild 8.1).

Ein solcher astatischer Integralregler ist jedoch im allgemeinen nicht brauchbar, da bei Parallelbetrieb von zwei Maschinen die Aufteilung der Last auf die beiden Maschinen unbestimmt ist, da sich zwangsläufig eine gemeinsame Frequenz einstellen muß. Nun lassen sich aber zwei Regler nie völlig gleichartig abstimmen; sie werden bei gleicher Sollwertvorgabe verschiedene Ist-Werte einstellen. Für die eine Maschine wird also die Ist-Drehzahl (entspricht der Ist-Frequenz) zu groß, für die andere zu klein sein. Damit wird die erste Maschine entlastet werden und die zweite die gesamte Leistung übernehmen. Zudem bringen astatische Regler bei plötzlichen Laständerungen die vorher gleich belasteten Maschinen zum Auseinanderlaufen.

Um eine Zusammenarbeit mehrerer Maschinen zu ermöglichen, muß die beim astatischen Regler vorhandene Unbestimmtheit (zu einer Drehzahl gehören beliebig viele Leistungswerte) vermieden und einer Drehzahl bzw. einer Frequenz nur ein Leistungswert zugeordnet werden. Diese Bedingung wird mit einer leicht abfallenden statischen Kennlinie erfüllt (Bild 8.1).

Allerdings ist bei einer Regelung nach dieser Kennlinie eine Laststeigerung mit einem Frequenzabfall verknüpft. Um über den gesamten Lastbereich die Netzfrequenz konstanthalten zu können, ist es notwendig, die Kennlinie in vertikaler Richtung verschieben zu können. Dies läßt sich dadurch erreichen, daß z. B. für die Wirklast $P = 0$ der Sollwert der Frequenz geändert wird. Bei gleichbleibender Verstärkung des Reglers (je größer die Verstärkung, desto geringer die Neigung) ergibt sich dann eine Parallelverschiebung.

Verwirklicht werden kann diese Parallelverschiebung durch Proportionalregler. Diese Geräte besitzen nach dem Ausregeln einer Störgröße eine bleibende Regelabweichung, die zum Nachführen der Frequenz benutzt werden kann.

Der Regelvorgang läßt sich in Bild 8.2 verfolgen. Zunächst ist die Kraftmaschine mit der Last P_1 bei Nenndrehzahl belastet. Der Arbeitspunkt ist der Punkt A. Bei Entlastung auf die Last P_2 wandert der Arbeitspunkt durch Drosselung der Energiezufuhr entlang der Regelkennlinie I zum Punkt B. Als bleibende Regelabweichung ergibt sich eine Drehzahlerhöhung auf n_B. Nun wird der Sollwert der Frequenz

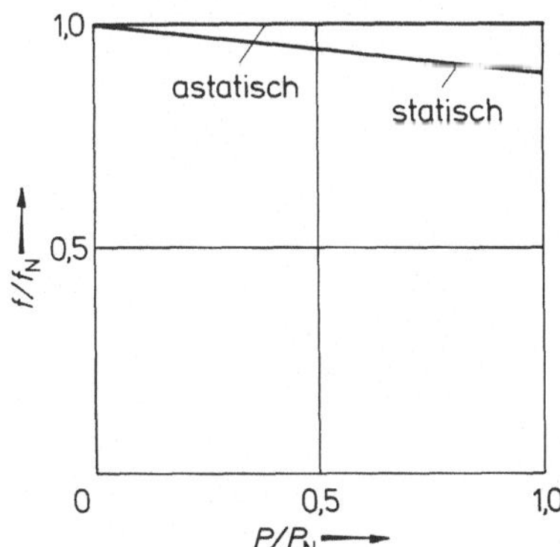

Bild 8.1. Regelkennlinien der Kraftmaschine

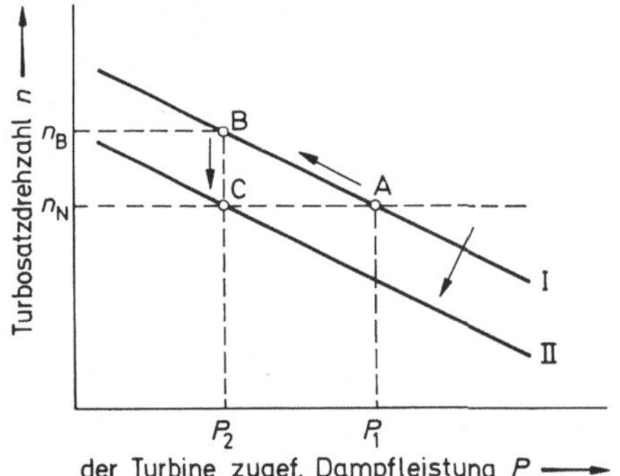

Bild 8.2. Regelvorgang bei einem statischen Regler

soweit nachgeführt, bis die neue Regelkennlinie II erreicht ist. Damit ergibt sich der neue Arbeitspunkt C, in dem die Maschine bei der Belastung P_2 mit Nenndrehzahl läuft.

8.1.2 Regelung von parallel arbeitenden Maschinen

Arbeiten Maschinen mit Reglern verschiedener Kennlinien miteinander auf ein Netz, dann wird sich die Zusatzlast bei Belastungsänderung verschieden auf die Maschinen verteilen. Grundbedingung für das Zusammenarbeiten der Maschinen ist, daß deren Frequenz stets gleich sein muß. Bei Nennfrequenz wird die Maschine mit der Kennlinie I in Bild 8.3a daher die Leistung P_1 und die Maschine mit der Kennlinie II die Leistung P_2 abgeben, entsprechend den Punkten 1 und 2 ihrer Regelkennlinien. Steigt die gesamte Netzlast an, muß die Frequenz in beiden Maschinen gleichartig absinken. Man erhält die neuen Gleichgewichtspunkte 1' und 2'. Man erkennt aus Bild 8.3a, daß die Maschine mit der flachen Charakteristik* fast die gesamte Zusatzlast übernommen hat, während die Maschine mit der stärker abfallenden Charakteristik kaum Zusatzlast übernimmt.

Ein besonderer Fall (Bild 8.3b) liegt vor, falls die Kennlinie der Maschine I horizontal liegt. Hier übernimmt diese Maschine alle Lastschwankungen, und die Maschine II ist immer mit der Leistung P_2 belastet, sofern nicht eine Parallelverschiebung der Kennlinie II vorgenommen wird.

---

*   Vereinfacht wird im folgenden immer von der Maschinenkennlinie gesprochen, wobei die Kennlinie des die Maschine regelnden Reglers gemeint ist.

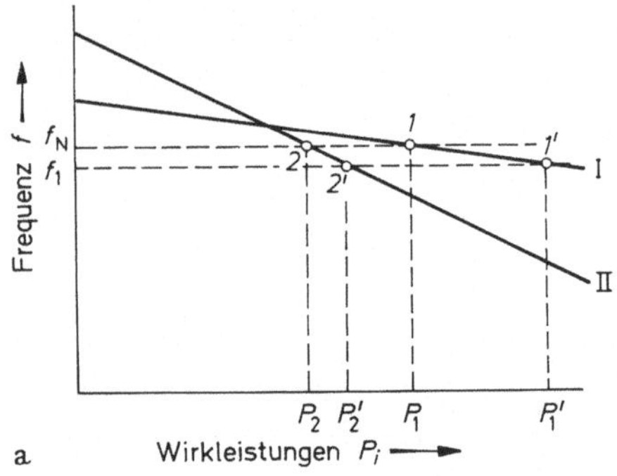

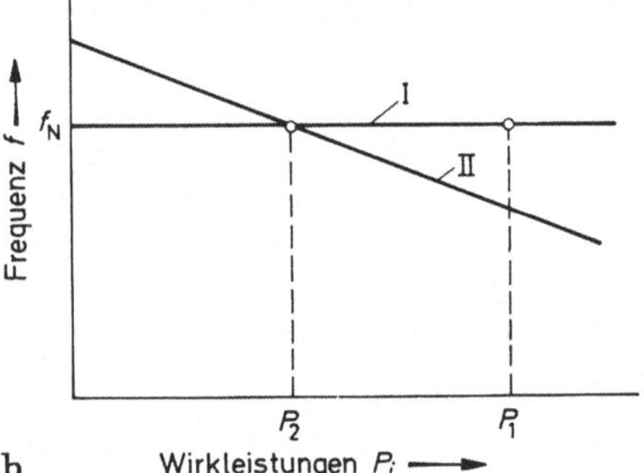

Bild 8.3 a u. b. Belastungsaufteilung auf zwei Maschinen mit verschiedenen Kennlinien

Dieser Fall ist sehr praxisnah. Wenn alle Maschinen an der Leistungsregelung teilnähmen, würde sich jede Maschine entsprechend der eingestellten Kennlinienneigung an der Ausregelung der Leistungsdifferenz beteiligen. Eine derartige Regelung ist jedoch aus ökonomischen Gründen ungünstig. Schon wegen der Abhängigkeit des Wirkungsgrades einer Maschine vom Lastgrad wird man anstreben, die gesamte Last so aufzuteilen, daß möglichst viele Maschinen konstant im Bestpunkt gefahren werden und nur wenige im Teillastbereich. Darüber hinaus wird man den durch Einheitsleistung, Alter, Dampfparameter und Auslegung unterschiedlichen Wirkungsgrad der auf das Netz arbeitenden Maschinen und selbstverständlich auch die mit durch den Wirkungsgrad beeinflußten unterschiedlichen Grenzkosten bei der Lastaufteilung zu beachten haben.

Die Summe aller technischen und wirtschaftlichen Faktoren führt zu einer Aufteilung der insgesamt vorhandenen Anlagen in Grund-, Mittel- und Spitzenlastkraftwerke. Dementsprechend fährt man die Anlagen mit unterschiedlichen f-P-Kennlinien und läßt sie dadurch bewußt in sehr unterschiedlicher Art an der Deckung einer Laständerung teilnehmen. Die Anpassung der Erzeugung an langsam verlaufende Lastschwankungen, die im Laufe des Tages-, Monats- oder Jahrgangs auftreten, erfolgt durch Zu- und Abschalten einzelner Blöcke bzw. Kraftwerke z. T. nach festgelegten Fahrprogrammen. Den Ausgleich kurzzeitiger Schwankungen übernehmen die an den Maschinen installierten Primärregler. Diesem Primärregler wird als Ist-Wert die Netzfrequenz und als Soll-Wert die Netz-Sollfrequenz aufgeschaltet. Um bei mehreren auf ein Netz arbeitenden Maschinen ein koordiniertes Fahren zu gewährleisten, haben die Primärregler vielfach einen zweiten Eingang, auf den übergeordnete Regler wirken können. Diese Sekundärregelung ist vor allem im Zusammenhang mit der in Abschnitt 8.4.2 erläuterten Frequenz-Übergabeleistungs-Regelung von Bedeutung. Einige Gesetzmäßigkeiten für die quantitative Beschreibung der Lastverteilung bei parallel arbeitenden Maschinen werden nachfolgend erläutert.

Ein Maß für die Statik der Kennlinie ist die bleibende Drehzahländerung $d_\%$ in %. Man versteht darunter die Größe, die sich ergibt, wenn man den bei Nennleistung P_N auftretenden Frequenzabfall Δf_N auf die Nennfrequenz f_N bezieht (Bild 8.4):

$$d_\% = \frac{\Delta f_N}{f_N} \cdot 100 \; [\%] \, . \qquad (8.1)$$

Hier gilt bei einer Leistungsänderung ΔP

$$\frac{\Delta P}{\Delta f} = \frac{P_N}{\Delta f_N} \, ,$$

und umgeformt

$$\Delta P = \Delta f \, \frac{P_N}{\Delta f_N} \, . \qquad (8.2)$$

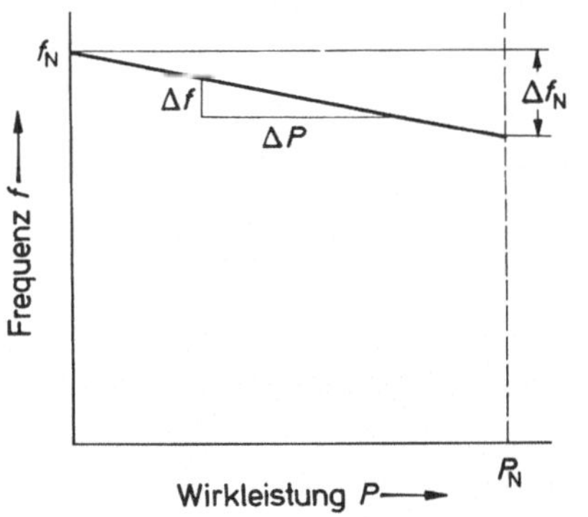

Bild 8.4. Statische Frequenzkennlinie

Der Faktor

$$K_E = \frac{P_N}{\Delta f_N} = \frac{\Delta P}{\Delta f} \qquad (8.3)$$

beschreibt die Verstärkung des Reglers (und damit die Neigung der Regelkennlinie) und wird allgemein als Leistungszahl bezeichnet.

Unter Zusammenfassung von Gl. (8.2) und (8.3) erhält man

$$\Delta P = K_E \, \Delta f \, . \qquad (8.4)$$

Hat man mehrere Maschinen mit den Leistungszahlen K_{E1}, K_{E2}, ... K_{En}, und sind ihre Laständerungen ΔP_1, ΔP_2, ... ΔP_n bei einer gesamten resultierenden Netzlaständerung ΔP_r, dann gilt, da Δf für alle Maschinen gleich sein muß,

$$\Delta P_1 = K_{E1} \, \Delta f,$$
$$\Delta P_2 = K_{E2} \, \Delta f,$$
$$\vdots$$
$$\Delta P_n = K_{En} \, \Delta f. \qquad (8.5)$$

Diese Gleichungen addiert ergeben

$$\Delta P_r = \sum_{i=1}^{n} \Delta P_i = \Delta f \sum_{i=1}^{n} K_{Ei} \, . \qquad (8.6)$$

Mit

$$\sum_{i=1}^{n} K_{Ei} = K_{Er} \qquad (8.7)$$

folgt

$$\Delta P_r = K_{Er} \, \Delta f \qquad (8.8)$$

oder

$$\Delta f = \frac{\Delta P_r}{K_{Er}} \, .$$

Die Gl. (8.8) und (8.5) können nun zusammengefaßt werden zu

$$\Delta P_1 = \frac{K_{E1}}{K_{Er}} \, \Delta P_r ,$$

$$\Delta P_2 = \frac{K_{E2}}{K_{Er}} \, \Delta P_r , \qquad (8.9)$$

$$\vdots$$

$$\Delta P_n = \frac{K_{En}}{K_{Er}} \, \Delta P_r \, .$$

Obigen Rechnungen liegt die Voraussetzung zugrunde, daß sämtliche im Betrieb befindlichen Maschinen an der Ausregelung der Lastschwankungen beteiligt sind. Das bedeutet in der Regel, daß diese Rechnungen nur in begrenzten Lastbereichen durchführbar sind.

Bild 8.5 soll das verdeutlichen. Gegeben sind zwei Maschinen mit den Regelkennlinien I und II. Eingezeichnet sind die bei der Frequenz f_r sich einstellenden Arbeitspunkte A_I bzw. A_{II} und die Maschinenleistungen P_1 und P_2. Wie man sofort feststellen kann, übernimmt bei Netzfrequenzen zwischen f_{1I} und f_{1III} Maschine I die gesamte Leistungsabgabe, und Maschine II läuft außerhalb ihres Regelbereiches im Leerlauf. Zwischen den Frequenzen f_{1III} und f_{2II} übernehmen beide Maschinen entsprechend ihrer Leistungszahl einen bestimmten Lastanteil (z. B. P_1 bzw. P_2), und bei Frequenzen zwischen f_{2II} und f_{2I} arbeitet Maschine 2 konstant mit voller Leistung, während Maschine 1 Laständerungen ausregelt. Auf diesen Tatbeständen basiert auch die Konstruktion der in Bild 8.5 rechts dargestellten resultierenden Kennlinie beider Maschinen. Durch Nachregeln der Kennlinien (Parallelverschiebung) ist es möglich, daß auch in den Bereichen BC und DE beide Maschinen Last übernehmen bzw. Laständerungen ausregeln.

8.2 Regelung von parallel arbeitenden Kraftwerken

Die im vorigen Abschnitt erläuterten Zusammenhänge gelten nicht nur für parallel arbeitende Maschinen. Arbeiten mehrere Grundlastkraftwerke und ein Spitzenlastkraftwerk zusammen, wird man den Spitzenlastwerken eine flache, unter Umständen sogar eine horizontale Charakteristik geben, damit sie möglichst weitgehend die Lastschwankungen übernehmen.

Bei Maschinen oder Kraftwerken, die Grundlast fahren oder ihre Leistung nach einem festen Fahrplan abgeben, die also in die Frequenzregelung nicht einbezogen sind, wird ein Regler nicht gebraucht. Es muß hier nur die Energiezufuhr entsprechend dem Fahrplan verändert werden. Ihre Kennlinie ist also bei der Fahrplanleistung P_I eine vertikale Gerade I (Bild 8.6a), d. h. die Leistungsabgabe ist unabhängig von Frequenzschwankungen und verschiebt sich für eine geforderte kleinere Fahrplanleistung P_{II} in die Lage II.

Solche vertikalen Kennlinien haben jedoch Nachteile, vor allem bei einer starken zusätzlichen Ent- oder Belastung im Netz. Beim Ausfall einer anderen Maschine könnte z. B. die Grundlast fahrende Anlage zusätzliche Last übernehmen und damit zur Frequenzhaltung beitragen, sofern die Fahrplanleistung unter der Nennleistung liegt. Deswegen ist es für diesen Fall erwünscht, auch diese Kraftwerke mit einzusetzen. Diese Forderung kann erfüllt werden durch eine Charakteristik entsprechend Bild 8.6b, die bei C und D einen Knick hat. Liegen normale Frequenzschwankungen in dem Bereich zwischen C und D, dann wird das Kraftwerk unabhängig von Frequenzschwankungen auf konstant eingestellter Leistung P_I arbeiten. Tritt jedoch eine unzulässige Frequenzabsenkung ein, dann wird das Kraftwerk, soweit die eingestellte Leistung kleiner als die Nennleistung war, entsprechend der Geraden D, E eine erhöhte Leistung abgeben können. Umgekehrt wird, falls infolge Entlastung die Frequenz stark ansteigen will, eine Begrenzung durch den Teil A, C der Kennlinie stattfinden. Die geforderte Form der Kennlinie kann durch übergeordnete Meßgeräte, welche z. B. den Drehzahlstellmotor des Reglers beeinflussen, erreicht werden.

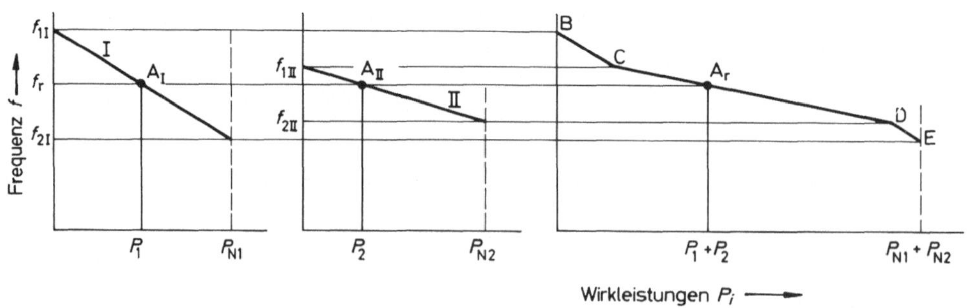

Bild 8.5. Ermittlung der resultierenden Kennlinie von zwei Stromerzeugern.

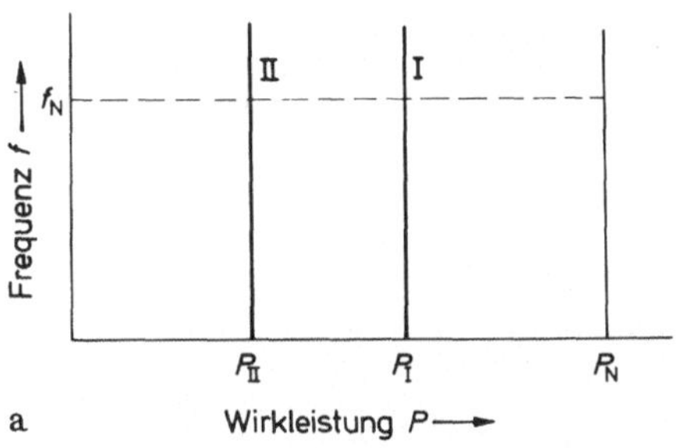

a

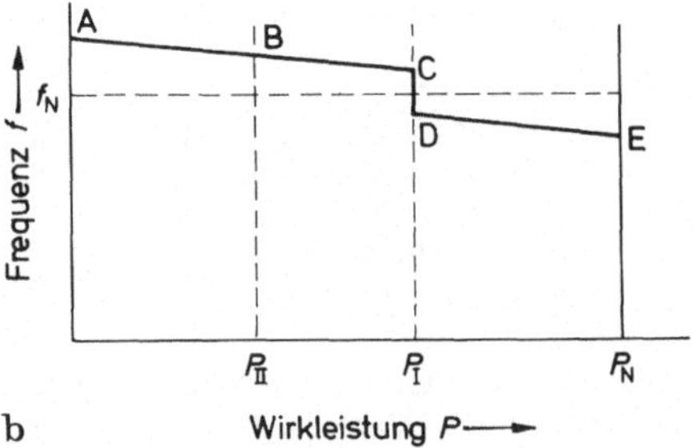

b

Bild 8.6 a u. b. Regelkennlinien von Grundlastwerken ohne (a) und mit Frequenzstützung (b)

8.3 Wechselwirkungen zwischen der Erzeuger- und Abnehmerstatik

Ebenso wie bei den Erzeugergruppen kann auch das Verhalten der Abnehmer durch Kennlinien dargestellt werden. Dabei kann die Wirkleistungsaufnahme je nach Art des Verbrauchers von der Frequenz unabhängig sein, oder sie ist durch eine lineare oder exponentielle Funktion der Frequenz gegeben:

$$P_A = f\,(f^n) \text{ mit } 0 \leqslant n \leqslant 4. \qquad (8.10)$$

Allein von der Spannung abhängig sind alle ohmschen Verbraucher. Von der Frequenz linear abhängig sind alle von Asynchronmotoren angetriebenen Förderanlagen, Kolbenpumpen und -verdichter, Zerkleinerungs- und Zerspanungsmaschinen. Von der Frequenz in der 2. bis 3. Potenz abhängig sind alle von Asynchronmotoren angetriebenen Kreiselpumpen und Zentrifugalgebläse.

Das Gesamtverhalten der momentanen Verbraucher ergibt sich dann aus der Summe aller jeweiligen Einzelcharakteristiken. Diese resultierende Frequenz-Leistungs-Kennlinie des Abnehmersystems wird durch einen Polygonzug angenähert. Dadurch erhält man für

jeden interessierenden Bereich eine lineare Kennlinie.

Diese Leistungskennzahl des Netzes wird analog Gl. (8.3) definiert zu

$$K_A = \frac{\Delta P_A}{\Delta f} \qquad (8.11)$$

und ist ein Maß für die Steigung der Verbraucherkennlinie. Je höher diese Leistungskennzahl ist, um so mehr wird der Betrag der Abnehmerleistung von der Frequenz abhängig, ein Zusammenhang, der bewußt zur Leistungsminderung durch Frequenzabsenkung herangezogen wird (im englischen Sprachgebrauch als „brown out" bekannt).

Den Zusammenhang zwischen Abnehmer- und Erzeugerkennlinien sieht man in Bild 8.7. Die Kurve E_1 ist die Erzeugerkennlinie, die Kurve A_1 die Abnehmerkennlinie. Der Arbeitspunkt sei B bei einer Belastung P_1. Es wird bei der Frequenz f_N ein neuer Abnehmer mit der Leistung ΔP eingeschaltet. Durch diesen neuen Abnehmer (andere Leistungs-Frequenz-Funktion) ergibt sich die neue Abnehmerkennlinie A_2.

Bei einer Regelung der Turbosätze auf konstante Leistung wäre der neue Arbeitspunkt C. Wegen der Statikregelung aber ergibt sich der neue Arbeitspunkt D bei der Frequenz $f_1 < f_N$. Dabei entstehen ein Leistungsdefizit ΔP_1 und eine Frequenzabweichung Δf_1. Um dies zu beheben, greift der übergeordnete Netzregler ein, und einzelne oder alle Kraftwerke des Erzeugersystems nehmen das Leistungsdefizit

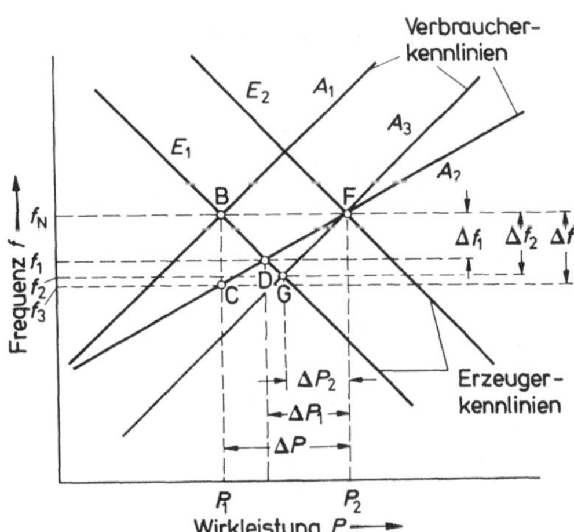

Bild 8.7. Verbraucher- und Erzeugerstatiken eines Energiesystems

durch Kennlinienverschiebung auf (Kennlinie E_2).

Bleibt beim Zuschalten des neuen Abnehmers die Leistungsfrequenzfunktion konstant, so ergibt sich eine Parallelverschiebung der ursprünglichen Abnehmerkennlinie A_1 in die Position A_3; der neue Arbeitspunkt vor dem Verschieben der Erzeugerkennlinie liegt bei G, die Frequenzabweichung beträgt Δf_2, das Leistungsdefizit ΔP_2. Für die beiden gewählten neuen Abnehmerkennlinien lassen sich, da die Statik der Kennlinie A_2 größer ist als die der Kennlinie A_3, folgende Aussagen treffen:

— Die mit einer Laständerung um ΔP vorhandene Frequenzabweichung bei Kennlinie A_2 ist kleiner als die bei Kennlinie A_3.

— Das Leistungsdefizit bei reiner Primärregelung ist bei Kennlinie A_2 größer als das bei Kennlinie A_3.

Damit läßt sich der oben angeführte Zusammenhang auch aus Bild 8.7 ablesen.

In der Praxis sind bei sprunghaften Laständerungen die Frequenzeinbrüche nicht ganz so groß, wie in Bild 8.7 dargestellt, da zusätzlich zur Regellast und der Laständerung entsprechend der Abnehmerstatik durch das Massenträgheitsmoment sämtlicher rotierender Massen der Generatoren und der mit diesen mechanisch gekuppelten Antriebsmaschinen und Erregereinheiten Ausgleichsleistung bereitgestellt wird.

Im elektrischen Versorgungssystem muß zu jedem Zeitpunkt die Summe der Erzeugerleistungen gleich der Summe der Verbraucherleistungen sein. Entsprechend gilt für sprunghafte Laständerungen die Gleichung

$$\Delta P = \Delta P_M + \Delta P_R + \Delta P_F . \qquad (8.12)$$

Dabei ist:

ΔP sprunghafte Laständerung

ΔP_M Leistungsfreisetzung aus Massenträgheitsmoment bei Drehzahländerung

ΔP_R Regelleistung

ΔP_F Laständerung der Verbraucher bei Frequenzänderung

Die Leistungsfreisetzung aus dem Massenträgheitsmoment bei Drehzahländerung läßt sich nach dem Drallsatz berechnen zu

$$\Delta P_M = 4\,\pi^2\,J \cdot f\,(df/dt) \qquad (8.13)$$

mit: J Massenträgheitsmoment

$\quad\;\; f$ Frequenz zum betrachteten Zeitpunkt.

Unter der Annahme eines konstanten Regelleistungsgradienten (Regelleistungsgeschwindigkeit) ergibt sich die Regelleistung zu

$$\Delta P_R = \Delta \dot{P}_R \cdot t \qquad (8.14)$$

mit: $\Delta \dot{P}_R$ Regelleistungsgradient.

Die Laständerung der Verbraucher bei Frequenzänderung läßt sich schreiben als

$$\Delta P_F = K_A \cdot \Delta f \qquad (8.15)$$

mit: K_A Leistungszahl des Netzes.

Aus den Gleichungen 8.12 mit 8.15 ergibt sich damit für die sprunghafte Laständerung die Differentialgleichung

$$\Delta P = 4\,\pi^2\,J \cdot f\,(df/dt) + \\ + \Delta \dot{P}_R \cdot t + K_A \cdot \Delta f \qquad (8.16)$$

Integriert man diese Gleichung über die Zeit, so erhält man nach Variablentrennung den Lösungsansatz

$$\int_{t=0}^{t} f \cdot \frac{df}{dt}\,dt = \int_{f(t=0)}^{f(t)} f\,df =$$

$$= \frac{1}{4\,\pi^2\,J}\,(\Delta P \cdot t - \Delta \dot{P}_R\,\frac{t^2}{2} - \qquad (8.17)$$

$$- K_A \int_0^t \Delta f(t)\,dt).$$

Die Integrationskonstanten verschwinden unter Berücksichtigung der Anfangsbedingungen.

Der Zeitpunkt der maximalen Frequenzabweichung ergibt sich aus Gleichung 8.16 unter der Bedingung $df/dt = 0$ zu

$$t_{max} = \frac{\Delta P - K_A \cdot \Delta f_{max}}{\Delta \dot{P}_R} \qquad (8.18)$$

In Gl. 8.17 werden nun folgende Näherungen angesetzt:

$$\int_{f(t=0)}^{f(t)} f\,df = \frac{1}{2}[f(t=0)^2 - f(t)^2] =$$

$$= \frac{1}{2}\,[f(t=0) + f(t)] \cdot [f(t=0) - f(t)]$$

$$\approx \frac{1}{2} \cdot 2 f_N \cdot \Delta f = f_N \cdot \Delta f . \qquad (8.19)$$

Diese Näherung gilt unter der Voraussetzung,
daß

$$f_N = f(t=0) \approx f(t) \, . \qquad (8.20)$$

Außerdem wird der etwa parabelförmige Verlauf der Frequenz über der Zeit durch eine
Rampenfunktion angenähert, wodurch gilt:

$$\int_0^t \Delta f(t)\, \mathrm{d}t \approx \frac{\Delta f \cdot t}{2} \qquad (8.21)$$

Mit diesen beiden Näherungen und dem Ergebnis aus 8.18 ergibt sich die maximale Frequenzabweichung zu

$$\Delta f_{max} = \frac{\Delta P^2}{8 f_N \, \pi^2 \, J \cdot \Delta \dot{P}_R + K_A \cdot \Delta P} \qquad (8.22)$$

Der ganze Regelvorgang ist zum Zeitpunkt t_A
beendet. Setzt man auch hier die Frequenz-
Zeit-Fläche in erster Näherung als Dreiecks-
funktion

$$\int_0^{t_A} \Delta f(t)\, \mathrm{d}t \approx \Delta f_{max} \cdot \frac{t_A}{2} \qquad (8.23)$$

an, so erhält man die Ausregelzeit zu

$$t_A \approx t_{max} + \frac{\Delta P}{\Delta \dot{P}_R} \, . \qquad (8.24)$$

Vernachlässigt man die Frequenzabhängigkeit
der Last, so lassen sich die Ergebnisse in ver-
einfachter Form darstellen:

$$t_{max} \approx \frac{\Delta P_A}{\Delta \dot{P}_R} \qquad (8.25)$$

$$f_{max} \approx \frac{\Delta P^2}{8 f_N \, \pi^2 \, J \cdot \Delta \dot{P}_R} \qquad (8.26)$$

$$t_A \approx \frac{2 \cdot \Delta P_A}{\Delta \dot{P}_R} \qquad (8.27)$$

In Bild 8.8 sind die Ergebnisse für folgendes
Beispiel graphisch dargestellt:

Lastsprung	ΔP	$= 25$ MW
Regelleistungsgradient	$\Delta \dot{P}_R$	$= 5$ MW/s
Massenträgheitsmoment	J	$= 200 \cdot 10^3$ kgm^2
Leistungszahl des Netzes	K_A	$= 60$ MW/Hz
Nennfrequenz	f_N	$= 50$ Hz

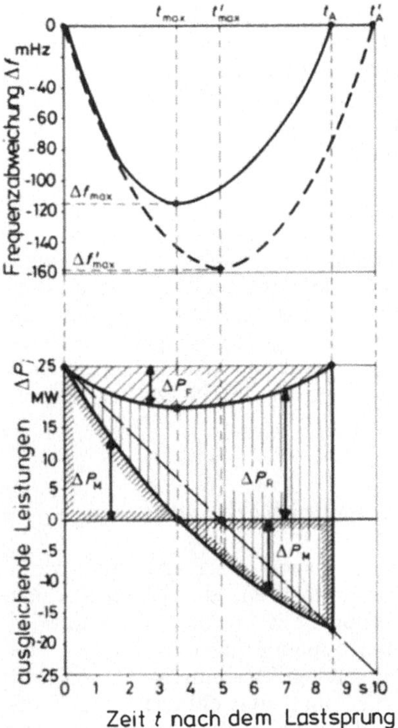

Bild 8.8. Theoretischer Frequenz- und Leistungsver-
lauf bei der Frequenzregelung

Aus der oberen Bildhälfte ist der Verlauf der
Frequenz über der Zeit, aus der unteren der
Anteil der verschiedenen Leistungen an der
Lastdeckung während des Regelspiels ersichtlich. Die durchgezogenen Kurvenzüge ergeben
sich bei Berücksichtigung der Verbrauchersta-
tik nach 8.18, 8.22 und 8.24, die gestrichelten unter Verwendung der vereinfachten For-
meln 8.25 mit 8.27.

Mit den Zahlen des Beispiels ergibt sich
bei Verwendung der erstgenannten Gleichungen eine maximale Frequenzänderung von 115
mHz nach 3,62 s, die Laständerung ist nach
insgesamt 8,62 s ausgeregelt, die maximale Laständerung der Verbraucher bei diesem Frequenzabfall beträgt 6,9 MW. Mit den Näherungsformeln ($\Delta P_F = 0$) ergibt sich die maximale Frequenzänderung zu 158 mHz nach 5 s
und eine Ausregelzeit von 10 s. Dabei gelten
diese Angaben für einen konstanten Regelleistungsgradienten während der gesamten Zeit
der Ausregelung der Laständerung. Dies ist
natürlich im praktischen Betrieb nicht möglich,
da zu Zeiten $t > t_{max}$ die Regelleistungsgeschwindigkeit verkleinert werden muß, um eine

asymptotische Annäherung des Frequenzganges an die Nennfrequenz zu erreichen und ein Überschwingen zu verhindern.

Unbeschadet dieser gegenüber der praktischen Fahrweise erheblich vereinfachten Darstellung zeigt Bild 8.8 die auch für die Praxis wichtige Wirkung der Frequenzabhängigkeit der Abnehmerleistung. Je größer die Leistungszahl des Netzes ist, um so rascher kann bei gegebener maximaler Regelleistungsgeschwindigkeit eine Laständerung ausgeregelt werden und umso geringer ist die damit verbundene Frequenzabsenkung. Nach einigen Beobachtungen scheint allerdings in den letzten Jahren die Leistungszahl der Netze tendenziell abzunehmen.

8.4 Regelung bei Verbundnetzen

Es hat sich als zweckmäßig erwiesen, wenn Versorgungsunternehmen, die je eine Reihe von Kraftwerken besitzen, ihre Netze miteinander durch Kuppelleitungen verbinden. Die Gründe eines solchen Zusammenschlusses sind wirtschaftlicher und betrieblicher Art (Versorgungssicherheit, Reservehaltung, Maschinenauslastung), auf die schon in der Einführung hingewiesen wurde.

Man muß den Zusammenschluß zweier derartiger Versorgungssysteme so vornehmen, daß Störungen in dem einen Netz möglichst nicht auf das andere übertragen werden. Sind beide Netze unmittelbar miteinander verbunden, so wird ein Erdschluß in dem einen Netz sich voll auf das andere auswirken. Dies kann man vermeiden, indem man einen Kuppeltransformator mit dem Übersetzungsverhältnis 1:1 (falls die Spannungen beider Netze gleich sind) in der Kuppelleitung vorsieht. Um Kurzschlüsse in einem Netz möglichst wenig auf das andere Netz zu übertragen, wird man die Kuppeltransformatoren (meist als Regeltransformator ausgeführt) mit großer Streuung bauen oder eine HGÜ-Kurzkupplung vorsehen.

8.4.1 Frequenz- und Fahrplan-geregelte Netzgruppen

Um eine geregelte Zusammenarbeit zwischen zwei im Verbundbetrieb arbeitenden Netzen zu erzielen, kann vereinbart werden, daß ein Netz für die Einhaltung der Frequenz sorgt, während das andere durch entsprechende Regelung seiner Maschinen eine vereinbarte Übergabeleistung garantiert. Dazu wird im frequenzgeregelten Netz an beliebiger Stelle die Frequenz und an der Kuppelstelle die Übergabeleistung gemessen.

Das Regelverhalten der beiden Netze wird aus Bild 8.9 ersichtlich. In den beiden Netzen sind die Regelkennlinien I_A und I_B eingestellt. Die Arbeitspunkte liegen bei A_A und A_B. Dabei gibt das Fahrplannetz A eine festgelegte Übergabeleistung $P_{üA}$ an das Fre-

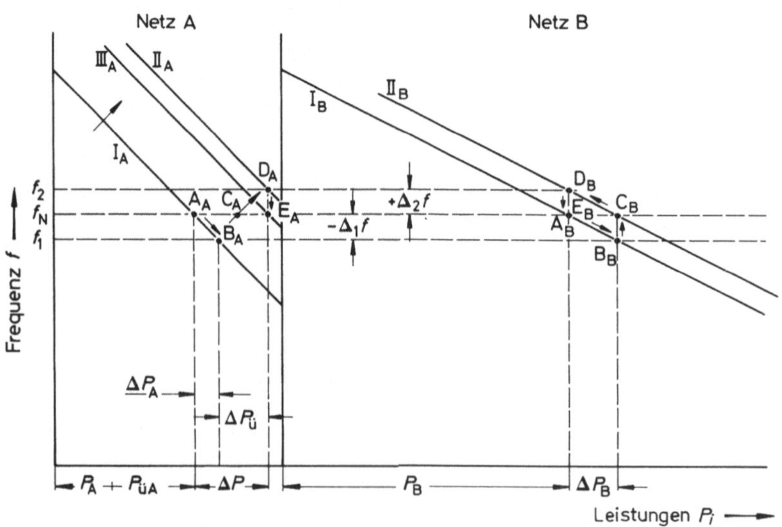

Bild 8.9. Regelvorgang bei Frequenz- und Fahrplanregelung

quenznetz B ab. In Netz A tritt nun eine Lasterhöhung um ΔP auf. Die Frequenz fällt von f_N auf f_1 und beide Netze übernehmen entsprechend ihrer Regelkennlinie einen Anteil ΔP_A bzw. ΔP_B der Zusatzlast ΔP (Arbeitspunkte B_A und B_B). Nun greifen die Regler beider Netze ein. Der Regler in Netz B versucht, die Frequenz auf ihren Sollwert zurückzuführen und stellt die Kennlinie II_B ein (Arbeitspunkt C_B). Da zur Zeit der Lasterhöhung in Netz A die fahrplanmäßige Übergabeleistung $P_{üA}$ um den Betrag ΔP_B vermindert wurde, verschiebt der Regler in Netz A die Kennlinie I_A in Richtung II_A solange, bis der Sollwert der Übergabeleistung wieder erreicht ist. Damit wird gleichzeitig ΔP_B zu Null und die Frequenz steigt auf den Wert f_2 an. (Arbeitspunkte D_A und D_B). Der Regler des Netzes B leitet eine Kennlinienverschiebung in Richtung I_B ein und durch den Regler in Netz A wird dort die Kennlinie in Richtung III_A verschoben.

Nach dem endgültigen Ausregeln stellen sich die neuen Arbeitspunkte $E_B = A_B$ und E_A ein. Natürlich laufen die beschriebenen Regelvorgänge nicht nacheinander, sondern parallel ab. Trotzdem ersieht man schon aus dem schematischen Beispiel, daß bei dieser Art der Regelung die Regelzeiten sehr groß sind. Es kommt zu Pendelungen um die neuen Arbeitspunkte und in extremen Fällen zu nicht ausregelbaren Instabilitäten. Außerdem werden die Regelergebnisse um so unbefriedigender, je mehr Netze im Verbund zusammengeschlossen sind. Deshalb hat man ein Verfahren entwickelt, das es ermöglicht, daß jedes einzelne Netz die in ihm auftretenden Laständerungen durch Kennlinienverschiebung selbst ausregelt.

8.4.2 Frequenz-Übergabeleistungs-Regelung

Man geht wieder von einem Netzzusammenschluß analog Abschnitt 8.4.1 aus. Der Unterschied zu vorher besteht darin, daß nun die Meßwerte der Frequenz und der Übergabeleistung in beide Netzarten übertragen werden. Diese beiden Werte werden in jedem Netz einem übergeordneten Regler zugeführt, der dann entsprechende Steuerbefehle an die die einzelnen Maschinensätze steuernden Regler weitergibt.

Die Forderung besteht nun darin, daß bei Laständerungen nur derjenige übergeordnete Regler die Regelkennlinien seines Netzes ändert, in dessen Netz die Laständerung auftritt, während das andere Netz vollkommen unbe-

einflußt bleibt. Um das zu erfüllen, wird aus den beiden Meßwerten der Frequenz- und Übergabeleistungsänderungen ein vorzeichenrichtiges Mischsignal x gebildet. Dies kann auf zwei Arten geschehen, wobei grundsätzlich folgende Beziehungen gelten: Eine Erhöhung der Frequenz wird positiv, eine Erniedrigung negativ gezählt. Entsprechend erhält eine Vergrößerung der Ausfuhrleistung gegenüber dem Sollwert positives, eine Verminderung negatives Vorzeichen, bei der Veränderung der Einfuhrleistung ist es umgekehrt. Die Einzelsignale Δf und $\Delta P_ü$ erhält man dadurch, daß man den jeweiligen Sollwert vom momentanen Istwert abzieht.

In Bild 8.10 ist die Bildung des Mischsignals x durch vorzeichenrichtiges Multiplizieren der beiden Meßwerte dargestellt. Netz A liefert eine Sollübergabeleistung von $P_{üA}$ an Netz B. Bei einer Lasterhöhung ΔP in Netz A (Bild 8.10a) sinkt analog zum vorher beschrie-

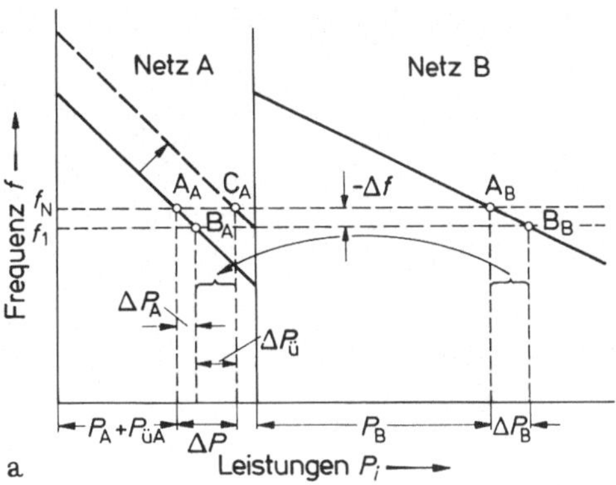

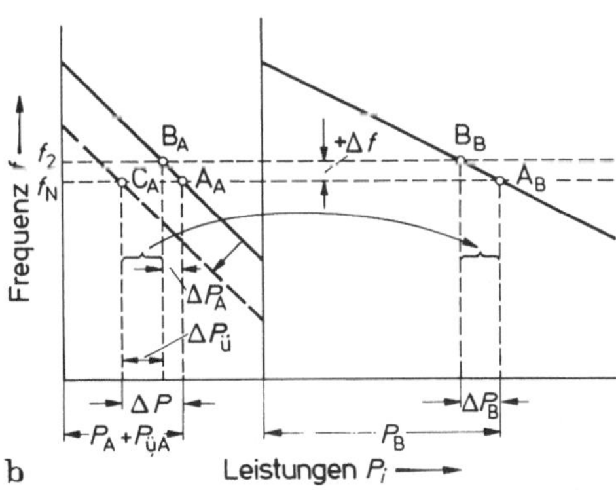

Bild 8.10 a u. b. Frequenz-Übergabeleistungs-Regelung bei Leistungserhöhung (a) und -erniedrigung (b) im ausführenden Netz A

benen Verfahren die Netzfrequenz beider Netze von f_N um $- \Delta f$ auf f_1. Entsprechend seiner Kennlinie übernimmt Netz B einen Teil ΔP_B der Lasterhöhung ΔP.

Damit vermindert sich die Übergabeleistung $P_{\ddot{u}A}$ um $\Delta P_B = \Delta P_{\ddot{u}}$. Für Netz A erhält $\Delta P_{\ddot{u}}$ negatives Vorzeichen (Ausfuhrverminderung) und für Netz B wird $\Delta P_{\ddot{u}}$ positiv (Ausfuhrvergrößerung). Durch die Multiplikation der beiden Meßwerte ergibt sich für Netz B ein negatives Vorzeichen $[(-\Delta f)\,(+ \Delta P_{\ddot{u}})]$ und für Netz A ein positives Vorzeichen $[(-\Delta f)\,(- \Delta P_{\ddot{u}})]$ des Mischsignals. Hier hat man ein Kriterium, das es gestattet, die Laständerung zu lokalisieren und dementsprechend die Regler anzusteuern. Der Empfang eines positiven Mischsignals bedeutet, daß der Regler eingreifen muß und z. B. im geschilderten Fall die Kennlinie der Maschinen nach rechts verschiebt.

Entsprechend verhält es sich, wenn in Netz A durch Lastabwurf ein Leistungsübergabeangebot entsteht (Bild 8.10b). In diesem Fall steigt die Frequenz um $+ \Delta f$ an. Netz A liefert an Netz B eine zusätzliche Leistung $\Delta P_{\ddot{u}}$, die für Netz A positiv, für Netz B negativ zählt. Durch Multiplikation erhält man für Netz A ein positives und für Netz B ein negatives Mischsignal, das den Regler des Netzes B sperrt. Die Maschinenkennlinien des Netzes A und nur diese werden auf die gestrichelte Stellung verfahren.

Eine andere Bildung des Mischsignals geht aus folgender Überlegung hervor. Wenn bei zwei gekuppelten Netzen A und B im Netz B eine Lasterhöhung ΔP_B auftritt, so übernimmt davon Netz A entsprechend seiner Kennlinie einen Teil ΔP_A. Dieser Teil muß, da im Netz A keine Verbraucherlaständerung auftritt, in vollem Umfange über die Kuppelstelle zum Netz B fließen, d. h. $\Delta P_{\ddot{u}} = \Delta P_A$. Falls vorher von B nach A eine Übergabeleistung $P_{\ddot{u}B}$ übertragen wurde, so verringert sich diese um ΔP_A.

Von Netz B dagegen wird die Mehrleistung ΔP_B aufgeteilt auf eine verminderte Übergabeleistung an Netz A und eine höhere Erzeugungsleistung der Maschinen des Netzes B. Daher gilt

$$\Delta P_{\ddot{u}} \neq \Delta P_B \ .$$

Somit stehen zwei Kriterien fest. Für das Netz i in dem die Laständerung auftritt, gilt

$$\Delta P_{\ddot{u}} \neq \Delta P_i \ .$$

Für das andere Netz erhält man

$$\Delta P_{\ddot{u}} = \Delta P_i \ .$$

Die Laständerung ΔP_i erhält man nach Gl. (8.5) zu

$$\Delta P_i = K_{Ei}\, \Delta f \ .$$

Berücksichtigt man die Vorzeichenregel für Frequenzänderungen, so ergibt sich für eine Lasterhöhung um $+ \Delta P_i$, die mit einem Frequenzabfall $- \Delta f$ verbunden ist,

$$+ \Delta P_i = K_{Ei}\,(- \Delta f) \ . \tag{8.28}$$

Stellt man nun rein mathematisch die Leistungszahl als Quotient

$$K_{Ei} = \frac{c_{1i}}{c_{2i}}$$

dar, so kann Gl. (8.12) auch geschrieben werden

$$+ \Delta P_i = \frac{c_{1i}}{c_{2i}}\,(- \Delta f) \tag{8.29}$$

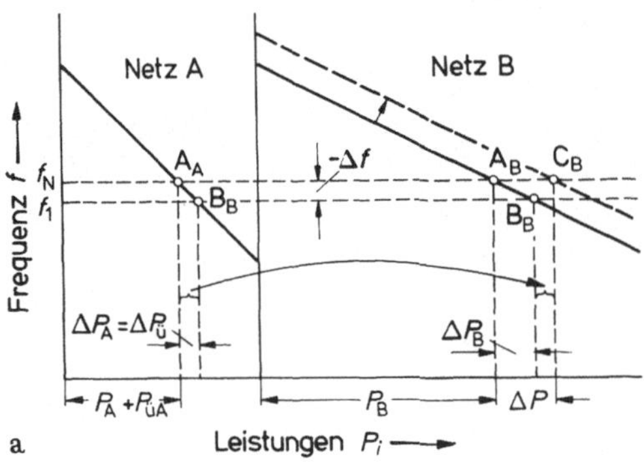

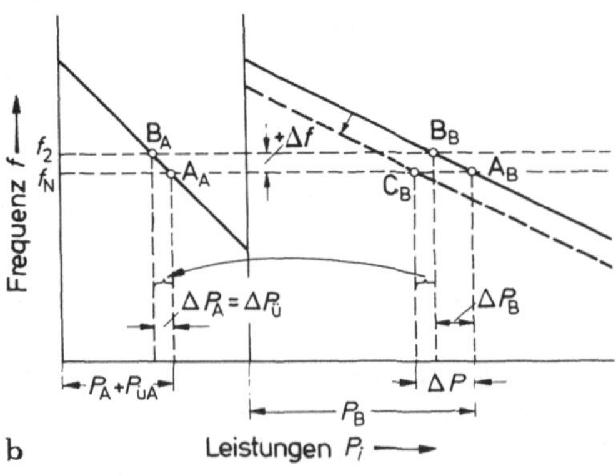

Bild 8.11 a u. b. Frequenz-Übergabeleistungs-Regelung bei Leistungserhöhung (a) und -erniedrigung (b) im einführenden Netz B

oder

$$\Delta P_i \, c_{2i} = - c_{1i} \, \Delta f \ . \qquad (8.30)$$

Damit ergibt sich

$$c_{1i} \, \Delta f + c_{2i} \, \Delta P_i = 0 \ . \qquad (8.31)$$

Ersetzt man in dieser Gleichung ΔP_i durch $\Delta P_{\ddot{u}}$, so gilt

$$c_{1i} \, \Delta f + c_{2i} \, \Delta P_{\ddot{u}} = 0 \ \text{für} \ \Delta P_{\ddot{u}} = \Delta P_i \qquad (8.32)$$

und

$$c_{1i} \, \Delta f + c_{2i} \, \Delta P_{\ddot{u}} \neq 0 \ \text{für} \ \Delta P_{\ddot{u}} \neq \Delta P_i \qquad (8.33)$$

Mit diesen beiden Gleichungen ist es möglich denjenigen Regler anzusteuern, in dessen Netz die Laständerung auftrat. Dazu werden in beiden Netzen die Meßwerte Δf und $\Delta P_{\ddot{u}}$ durch je einen Verstärker mit der Verstärkung c_{1i} bzw. c_{2i} geleitet und die Ausgangssignale $c_{1i} \, \Delta f$ und $c_{2i} \, \Delta P_{\ddot{u}}$ vorzeichenrichtig addiert.

Das gebildete Mischsignal x hat dann in dem Netz, in dem keine Laständerung auftrat den Wert Null. Im anderen Netz ergibt sich ein Wert $x \neq 0$. Dieses Signal wird dem entsprechenden Regler als Regelabweichung zugeleitet, der dann solange eine Kennlinienverschiebung seines Netzes vornimmt, bis die Regelabweichung verschwindet.

Den gesamten Regelvorgang beider Netze bei der Frequenz-Übergabeleistungs-Regelung zeigt Bild 8.10 und 8.11. Bei einer Mehrlast ΔP im Netz A erfolgt zunächst eine Frequenzabsenkung um $- \Delta f$. Nun greift aber nur der Regler des Netzes A ein und verschiebt die Netzkenninie. Im Arbeitspunkt C_A liefert nun Netz A die gesamte Mehrlast ΔP selbst. Die Kennlinie des Netzes B bleibt unverändert, lediglich der Arbeitspunkt wandert bei Eintreten des Lastwechsels von A_B nach B_B und während des Regelvorganges zurück zum Punkt C_B, der mit A_B identisch ist.

9 Automatisierung im Dampfkraftwerk

9.1 Allgemeines

In der Geschichte der Kraftwerkstechnik bedeutete Automatisierung lange Zeit nur Mechanisierung. Man war bestrebt, dem Bedienungspersonal des Kraftwerkes zwar die körperliche Arbeit zu erleichtern, beließ ihm aber vollkommen die eigentliche Prozeßführung. Der Personalaufwand konnte dadurch schon etwas verringert werden. Das Personal mußte bei erleichterter manueller Tätigkeit aufgrund seiner durch Ausbildung und Erfahrung gewonnenen Kenntnisse die wichtigen Meßwerte beobachten, auswerten und Entscheidungen treffen. Eine zunehmende Bedeutung kam naturgemäß den Schutzeinrichtungen zu, die mehr und mehr vervollständigt wurden.

Nachdem die Einheitsleistungen der Maschinen und Anlagen in Kraftwerken ständig stiegen und die Anlagen immer komplizierter, weniger überschaubar und immer teurer wurden, begann man zentrale Warten einzurichten. Diese Warten selbst wurden schrittweise immer besser ausgerüstet. In den Kraftwerken der fünfziger Jahre liefen schließlich in den Zentralwarten praktisch alle Fäden zusammen. Die Einführung dieser nahezu vollständigen Fernsteuerung wird bisweilen schon als erster Schritt der Steuerungsautomatisierung angesehen, zumindest war es aber die Voraussetzung für die Entwicklung und den Einsatz der Automatiken.

Die so ausgerüsteten Dampfkraftwerke sind und waren bereits so weit automatisiert, wie wohl kein anderer Produktionsbetrieb. Man kann bei solchen Kraftwerken im Zusammenhang mit dem Anfahren, dem Lastbetrieb und auch dem Abfahren nicht mehr von Handbedienung sprechen. Vielmehr werden von der zentralen Warte aus von Pulten und Tafeln — über Befehlstasten und Druckknöpfe Kommandos ausgelöst, die z. B. Elektro- und Turboantriebe, Pumpen, Gebläse, Kompressoren, Schieber, Ventile und andere Stellglieder steuern. Die von der zentralen Warte auslaufenden Befehle dienen somit hauptsächlich der Steuerung und der Sollwertvorgabe für die Regler, um bestimmte Werte im Prozeß einhalten zu können. Die Eingriffskriterien für das Bedienungspersonal liefern die Anzeigeinstrumente, schreibende Meßgeräte zum Aufzeigen des Trends von Betriebsgrößen sowie optische und akustische Signale.

Aus dem bisher Gesagten geht bereits hervor, daß die Begriffe Automatisierung und Automation sehr vielschichtig sind. Die Angabe, daß irgendein technologischer Vorgang automatisiert wird, sagt nichts darüber aus, wie weit der Ablauf dieses Vorganges dann tatsächlich von menschlichen Eingriffen unabhängig ist. Bei den Kraftwerken ist der zu automatisierende Prozeß durch die Verknüpfung der Wege der Arbeitsstoffe (Wasser, Dampf, Brennstoff, Luft, Rauchgas, Strom) bzw. der Anlage (Kessel, Turbine, Generator, Blocktransformator) bis hin zum Verteilungsnetz charakterisiert.

Waren also schon seit Jahren die Dampfkraftwerke mehr oder weniger automatisiert, so sei im Rahmen der weiteren Ausführungen unter Automatisierung im Kraftwerksbereich diejenige Entwicklung, die seit etwa 1960 konzipiert und seit etwa 1965 verwirklicht wurde, verstanden. Die Aufgabe der hier behandelten Automatisierung besteht demnach darin, die noch durch Handeingriffe getätigte Steuerung in Teilbereichen oder auch im gesamten Bereich des Kraftwerkes durch eine selbsttätige Steuerung abzulösen. Dies gelang bereits teilweise mit der herkömmlichen Meß- und Regeltechnik beim stationären Betrieb. Durch die Automatisierung soll jedoch auch der An- und Abfahrbetrieb gänzlich erfaßt werden.

Die Automatisierung des Dampfkraftwerkes betrifft also die automatische Steuerung. Es sind daher zwei definitive Aussagen zu treffen:

– Es handelt sich im Prinzip lediglich um eine Steuerung, nicht dagegen um Anlagen zum Messen, zum Signalisieren und zum Anlagenschutz.
– Es handelt sich um eine automatische, d. h. selbsttätige Steuerung im Gegensatz zur Handsteuerung.

Die automatische Steuerung bzw. die Automatik umfaßt also die Selbststeuerung des Blockes, die für die verschiedenen Betriebsphasen und das Ausmanövrieren aller maschinentechnischen Störungen notwendig ist. Ein Automatisierungsgrad von 100 % ist erreicht, wenn der Block lediglich über einen Lastgeber angesteuert wird, d. h. wenn er in optimaler Zeit ohne jeden Eingriff von Hand aus dem Stillstand oder von einer beliebigen Leistung auf die vorgegebene Leistung gebracht werden kann, ohne daß extreme oder gar unzulässige Materialbeanspruchungen an irgendeiner Stelle auftreten.

Daneben hat sich in den letzten Jahren als weiteres Aufgabenfeld der Automatisierung die Meßdatenverarbeitung ergeben. Voraussetzung für die erfolgreiche Betriebsführung ist das objektiv richtige Erkennen des Anlagezustandes und der augenblicklichen Prozeßdaten. Dies wird durch das Erfassen, Registrieren und Auswerten von Meßdaten erreicht. Bei konventioneller Betriebsweise fallen für das Personal auf diesem Gebiet Routinearbeiten an, die eine erhebliche zeitliche Belastung darstellen. Deshalb besteht heute ein Trend, Datenerfassung, -speicherung, -verarbeitung und -auswertung in Form von Protokollen, Kenngrößenermittlungen und Störablaufanalysen durch den Einsatz von Datenverarbeitungsanlagen und Prozeßrechnern ebenfalls einer Automatisierung zu unterwerfen.

9.2 Wirtschaftliche und betriebliche Gesichtspunkte

Die im allgemeinen Begriff Automatisierung latente Substitution von menschlicher Arbeitskraft durch entsprechende technische Vorrichtungen trifft für den Automatisierungsbegriff im Dampfkraftwerk nicht zu. Das Personal kann durch den Einsatz automatischer Steuerungen zahlenmäßig kaum reduziert werden. Das Bedienungspersonal wird zwar von der Verrichtung vieler Eingriffe im Normalbetrieb entbunden, um so größer ist jedoch bei den großen Blöcken für einen sicheren Betrieb der Überwachungsaufwand. Zusätzlich erfordert diese spezielle Automatisierungstechnik einen erheblichen Mehraufwand an höherqualifiziertem Personal für die Wartung und Instandhaltung der Automatisierungseinrichtungen. Die Minimierung menschlicher Arbeitskraft im Dampfkraftwerk ist bereits durch die herkömmliche Meß- und Regeltechnik weitgehend verwirklicht.

Es sind also andere Gründe, die den Einsatz von Automatisierungseinrichtungen sinnvoll erscheinen lassen. Bei einer herkömmlich betriebenen modernen Blockanlage stellen kritische Phasen im Kraftwerksbetrieb, wie das An- und Abfahren, Laständerungen und Störungen, besonders hohe Anforderungen an das Betriebspersonal. In solchen Fällen sind in kurzen Zeitspannen viele Meßwerte und Zustandsmeldungen zu beachten und als Entscheidungsgrundlage für die weitere richtige Fahrweise auszuwerten. Darauf aufbauend müssen kurzfristig die entsprechenden Eingriffe in die Steuerung der Anlage erfolgen. Neben der Beanspruchung des Personals durch die Vielzahl der sehr schnell zu treffenden Entscheidungen wird es zusätzlich durch die Verantwortung für die sehr kostspieligen und empfindlichen Anlageteile belastet.

Hier kann eine richtig arbeitende automatische Steuerung erhebliche Erleichterungen bringen. Denn eine automatische Steuerung, verbunden mit der herkömmlichen Regelung und der eventuellen automatischen Überwachung durch Datenverarbeitungsanlagen zeigt sich in allen kritischen Betriebsphasen aufgrund ihrer Zuverlässigkeit und Schnelligkeit dem Menschen überlegen. Die An- und Abfahrvorgänge werden in einer festgelegten Reihenfolge systematisch und konsequent durchlaufen, dem Personal werden so Belastungen abgenommen, was eine größere Konzentration für die Kontrolle des Betriebsablaufs ermöglicht.

Ein Einblick in die Belastungen, die beim Anfahren ohne Automatik im vollen Umfang auf die Fahrmannschaft in der Leitwarte zukäme, vermittelt die Tatsache, daß beim Anfahren eines Kraftwerksblockes unter Beobachtung von etwa 1000 Kriterien ca. 400 Befehle zum Ein- und Ausschalten oder Verstellen von Aggregaten, Reglern, Sollwerten und dergleichen erforderlich sind, bis der Block mit Vollast am Netz ist. Beim Abfahren des Kraftwerksblockes reduziert sich diese Datenmenge auf rund 50 % der Datenmenge, die für das Anfahren nötig ist.

Die Vorteile des Einsatzes der Automatik im Dampfkraftwerk liegen in der größeren Schonung der Anlageteile bei allen Betriebsphasen. Die Lebensdauer der Hauptanlageteile kann erheblich steigen, ebenso die Sicherheit und Zuverlässigkeit im Betriebsablauf. Damit sinkt die Ausfallwahrscheinlichkeit, die Überholungs- und Reparaturstunden gehen zurück. Die größere Betriebsbereitschaft und die höhere Verfügbarkeitsrate ist ein entscheidender Faktor zur Erhöhung der Wirtschaftlichkeit. Dies umso mehr, je größer ein Kraftwerksblock ist.Denn einmal werden die Ausfallkosten mit zunehmender Blockgröße immer einschneidender, zum anderen ist der Aufwand für die Automatisierung eines großen Blockes nahezu gleich dem Automatisierungsaufwand eines kleineren Blockes. Da ferner durch die Automatik eine Verbesserung des spezifischen Wärmebedarfs nicht nur während des Lastbetriebes, sondern auch beim Anfahren durch Senken der thermischen Anfahrverluste erzielt werden kann, ist auch hieraus ein nicht unbeträchtlicher Beitrag zu erhöhter Wirtschaftlichkeit möglich.

Die Vorteile des automatischen Kraftwerkbetriebes sind nicht in allen Punkten eindeutig und bewertbar, doch dürfte unbestritten sein, daß gegenüber der bisherigen Betriebsweise eine Erhöhung der Sicherheit der Energieversorgung ermöglicht wird.

9.3 Reine Rechner-Automatisierung

Seit etwa 1960 hat man — besonders in den USA — versucht, das gesamte Kraftwerk über eine zentrale digitale Datenverarbeitungsanlage, d.h. einen Prozeßrechner zu steuern. Ein derartiger Rechner muß eine betriebssichere Steuerung in jeder Betriebsphase gewährleisten.

Demzufolge wird bei dieser reinen Rechner-Automatisierung ein möglichst großer und schneller Prozeßrechner benötigt. Eine Größenvorstellung mag die Angabe des Kernspeicherplatzes mit ca. 100 000 Wörtern sowie die des Externspeicherplatzes mit einigen 10^6 Wörtern vermitteln. Sämtliche Aufgabenbereiche der Automatik, im wesentlichen also die Prozeßüberwachung und -steuerung, werden von diesem Prozeßrechner bearbeitet. Der Rechner selbst ist über Ein- und Ausgabegeräte an den Prozeß gekoppelt. Bild 9.1 zeigt schematisch den Aufbau einer Rechnerautomatik. Dem Rechner steht eine Vielzahl von Meßwerten aus dem Prozeß zur Verfügung. Mit diesen Werten und gespeicherten Konstanten ermittelt er in Programmen die Daten, die er an den Prozeß ausgibt, und die Daten, die er in Form von Meldungen, Protokollen usw. an das Bedienungspersonal ausgibt. Die an den Prozeß ausgegebenen Daten sind die Steuerungs- und Regelungsbefehle für die Stellglieder des Prozesses.

Bei der Koppelung des Prozesses an die Automatik müssen die gleichzeitig anstehenden Meßwerte den Möglichkeiten des Rechners entsprechend zyklisch erfaßt und digital dargestellt werden. Ähnliches spielt sich ausgangsseitig umgekehrt ab. Den Erfordernissen des

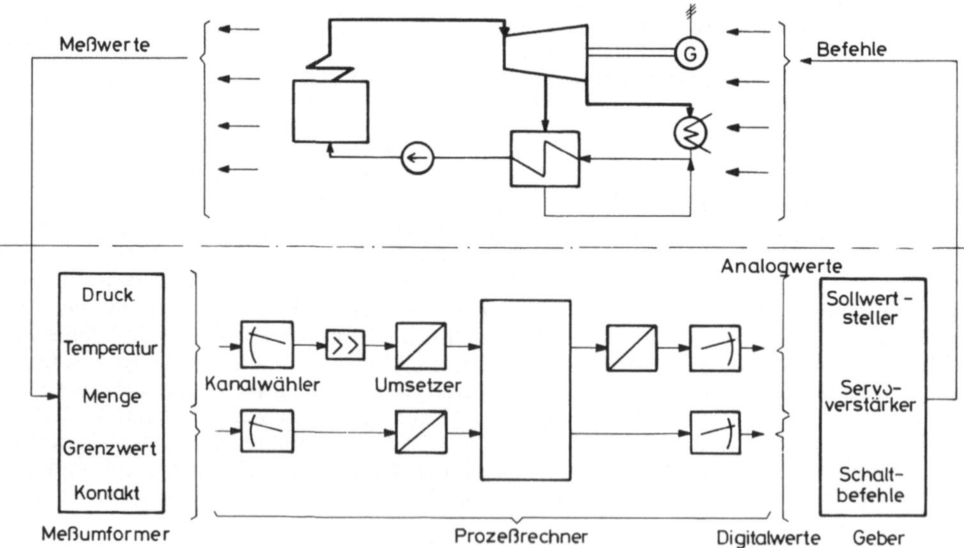

Bild 9.1. Schema eines Dampfkraftwerks mit Digitalrechner zur Überwachung und Steuerung

Prozesses gemäß werden dabei verschiedene Gruppen von Meßwerten verschieden häufig erfaßt. Die Zykluszeiten sind den auftretenden Änderungsgeschwindigkeiten der gemessenen Größen angepaßt. Darüber hinaus kann jeder Meßwert auch außer der Reihe bei Bedarf einzeln abgefragt werden.

Jeder Meßwert durchläuft ein Prüfprogramm, bevor er den eigentlichen Bearbeitungsprogrammen zur Verfügung steht. In diesem Prüfprogramm (Bild 9.2) wird jeder Meßwert zunächst mit dem letzten derselben Meßstelle verglichen, um bei Abweichungen, die größer als ein vorher festgelegtes ΔX_{max} sind, Fehler am Meßgerät oder in der Verbindungsleitung zu erkennen. Gegebenenfalls wird eine Wiederholung des Lesevorganges veranlaßt. Tritt der Fehler dann wieder auf, so wird eine Meldung ausgedruckt. Dasselbe geschieht, wenn ein Meßwert seine zulässige, fest vorgegebene obere oder untere Grenze überschreitet. Nach diesem Prüfvorgang gelangen die Meßwerte in einen speziellen Speicher, wo sie den auswertenden Programmen zur Verfügung stehen.

Neben diesem Normalfall der zyklischen Prüfung gibt es noch Meßstellen, die dauernd überwacht werden müssen. Diese sind so eingerichtet, daß sie selbst melden, wenn sie ihren Grenzwert überschreiten. Dadurch wird sofort eine Unterbrechung des laufenden Programms bewirkt und statt dessen das entsprechende Störprogramm bearbeitet.

Der Einlesevorgang wird bei den meisten Rechnern selbständig von den Eingabegeräten durchgeführt, d. h. er verbraucht keine Rechenzeit. Die Programme hingegen, die im Arbeitsspeicher abgearbeitet werden, haben jedes für sich eine bestimmte Laufzeit. Es müssen aber meist mehrere Programme gleichzeitig ausgeführt werden. Der Rechner kann also nicht warten, bis ein Programm beendet ist und dann mit dem nächsten beginnen. Darum werden die Programme ineinander verschachtelt.

Ein Steuerungsprogramm arbeitet einige Befehle ab und kommt dann z. B. zu dem Befehl: „30 s warten". Während dieser Zeit wird das Programm unterbrochen und ein Stück eines anderen bearbeitet, z. B. eines Überwachungs- oder Datenverarbeitungsprogrammes. Sind dann die 30 s abgelaufen, oder tritt auch in diesem Programm eine Pause auf, so wird entweder im ursprünglichen Programm weitergearbeitet oder noch ein weiteres dazwischengeschaltet. In Steuerungsprogrammen treten Pausen z. B. auch dann auf, wenn ein Befehl der Automatik von den relativ langsam arbeitenden mechanischen Stellorganen ausgeführt wird. Die Automatik muß in diesem Fall ja erst auf eine Rückmeldung warten. Durch diese Verschachtelungstechnik (time-sharing) kann erreicht werden, daß mehrere Programme praktisch gleichzeitig oder simultan ablaufen und der Rechner optimal ausgenutzt wird.

Wegen der Vielzahl der Programme und der sich daraus ergebenden noch größeren Vielfalt der Kombinationsmöglichkeiten lassen sich diese Verschachtelungen nicht im voraus festlegen. Die Kombinationen müssen variabel sein. Darum wird für alle Programme ihrer Wichtigkeit entsprechend quasi eine Rangordnung aufgestellt. Darüber hinaus kann jedes Programm aktiv oder inaktiv sein, d. h. es kann gerade benötigt werden oder für eine bestimmte Zeit nicht gebraucht werden. Programme, die über größere Zeiträume inaktiv bleiben, werden in Externspeichern abgestellt. Ein eigenes Organisationsprogramm führt eine Liste, in der Vorrangklasse und Zeitpunkt der Aktivierung vermerkt sind. Aus dieser Liste wird jeweils das ranghöchste aktive Programm in den Kernspeicher gebracht und bearbeitet. Bei einer Pause im Programm wird es vorübergehend für die Dauer der Pause passiviert und inzwischen das zweitdringendste Programm bearbeitet usw.

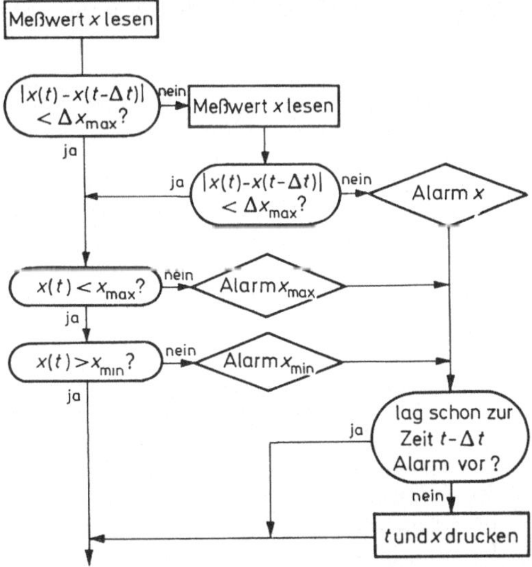

Bild 9.2. Ablaufplan zur Überwachung eines Meßwertes

Änderungen in der Liste, also Aktivierungen, werden von den Steuerungs- und Überwachungsprogrammen veranlaßt. Z. B. bewirken manche Alarme — wie oben erwähnt — die Aktivierung des entsprechenden Störprogrammes. Diese Alarmprogramme haben allgemein eine sehr hohe Vorrangklasse, so daß sie bei ihrer Aktivierung sofort bearbeitet werden.

Diese hier angesprochene Prozeßrechner-Automatisierung mag auf den ersten Blick sehr vorteilhaft erscheinen, erweist sich jedoch als problematisch, besonders hinsichtlich der Versorgungssicherheit, die vorrangig zu gewährleisten ist. Alle Einzelaufgaben werden unabhängig vom Umfang und Rang zentral im Rechner bearbeitet. Damit steht und fällt die Betriebstüchtigkeit der gesamten Dampfkraftanlage mit der Zuverlässigkeit des Rechners. Ein anderes Problem ist bei dieser Lösung die sehr große Häufung von logischen Verknüpfungen, die zu kaum mehr überschaubaren Programmverflechtungen und zu Prioritätsproblemen führt. So hat sich diese sog. Ganzheitsmethode in den USA wenig bewährt.

Parallel zu diesen Entwicklungen hat man sich in den USA auch mit der sog. *Sub-Loop*-Entwicklung befaßt. Hierbei werden die schon im herkömmlich gesteuerten Kraftwerk vorhandenen Steuer- und Regelkreise als unterlagerte Kreise (sub loops) beibehalten, wobei der Rechner als überlagertes Organ dient. Die vielen elementaren Regel- und Steuerfunktionen werden außerhalb des Rechners in den festverdrahteten unterlagerten Kreisen erledigt. Dadurch ist die Programmierung des Rechners wesentlich vereinfacht worden. Allerdings bleibt das Betriebssicherheitsproblem des Rechners bestehen.

Bei der Entwicklung in Deutschland wurde von Beginn an gefordert, daß das Versagen irgendeiner Automatikeinrichtung oder eines ihrer Teile keinesfalls zum Ausfall des Kraftwerks führen darf. Das Werk muß vielmehr auf herkömmliche Weise ohne Unterbrechung weiterarbeiten können. Nun sind schon heute in den Kraftwerken zahlreiche selbsttätige Steuerungen und Teilautomatiken eingebaut, die den Grundstock bildeten für die weitere Automatisierung der Anlagen. Man beschritt also den Weg von der Einzellösung zu immer weitergehender Integration in größere übergeordnete Bereiche. Das Ergebnis dieser Entwicklungen ist heute ein System, das unter dem Namen Funktionsgruppensteuerung bzw. Funktionsgruppenautomatik Verbreitung gefunden hat und in Deutschland angeboten wird.

9.4 Funktionsgruppenautomatik

Die Funktionsgruppenautomatik ist bei diesem Weg der Automatisierung das „Gerät" zur Automatisierung des Bereichs Steuerung. Der Aufbau dieses Gerätes, der technologisch relativ einfach ist, ergab sich aus der grundsätzlichen Erkenntnis, daß sich der Kraftwerksprozeß aus vielen verschiedenen Teilprozessen aufbaut. Diese Teilprozesse sind einander in vielen Dingen ähnlich; außerdem können sie zunächst unabhängig voneinander betrachtet werden. Entsprechend können die Teilprozesse getrennt automatisiert werden und zwar alle Teilprozesse mit den gleichen, einfachen Geräten. Erst in übergeordneten Steuerungsebenen werden diese Teilprozesse miteinander koordiniert. Im Kraftwerk findet man etwa 30 solcher Teilprozesse, die sog. Funktionsgruppen. Bild 9.3 zeigt schematisch den Kraftwerksaufbau und die Einteilung in Funktionsgruppen.

Bei allen diesen Funktionsgruppen kann man die gleiche hierarchische Ordnung von 4 Ebenen finden:

- Die unterste Ebene ist die Betätigungsebene. In ihr wird die Automatik mit den eigentlichen Schaltgeräten (Servomotoren, Schrittschaltwerken und Antriebshilfen) über die Leistungsrelais gekoppelt. Gleichzeitig wird hier die Ausführung der Befehle durch Rückmeldekontrollen überwacht. Diese Betätigungsbausteine werden auch bei Handsteuerung des jeweiligen Aggregates nicht umgangen, im Gegensatz zu den höheren Automatikebenen. Auch ein Handbefehl wird also von diesen Bausteinen ausgeführt und überwacht. In dieser Ebene ist noch keine zahlenmäßige Reduzierung der Schalthandlungen erreicht. Alle Entscheidungen über Steuerungshandlungen müssen in den höheren Automatikebenen oder vom Personal gefällt werden.

Die nächste Ebene ist die Automatikebene der Untergruppensteuerung. Hier werden im nächsten Automatisierungsschritt mehrere zusammengehörige und voneinander abhängige Befehle zu einem einzigen Sammelbefehl zusammengefaßt. Ferner werden hier die logischen Entscheidungen gefällt, denn es gilt ebenso aus einem einzigen Sammelbefehl, wie z. B. „Brenner zünden", mehrere Einzelbefehle zu entwickeln. Ihre Ausführung muß dann in der richtigen Reihenfolge und im richtigen zeitlichen Abstand zueinander erfolgen. Diese Automatikebe-

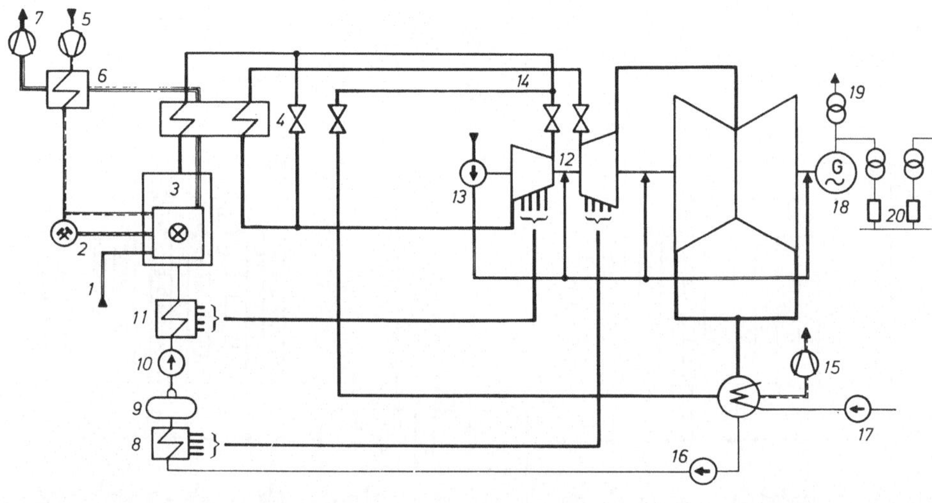

Dampferzeuger

1 Zündfeuerung
2 Leistungsfeuerung
3 Verdampfersystem
  (Schwachlast)
4 Überhitzersystem und
  Bypaßeinrichtungen
5 Frischluftförderung
6 Luftvorwärmung
7 Rauchgasförderung

Speisewassersystem

8 Niederdruckvorwärmer
9 Speisewasser-
  entgasung
10 Speisewasserförderung
11 Hochdruckvorwärmer

Turbosatz

12 Turbinensteuerung
13 Ölversorgung
14 Anwärmen FD-Leitung
15 Evakuierung
16 Kondensatförderung
17 Kühlwasserförderung

Elektrische Anlage

18 Dichtöl-und
   H_2-Anlage
19 Aufspannanlage
20 Eigenbedarfs-
   versorgung

Bild 9.3. Schema eines Kohlekraftwerks und Einteilung in Funktionsgruppen

ne besteht aus mehreren Bausteinen, einem Kommandobaustein, einem oder mehreren Verriegelungsbausteinen für die logischen Entscheidungen, einem oder mehreren Schrittschaltwerken für die folgerichtige Ausführung der Befehle und einem Überwachungsbaustein zum Herstellen der Zeitbedingungen und zur Prüfung der Befehle auf Fehlsignale. Die Untergruppensteuerung ist der Teil der Automatik, der die wesentlichsten Erleichterungen bringt und damit auch die Übersichtlichkeit der Kraftwerkssteuerung erheblich erhöht.

— Mehrere gleiche oder ähnliche Untergruppen werden zur Ebene der Gruppensteuerung zusammengefaßt. In ihr sind z. B. die 10 Untergruppensteuerungen für 10 parallele Brenner zusammengefaßt, so daß mit einem einzigen Befehl von der Gruppensteuerung her alle 10 Brenner gezündet werden. Gleichzeitig sind in diese Automatikebene die automatischen Umschaltungen einschließlich Störumschaltungen einbezogen. Wenn z. B. der Befehl „Kondensation ein" gegeben wird, so veranlaßt die Gruppensteuerung zu-

nächst den Start der Anfahrpumpe. Nach Beendigung des Anfahrvorganges veranlaßt sie die Umschaltung auf die Betriebspumpe. Bei einer Störung an der Betriebspumpe schaltet sie dann auf die Reservepumpe um, ohne daß der Betrieb des Kraftwerkes eingeschränkt wird. Bei Störumschaltungen kann allerdings eine Leistungszurücknahme erforderlich werden, wenn das Reserveaggregat schwächer ist als das Normalbetriebsaggregat oder seine Inbetriebsetzungszeit nicht vernachlässigt werden kann.

— Oberste Ebene ist das Blockleitgerät, welches der gesamten Steuerung und der Regelung überlagert ist und beispielsweise die vorher angesprochene Leistungsanpassung übernimmt. Diesem Gerät werden die gewünschten Betriebszustände des Kraftwerks, wie z. B. Anfahren, Lasterhöhung, mit konstanter Last fahren usw., durch das Personal eingegeben.

Bild 9.4 zeigt schließlich den Gesamtaufbau der Automatik. Es zeigt ferner, daß zu den

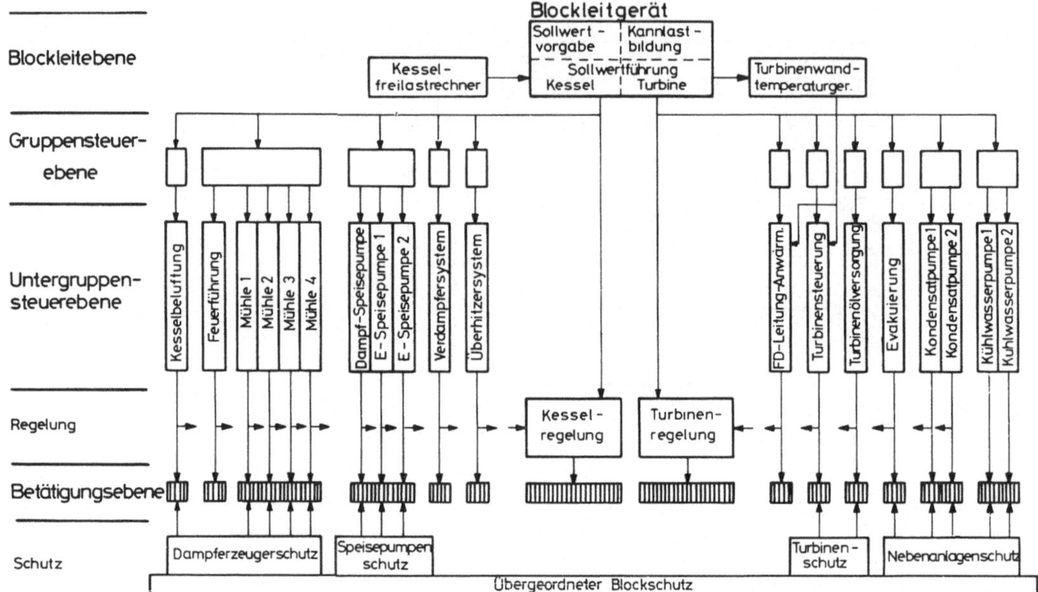

Bild 9.4. Gliederung einer Blockautomatik

einzelnen Gruppensteuerungen verschieden viele Untergruppen gehören. Bei der Funktionsgruppe Anwärmen der Frischdampfleitungen ist dies z. B. nur eine, bei den Mühlen sind es vier.

Im Zusammenhang mit der Regelung, die gegebenenfalls zwischen Untergruppensteuerung und Betätigungsebene eingefügt ist, soll kurz darauf hingewiesen werden, daß sie ihrerseits hierarchisch gegliedert ist. In einer untersten Stufe befinden sich von der übrigen Regelung isolierte Festwertregelungen, z. B. die Spannungsregelung des Generators. Dann gibt es hierarchisch geordnet unterlagerte Regelungen, z. B. für die Kohlezuteilung, die Feuerführung oder den Druck des Kessels, und Teilprozeßregelungen, z. B. die Kesselregelung. Darüber ist das Blockleitgerät zur Leistungsregelung des gesamten Blocks angeordnet.

Die Funktionsgruppen-Steuerungsautomatik hat gegenüber der Rechnersteuerung den wesentlichen Vorteil, daß bei einer Störung ein Handeingriff jederzeit möglich ist. Da eine Störung meist auf einen sehr engen Bereich begrenzt bleibt, z. B. auf den Ausfall einer von vielen Untergruppen, ist das Personal meist ohne größere Schwierigkeiten in der Lage, die Störung durch Handsteuerung zu überbrücken. Hinzu kommt, daß wegen des gerätetechnisch und konstruktiv relativ einfachen Aufbaus der

Automatik in Einschubtechnik eine Störungsbehebung normalerweise schnell durchzuführen ist, da nur Einschübe ausgewechselt werden.

Ein weiterer Vorteil der Funktionsgruppenautomatik ist, daß man nicht zwingend bis zur Vollautomatik ausbauen muß und auf diese Weise den Aufwand erheblich beeinflussen kann. Dabei muß allerdings entsprechend dem Aufbau der Steuerung immer mit den unteren Ebenen begonnen werden. Es ist z. B. möglich und kann durchaus sinnvoll sein, nur die Betätigungsebene und einige Untergruppensteuerungen zu automatisieren. Dagegen ist es unmöglich, eine automatische Gruppensteuerung ohne die zugehörigen Untergruppensteuerungen und Betätigungsbausteine aufzubauen.

9.4.1 Programmablauf einer Untergruppensteuerung

Wie schon erwähnt, sind Untergruppensteuerungen der Teil der Automatik, der dem Personal die wesentlichsten Erleichterungen bringt. Bild 9.5 zeigt das „Ein"-Programm der Funktionsgruppe Turbinensteuerung als Beispiel. Bei Handbetrieb müssen alle Entscheidungen, die in Bild 9.5 zwischen Schritt 1 und Schritt 12 als Und-Bedingungen auftreten, vom Personal gefällt werden. Ebenso müßte jeder Befehl von Hand gegeben werden. Unter Verwendung der

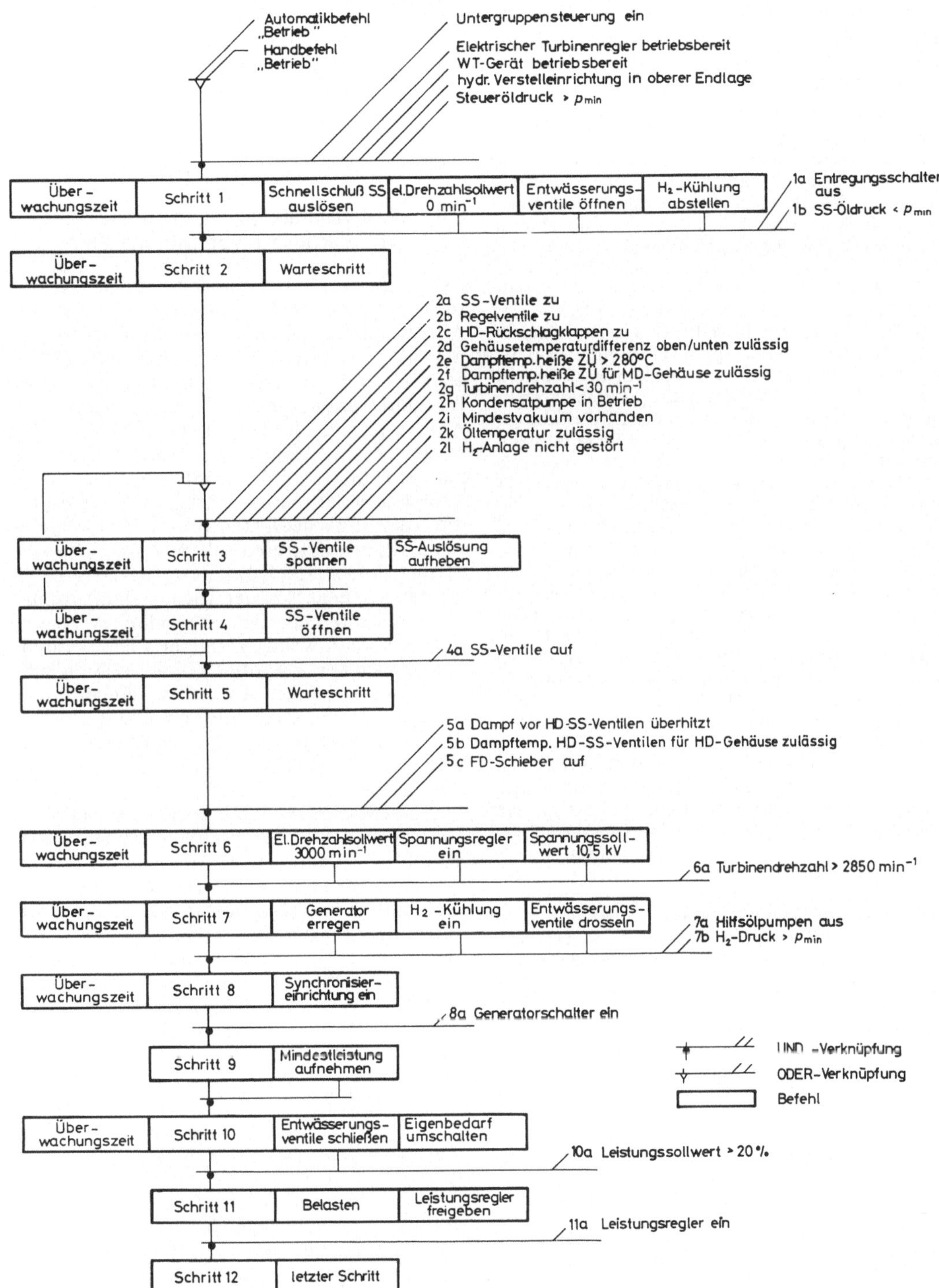

Bild 9.5. Vereinfachtes Ein-Programm: Funktionsgruppe Turbinensteuerung

Automatik müssen lediglich die vor Schritt 1 auftretenden Bedingungen geprüft werden. Wenn eine Gruppensteuerung vorhanden ist, so führt diese die Prüfung durch.

Das Programm läuft (vereinfacht) etwa folgendermaßen ab: Wenn alle Startkriterien erfüllt sind, kann in Schritt 1 der Ausgangszustand hergestellt werden. In Schritt 2 wird geprüft, ob die Voraussetzungen für das Öffnen der Schnellschlußventile gegeben sind. Diese entsprechen den Und-Bedingungen 2a, b, die in Bild 9.5 dargestellt sind. Wenn sie alle erfüllt sind, können in Schritt 3 und 4 die Schnellschlußventile geöffnet werden. Sollten sie wegen eines Fehlers nicht öffnen, so kann Schritt 5 wegen der Und-Bedingungen 4a (in Bild 9.5) nicht erfolgen. Es muß dann durch Rücksprung in Schritt 3 das Öffnen ein zweitesmal versucht werden. In Schritt 5 wird auf das Öffnen des Frischdampfschiebers durch die Funktionsgruppe Anwärmen der FD-Leitung gewartet und geprüft, ob der geforderte Dampfzustand herrscht (Bedingungen 5a, b, c). Schritt 6 regelt die Generatorspannung ein und stellt den Drehzahlsollwert auf $3000 \, \text{min}^{-1}$. Um thermische Überbeanspruchung zu verhindern, wird der elektrohydraulische Turbinendrehzahlregler nur vom Wandtemperaturgerät und vom Sollwertführungsgerät auf die zulässige Drehzahl eingestellt. Bei $2850 \, \text{min}^{-1}$ werden in Schritt 7 die Entwässerungsventile gedrosselt und die Generatorkühlung und -erregung eingeschaltet. Nach Abfragen der Bedingungen 7a, b wird der Turbosatz in Schritt 8 synchronisiert und ans Netz geschaltet. In Schritt 9 wird mit der Mindestleistung belastet und in Schritt 10 die Entwässerungsventile ganz geschlossen und die Eigenbedarfsumschaltung vorgenommen. Bei einem Leistungssollwert über 20 % der Nennleistung wird in Schritt 11 der elektrische Leistungsregler dem Drehzahlregler zugeschaltet und bis auf den Sollwert weiter belastet. Schritt 12 ist lediglich das formale Ende des Programms mit Prüfung des in Schritt 11 ausgeführten Befehls. Spätere Laständerungen werden durch Änderung des Leistungssollwertes am Blockleitgerät eingestellt und vom Lastregler ohne Funktionsgruppenautomatik ausgeführt.

Das Aus-Programm läuft etwa folgendermaßen ab. Zurückfahren des Leistungssollwertes, bei ca. 20 % der Nennleistung selbsttätiges Abschalten des Leistungsreglers, weiteres Entlasten über Drehzahlsollwert, Schnellschluß nach Unterschreiten der Mindestleistung.

Bei Schutzauslösungen sorgt das automatisch angesteuerte Aus-Programm dafür, daß alle von der Schutzauslösung nicht unmittelbar betroffenen Anlageteile in den entsprechenden Zustand übergeführt werden.

Zum Bereich Turbosatz gehören noch die Funktionsgruppen Ölversorgung, Anwärmen der Frischdampfleitung, Kondensatförderung und Kondensation. Sie sollen hier nicht näher erläutert werden.

Obwohl alle Funktionsgruppen gerätetechnisch unabhängig sind, hängen die Ablaufprogramme dennoch voneinander ab. Im Anfahrprogramm der Turbinensteuerung nämlich tauchen die Schalthandlungen der anderen Funktionsgruppen als Und-Bedingungen auf. Das Anfahrprogramm kann darum nur ablaufen, wenn die übrigen Funktionsgruppen arbeiten oder die Schalthandlungen von Hand ausgeführt werden.

9.4.2 Gerätetechnik und mechanischer Aufbau der Funktionsgruppenautomatik

Es wurde schon verschiedentlich der gerätetechnisch einfache Aufbau der Funktionsgruppenautomatik erwähnt. Die Bausteine sollen nun näher erklärt werden. Es handelt sich bei allen Herstellerfirmen um Bausteinsysteme in Einschubtechnik. An diese Systeme wurden von Anfang an eine Reihe grundsätzlicher Forderungen gestellt. Von der Kraftwerksanlage und vom Prozeß her wurde gefordert, daß bei einem Fehler in einer Funktionsgruppe keine durch die Automatik bedingten Folgefehler in anderen Gruppen auftreten sollen. Zusätzlich sollte der Fehler durch Handeingriff überbrückt werden können. Von der Technik der Automatik her wurde ein möglichst einfaches System mit möglichst wenigen, immer wiederkehrenden Bausteinen gefordert. Diese müßten sehr leicht den jeweiligen Anforderungen angepaßt werden können. Dabei sollten Wartung, Prüfungen, Simulierungen und Änderungen leicht und mit möglichst wenigen Zusatzgeräten durchführbar sein.

Es entstanden vier verschiedene Bausteine zum Überwachen und Bilden der Schaltfolgen, also des Programmablaufs und drei Arten von Betätigungsbausteinen. Hierzu kommen selbstverständlich noch Geräte zur Spannungsversorgung, Spannungskonstanthaltung usw., die aber nicht näher betrachtet werden sollen. Gleiche Bausteine der Funktionsgruppenautomatik sind jederzeit gegeneinander austauschbar. Dadurch ergeben sich relativ kleine Ersatzteilsortimente.

9.4.2.1 Kommandobaustein

Er enthält die Befehlsspeicher für die Ein- und Ausschaltfolgen (Programm), für die Störsperrung der Untergruppe, sowie die Absicherung der Untergruppe. Die Absicherung wird wirksam bei Rückgang der Versorgungsspannung unter eine Grenze, unterhalb derer sich die elektronischen Schaltkreise nicht planmäßig verhalten und somit Fehler nicht mehr auszuschließen wären. Zur Sperrung werden die Befehlsspeicher gelöscht, und damit wird die ganze Untergruppe arbeitsunfähig gemacht. Bei wiederkehrender Spannung paßt sich die Steuerung automatisch dem inzwischen erlangten Schaltzustand der Anlage an. Inzwischen ist Handbetrieb möglich. Kurzzeitige Spannungseinbrüche, wie sie von Kurzschlüssen in benachbarten Untergruppen bewirkt werden, werden durch entsprechende Beschaltung überbrückt.

Die Störsperrung leitet ihre Ausschaltkriterien direkt aus der Anlage oder aus der Steuerung ab. Sie hat Vorrang vor allen anderen Befehlen und muß vom Personal quittiert werden. Ohne die Quittierung würde ein Fehler in einer Untergruppe von den anderen Untergruppen als Fehler in der Anlage interpretiert und diese würden entsprechend reagieren. Mit der Quittierung wird der Einfluß der Untergruppensteuerungen aufeinander abgeblockt, und das Kraftwerk kann mit teilweiser Handsteuerung voll weitergefahren werden. Außer bei Störungen können auch bei Simulierungen Befehlssignale zu Testzwecken erzeugt werden. Ihr Einfluß auf den Prozeß kann unerwünscht sein. Diese Befehle werden dann unmittelbar am Einschub selbst unwirksam gemacht. Störsperrungen werden jeweils auch dem Überwachungsbaustein mitgeteilt.

9.4.2.2 Verriegelungsbaustein

In diesem Baustein werden die logischen Entscheidungen gefällt. Die Fortschaltbedingungen werden geprüft und der Programmablauf wird solange unterbrochen, bis alle abgefragten Bedingen erfüllt sind. Das Ganze läßt sich praktisch mit einem einzigen Bauelement der Binärelektronik, dem Und-Gatter, beherrschen.

Ein Und-Gatter ist ein Element mit beliebig vielen Eingängen und einem Ausgang. Jeder Eingang und der Ausgang können nur zwei verschiedene Signale führen, das L-Signal (z. B. 0V) oder das H-Signal (z. B. 6V). Am Ausgang entsteht nur dann ein H-Signal, wenn gleichzeitig ausnahmslos an jedem Eingang ein H-Signal ansteht. Durch das H-Signal am Ausgang wird das Programm freigegeben. Entsprechend werden die zu prüfenden Fortschaltbedingungen an die Eingänge gelegt und zwar so, daß jede immer dann ein H-Signal bildet, wenn die jeweilige Bedingung erfüllt ist.

Im Programmbeispiel Bild 9.5 ist zu sehen, daß der Programmablauf mit zwei Ausnahmen nur von solchen Und-Bedingungen abhängt. Die zwei Ausnahmen bei der Einleitung des 1. und des 3. Schrittes sind Oder-Bedingungen. Bei Oder-Bedingungen muß mindestens einer von beliebig vielen Eingängen ein H-Signal füh-

ren, um am Ausgang ein H-Signal entstehen zu lassen. Ein Oder-Gatter entsteht also im Prinzip ganz einfach dadurch, daß man zwei oder mehrere Bedingungen auf die Eingänge eines Oder-Gatters führt, von denen nur eine erfüllt sein muß.

Alle im Steuerungsablauf vorkommenden Verknüpfungen von Fortschaltbedingungen können so gestaltet werden, daß sie mit diesen Und-Gattern und Oder-Gattern abgefragt werden können.

9.4.2.3 Schrittschaltwerk

Das Schrittschaltwerk ist aufgebaut aus sechs Baugruppen für je einen Befehlsschritt. Die Schritte können in zusammenhängender Schaltfolge oder gruppenweise in der Ein- oder Ausschaltfolge liegen. Jeder Schritt löscht den vorhergehenden und ist eine der beiden Startbedingungen für den nächsten. Die zweite Startbedingung wird u. U. von beliebig vielen Kriterien (Meßwerten) über den Verriegelungsbaustein hergestellt. Der vom Ausgang des zu jedem Schritt gehörenden Befehlsspeichers gegebene Befehl geht an den zugehörigen Betätigungsbaustein. Daneben wird die zum Überwachungsbaustein gehörende Zeitzählung in Betrieb gesetzt und außerdem ein konstanter Strom in eine Sammelleitung eingespeist. Der Strom dient als Kriterium für die Fehlersignalsperre, die sich ebenfalls im Überwachungsbaustein befindet.

9.4.2.4 Überwachungsbaustein

Er führt die Aufgaben Zeitzählung, Fehlsignalsperre und Prüfung aus. Zur Zeitzählung wird ein voreinstellbarer, dekadischer Zähler verwendet, der mit drei verschiedenen Taktfrequenzen gespeist werden kann. Die Zeitzählung wird notwendig, wenn vom Programm ein Warteschritt verlangt wird. Die Taktfrequenzen werden von einem zentralen Impulsgenerator für alle Funktionsgruppen erzeugt und in jeder Funktionsgruppe vom Schrittschaltwerk auf den Überwachungsbaustein durchgeschaltet.

Bei Bedarf stellt also das Schrittschaltwerk mit einem Impuls den Zähler ein (z. B. auf die Stelle 8), wählt eine Frequenz aus (z. B. 1 Hz) und schaltet sie auf den Zähler. Der Zähler wird dann mit dieser Frequenz bei jedem Impuls um eins erhöht und bei Erreichen der Stelle 10 (im Beispiel nach $(10-8)$ Hz^{-1} = 2 s) gilt die Zeitbedingung des Schrittes als erfüllt und der nächste Schritt kann folgen. Mit 9 möglichen Voreinstellungen des Zählers und 3 Frequenzen können 27 verschiedene Zeitverzögerungen gewählt werden.

Die Fehlsignalsperre erhält ihre Kriterien ebenfalls vom Schrittschaltwerk. Sie ist eine Schwellwertschaltung, die mit der Sammelleitung des Schrittschaltwerkes verbunden ist. Da vom Schrittschaltwerk nicht mehr als ein Befehl gleichzeitig ausgeführt werden darf, kann auch nur ein Ausgang Strom in die Sammelleitung einspeisen. Somit muß der Summenstrom aller Ausgänge immer unter dem Wert für zwei stromführende Ausgänge bleiben. Bei höherem Strom spricht die Schwellwertschaltung an. Wenn das Schrittschaltwerk wegen einer Störung vom Kommandobaustein her gesperrt ist, so wird als zusätzliche Sicherung vom Kommandobaustein das Vorhandensein eines Befehls vorgetäuscht. Dadurch würde die Fehlsignalsperre schon beim ersten Befehl ansprechen, der trotz Störsperrung vom Schrittschaltwerk ausgegeben würde. Ein Eingreifen der Fehlsignalsperre blockiert die Verbindung zwischen Schrittschaltwerk und Betätigungsbausteinen.

Die dritte Aufgabe des Überwachungsbausteins ist die Funktionsprüfung des Schrittschaltwerkes und der Zeitzählung. Dazu erhält das Schrittschaltwerk in einer Arbeitspause einen Startbefehl, wobei gleichzeitig alle Fortschaltbedingungen als erfüllt vorgetäuscht werden. Dadurch werden alle Schritte schnell durchlaufen. Das Ausgangssignal des letzten bestätigt die Funktionsfähigkeit. Bei einer solchen Prüfung ist die Verbindung zu den Betätigungsbausteinen selbstverständlich abgeblockt.

Alle eventuellen Störmeldungen werden besonders leistungsstark ausgegeben. Damit sind direkte Eingriffe in die Steuerung möglich. Die Störungen werden sowohl in der Warte als auch am betroffenen Einschub angezeigt.

9.4.2.5 Betätigungsbaustein

Zu jedem Steuerungsorgan der Anlage gehört als Verbindung zwischen Automatik und Anlage ein Betätigungsbaustein. Es gibt drei verschiedene Arten von Betätigungsbausteinen:

— Solche für verklinkte Schaltgeräte (Leistungsschalter, Remanenzschütze usw.), die nur einen kurzen „Ein"- bzw. „Aus"-Befehl brauchen und diesen Befehl mit der Rückmeldung bei Erreichen der Endstellung löschen.
— Solche Aggregate, die eine stabile Ruhestellung haben und die aus dieser Ruhestellung

in die Schaltstellung genau so lange gehen, wie der Schaltbefehl ansteht (Schütze, Magnetventile). Bei diesen Betätigungen wird der Schaltbefehl wie oben vom Schrittschaltwerk gegeben. Oben wurde er jedoch durch die Rückmeldung vom Aggregat gelöscht und das Aggregat blieb in der Endstellung. Hier hingegen wird er vom Schrittschaltwerk gelöscht, und das Aggregat geht dann wieder in die Ruhestellung.

— Schließlich gibt es Betätigungsbausteine für Schieber. Bei diesen Bausteinen wird der Betätigungsbefehl beim Erreichen einer vorwählbaren Endstellung durch eine Rückmeldung oder durch eine Stoptaste vom Personal in der Warte gelöscht. Eine weitere Möglichkeit ist die, den Befehl als Tastkommando zu geben. In diesem Fall wird dann nach jedem Tastkommando ein Meßwert abgefragt und das Kommando so oft wiederholt, bis eine gewünschte Stellung erreicht ist. Bei dieser Art von Betätigungsbausteinen wird die jeweils durch den Befehl erreichte Stellung auch nach dem Löschen des Befehls beibehalten.

Die Betätigungsbausteine geben zu jedem Befehl einen entkoppelten Kontrollbefehl aus. Wenn einer von beiden allein auftritt, wird das Koppelrelais blockiert und der Fehler in der Warte gemeldet. Da die Betätigungsbausteine auch bei Handsteuerung arbeiten, wird auf diese Weise auch ein Fehler in den Handsteuerleitungen erkannt. Die gleiche Sperrung und Fehlermeldung erfolgt auch, wenn von einem Aggregat (z. B. durch Kurzschluß) zwei verschiedene Stellungen zurückgemeldet werden und dadurch die Gefahr von Folgefehlschaltungen gegeben ist.

Außerdem wird zusammen mit dem Überwachungsbaustein die Laufzeit der Stellorgane kontrolliert. Unzulässig lange Laufzeiten lösen jedoch keine Sperre, sondern lediglich eine Meldung aus.

9.4.2.6 Programmierung der Funktionsgruppenautomatik

Unter Programmierung versteht man bei der Funktionsgruppenautomatik das Anpassen der einzelnen Bausteine an die jeweilige Aufgabenstellung. Die Programmierung geschieht durch feste Verdrahtungen, liegt also in Form von „hardware" vor. Die als Bedingungen abzufragenden Meßstellen werden mit den entsprechenden Verriegelungsbausteinen in den Gruppen- und Untergruppensteuerungen verbunden.

Die Verriegelungsbausteine werden mit den Schrittschaltwerken verschaltet. Die Ausgänge der Schrittschaltwerke werden mit den Betätigungsbausteinen gekoppelt.

Die schwierigste Aufgabe der Programmierung besteht in der Herstellung der gewünschten Schaltfolge im Schrittschaltwerk und in der Auswahl der optimalen Warte- und Überwachungszeiten. Bei jedem einzelnen zeitabhängigen Schritt muß das Schrittschaltwerk mit der entsprechenden Stelle des Zählers zur Voreinstellung und mit dem gewünschten Kanal des Impulsgenerators zur Auswahl der Frequenz verbunden werden.

Die Herstellung der Schaltfolge soll an einem Beispiel gezeigt werden. Bild 9.6 zeigt den schematischen Aufbau und das Anfahrprogramm einer Kondensatpumpe.

Es werden zunächst der Startbefehl gegeben und die Anfahrbedingungen geprüft. Wenn sie erfüllt sind, wird Schritt 1 ausgeführt. Der Saugschieber und das Mindestmengenventil werden geöffnet, der Druckschieber geschlossen, und der Regler des Regelschiebers wird ausgeschaltet. Damit ist Schritt 1 ausgeführt und somit die erste Startbedingung für Schritt 2 automatisch gegeben. Die zweite Startbedingung ist die Und-Abfrage der Stellung der drei in Schritt 1 betätigten Schieber. Da Handeingriffe möglich sind, muß noch eine Oder-Abfrage nachgeschaltet werden. Mit dieser Oder-Abfrage wird die sperrende Und-Abfrage wirkungslos gemacht, wenn die Kondensatpumpe schon von Hand angefahren wurde. Auf diese Weise hat die Automatik die Möglichkeit, sich nach vorübergehenden Störungen mit Handbetrieb wieder dem jeweiligen Anlagezustand anzupassen. In jedem Fall wird der Kondensatpumpe der Einschaltbefehl gegeben, wenn entweder die Und-Bedingungen erfüllt sind oder aber der Handbefehl gegeben wurde. Damit ist Schritt 2 ausgeführt und die erste Startbedingung für Schritt 3 gegeben. Die zweite Bedingung ist bei genügend hohem Druck vor dem Druckschieber gegeben. Der Druckschieber wird geöffnet. Wenn der Druckschieber seine Offen-Stellung erreicht hat, wird in Schritt 4 der Regler des Regelschiebers eingeschaltet und das Mindestmengenventil geschlossen. Mit Schritt 4 ist die Kondensatpumpe normalerweise in Betrieb.

Es können aber unter Umständen Betriebszustände eintreten, bei denen die Mindestmenge unterschritten wird. Dann muß das Mindestmengenventil wieder geöffnet werden. Dazu wird noch ein fünfter Schritt ausgeführt. Die zweite Startbedingung neben der Ausführung des Schrittes 4 ist eine UND-Abfrage: Mit der Abfrage, ob der Regler eingeschaltet ist, wird der anormale Betriebszustand von der Anfahrphase unterschieden. Die Abfrage der Fördermenge ergibt bei zu kleiner Fördermenge die eigentliche Bedingung für das Wiederöffnen des Mindestmengenventils. Es wird über Schritt 6 bei Überschreiten der Mindestfördermenge wieder geschlossen. Dazu ist eine äußere Verdrahtung von Schritt 6 auf Schritt 4 vorhanden. Somit ist dann eine Startbedingung für Schritt 4 erfüllt. Da die zweite Bedingung unverändert erfüllt ist, wird Schritt 4 ausgeführt und das Mindestmengenventil geschlossen. Gleichzeitig wird Schritt 6 über eine zweite Verdrahtung wieder gelöscht. Die festen Verdrahtungen zwischen Schritt 4 und Schritt 6 nennt man eine Programmschleife.

9.4.2.7 Freilastgeräte und ihre Prozeßauswirkungen

Im allgemeinen haben Freilastgeräte die Aufgabe, aufgrund gemessener Absolut- und Diffe-

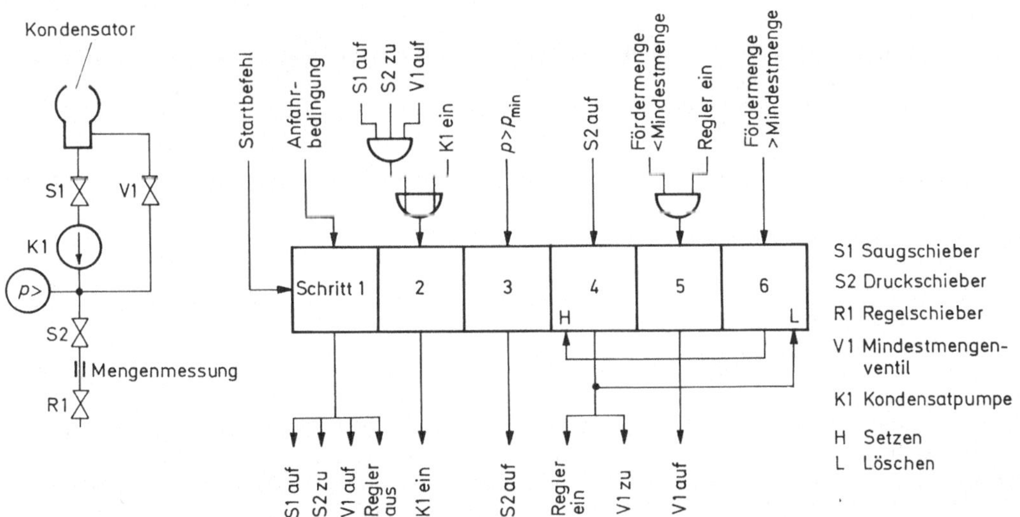

Bild 9.6. Beispiel für die Programmierung (mit Schleife)

renztemperaturen die Materialspannungen an kritischen Stellen von Turbine bzw. Dampferzeuger zu bestimmen, sie mit den zulässigen Werten zu vergleichen und daraus die Leistungsfreibeträge zu ermitteln.

Es gehört zu den Aufgaben der Gruppensteuerung, den richtig gestaffelten Einsatz aller Funktionsgruppen untereinander bei allen Betriebsphasen zu gewährleisten. Die Betriebsphase Anlauf stellt insofern besondere Bedingungen, als sich hier der Ablauf aller Vorgänge nach der vorangegangenen Stillstandszeit richtet. Von den Temperaturen des Hochdruckturbinengehäuses hängt es ab, mit welchem Dampfzustand die Turbine angefahren werden kann. Damit liegen auch die Werte für die Frischdampfparameter fest, die der Kessel durch seine Regelung erreicht haben muß, bevor die Turbine anlaufen kann. Erfaßt man nicht nur die Wandtemperatur sondern auch den Temperaturverlauf über der Wand von der Innenfaser zur Außenfaser, so können Aussagen über die Anfahrgeschwindigkeit beim Hochfahren auf Nenndrehzahl und beim Lastbereich über die Laständerungsgeschwindigkeit gemacht werden. Der Zusammenhang zwischen den Wandtemperaturen bzw. -differenzen und den verbleibenden mechanischen Spannungsfreibeträgen wird bereits in der Konstruktionsphase der Maschine ermittelt.

Die von derartigen Geräten zu berücksichtigenden Kriterien lassen sich auf wenige Parameter zurückführen. Geräte, die diese Parameter berücksichtigen, werden in Deutschland als Wandtemperaturgeräte (WT) angeboten.

Beim Befehl „Turbine anfahren" steht der volle Drehzahlwert n_{soll} an. Das Wandtemperaturgerät gibt entsprechend dem mechanischen Spannungsfreibetrag einen Gradienten für die Drehzahländerung vor und führt über den Drehzahlregler die Turbinendrehzahl kontinuierlich auf den Sollwert, wenn nicht z. B. aus der Turbinenüberwachung Einschränkungen erfolgen. Nach der Synchronisierung wird in gleicher Weise mit dem Lastsollwert verfahren, d. h. das Wandtemperaturgerät gibt den mechanischen Spannungsfreibetrag der Gehäusewand an einer als kritisch bekannten Stelle als Lastgradienten vor. Auch hier können andere Einflüsse einschränkend wirksam werden. Das Wandtemperaturgerät führt also den Sollwert des Drehzahlreglers, liefert die Vorgabedaten für die Kesselregelung und den Freigabebefehl für den Turbinenstart. Das Wandtemperaturgerät ist somit ein wichtiges Glied im Parallellauf

der Funktionsgruppen, es ist sozusagen die Zeituhr für die Blockautomatik.

Gewöhnlich liefert das Hochdruckgehäuse der Turbine die Engpaßkriterien beim Anfahren oder bei Laständerungen. Denn einerseits muß bei den hohen Frischdampfdrücken aus konstruktiven Gründen eine große Wandstärke gewählt werden, andererseits sind aber gerade in diesem Bereich der Turbine die größten Temperaturänderungen gegeben. Je nach Konstruktion können jedoch auch die erheblichen Materialmassen an Ventilkörpern oder an Rohrverzweigungen der Frischdampfleitungen Engpaßkriterien liefern.

Analoge Geräte für die Betriebsweise des Kessels werden unter dem Namen Kesselfreilastrechner angeboten. Diese Geräte wirken wie die Wandtemperaturgeräte der Turbinen, indem sie die Feuerleistung des Dampfkessels (bei Reaktoren entsprechend deren Wärmeleistung) kontinuierlich auf einen Leistungsollwert hinfahren. Engpaßkriterien des Dampfkessels liefern gewöhnlich Trommeln oder Sammler, z. B. Hochdruckaustrittssammler oder Reaktordruckgefäße.

9.4.2.8 Prozeßführung durch das Blockleitgerät

Der Funktionsgruppensteuerung überlagert ist — wie bereits mehrfach erwähnt — das Blockleitgerät oder — präziser ausgedrückt — die automatische Blocksollwertführung. Diesem Gerät werden die vom Freilastgerät des Dampferzeugers und der Turbine anfallenden Freibeträge gemeldet. Die Verarbeitung im Blockleitgerät geht dergestalt vonstatten, daß aus dem von Hand eingestellten Sollwert ein durch die Freilastgeräte verzögerter Sollwert gebildet und an die Turbinen- bzw. Kesselregelung weitergegeben wird. Bei der Bildung des verzögerten Sollwertes werden folgende Größen berücksichtigt:

— die von Hand vorgegebene Soll-Leistung,
— der von Hand vorgegebene Gradient mit dem der Sollwert angefahren werden soll,
— die Freibeträge von Kessel und Turbine und
— die von Hand vorgegebene maximale Blockleistung, die nicht überschritten werden soll.

Alle Werte werden über eine Minimalwertauswahl geführt, so daß für die Laständerung des Blockes immer derjenige Wert führend wird, der die stärkste Begrenzung verlangt. Im Anfahrvorgang sind das immer die Freibeträge von Kessel und Turbine. Auf diese Weise werden An- und Abfahrvorgänge sowie Lastwechsel schnellstmöglich durchgeführt unter voller Berücksichtigung der sich dabei ergebenden Materialbeanspruchungen.

Neben der Blocksollwertführung stehen über das Blockleitgerät sämtliche Gruppensteuerungen in ständiger Wechselbeziehung. Dabei steht vor allen Funktionsgruppen der Betrag der möglichen Lastbereitschaft an. Ändert sich diese plötzlich durch die Störung in einer Funktionsgruppe, so erfolgt auch hier im Rahmen der Minimalwertauswahl die notwendige Reduzierung der dem Block vorgegebenen Soll-Last.

Allgemein bietet also die Funktionsgruppenautomatik das bestmögliche Instrumentarium, um auch die instationären Phasen des Kraftwerksbetriebes — wie das An- und Abfahren sowie Lastwechsel — unter Beachtung der Wirtschaftlichkeit gleichmäßig schnell und schonend für die Kraftwerksanlage zu durchfahren.

9.5 Meßdatenverarbeitung im Wärmekraftwerk

Im folgenden soll auf den bereits in Abschnitt 9.1 hingewiesenen Teil der Meßdatenverarbeitung in Wärmekraftwerken eingegangen werden. Eine reibungslose Betriebsführung sowie das rasche Erkennen augenblicklicher Prozeßdaten erfordert das Erfassen, Registrieren und Auswerten von zahlreichen Meßdaten. Zu diesem Zweck wurden in Deutschland in den letzten fünf Jahren die ersten Prozeßrechner für die Meßdatenverarbeitung in Dampfkraftwerken installiert. Ein solcher Prozeßrechner würde also z. B. vom hierarchischen Aufbau der Funktionsgruppenautomatik her betrachtet auf die höchste Ebene derselben — also das Blockleitgerät — einwirken. Er ist somit ein nicht unbedingt notwendiger Anlagenteil, kann aber ebenfalls zur weiteren Erleichterung und günstigeren Fahrweise des Kraftwerkes beitragen.

Wegen der mit wachsender Blockgröße steigenden Ausfallkosten je Zeiteinheit besteht bei großen Blöcken durch das Anstreben größter Sicherheit die Tendenz, noch mehr Daten und Zustände anzuzeigen und zu registrieren. Dies führt insofern zu einem Dilemma, als einerseits ein Zuviel an Signalen aller Art die Transparenz der Anlage und des Prozesses beeinträchtigen kann, andererseits aber für die Prozeßüberwachung und -steuerung eine entgegengerichtete Tendenz besteht. Da jedoch bei den großen Anlagen Funktionsgruppensteuerungen und Schutzeinrichtungen immer nötiger und

zahlreicher werden, wachsen die Anforderungen der Überwachung für das Betriebspersonal ins Unzumutbare. Es müssen also auch hier, ähnlich wie bei der Steuerungsproblematik, neue Wege gefunden werden, durch entsprechende Ausstattung zu einer Entlastung des Personals zu gelangen.

Die immer schärfere Überwachung soll es möglich machen, Störungen und Indizien für sich abzeichnende Störungsentwicklungen so bald als möglich aufzuzeigen. Nur die genaue Kenntnis des Anlagenzustandes gestattet eine schonende Fahrweise und das exakte Planen der Reparaturen. Durch genaue Überwachung wird es möglich, den Verschleiß von Anlageteilen rechtzeitig zu erkennen und damit durch geplanten Wartungsdienst die Verfügbarkeit zu erhöhen und Störungsfälle zu vermeiden.

Die Frage nach der Wirtschaftlichkeit dieser Prozeßrechner im Wärmekraftwerk ist nicht exakt zu beantworten. Wie bei der Prozeßsteuerung ist aber mit Sicherheit die Verfügbarkeit zu erhöhen. Kalkulierte man jedoch mit der Einsparung von nur ein oder zwei Ausfalltagen pro Jahr, so ergäben sich auch hier für diesen Zeitraum nach Blockgröße Ersparnisse von mehreren hunderttausend DM. Diese Verfügbarkeitserhöhung dürfte drei Ursachen haben:

— die Langzeitüberwachung von Anlageteilen,
— die schnellere Störungsklärung und
— die vorausschauende Planung der Wartungs- und Reparaturarbeiten.

Zweifelhaft erscheint hingegen eine Erhöhung der Wirtschaftlichkeit durch eine Optimierung des Prozesses. Der Wirkungsgrad des Prozesses ist durch die Planung festgelegt und in einem gut durchgeführten Betrieb bei gegebener Last und gegebenen Dampfparametern fixiert. Durch die genaue Vorausberechnung des Kraftwerksprozesses bleibt für eine spätere Optimierung im laufenden Betrieb kein Spielraum.

Gewisse Einflüsse auf die Betriebsführung sind denkbar, wenn der Prozeßrechner charakteristische Kennlinien und Belastungskurven zum Zeitpunkt der Inbetriebnahme speichert und eventuelle Veränderungen im Laufe der Betriebszeit feststellt. Eine objektiv meßbare Bewertung dieser Möglichkeit ist allerdings nicht durchführbar.

All die eben genannten Funktionen eines Prozeßrechners kann der Mensch selbst nicht übernehmen. Nach dem Kenntnisstand in Biologie, Ergonomie und Kybernetik beträgt der Informationsfluß bei den Rezeptoren des menschlichen Auges etwa 10^8 bit/s. Dabei beträgt die Aufnahmefähigkeit des menschlichen Gehirnes nur einen Bruchteil davon, nämlich 25 bit/s, d. h. das Nervensystem reduziert über Speicher- und Verknüpfungsvorgänge den Informationsfluß erheblich. Dem muß nun der Informationsfluß im Kraftwerk gegenübergestellt werden. Der Datenfluß eines modernen Kraftwerksblockes ist bei den kritischen Phasen so hoch, daß ein sinnvolles Auswerten und Eingreifen des Menschen nicht mehr gewährleistet ist. Der Anfall an Information liegt bei Störungsfällen mit ca. 10^{10} bit/s um zwei Größenordnungen höher als die Aufnahmefähigkeit des menschlichen Auges. Hier liegt die grundlegende Aufgabe des Prozeßrechners. Sinn seines Einsatzes ist es, den Nachrichtenfluß so zu reduzieren und für weitere Auswertung bereitzustellen, daß dem Betriebspersonal einfache und aussagefähige Meldungen für eventuelle Eingriffe zur Verfügung stehen. Durch die Reduzierung des Datenflusses wird das Ziel verfolgt, aus einer Vielzahl von zunächst aussageschwachen Einzelmeldungen neue, meist nicht direkt meßbare Kenngrößen zu ermitteln.

Durch die extrem kurzen Arbeitszeiten der Rechner ist es möglich, eine große Zahl von Meßstellen aller Art fortlaufend zyklisch abzufragen. Damit wird die Überwachung lückenlos. Die erfaßten Werte werden auf Datensichtgeräten und Schreibern protokolliert. Zusätzlich können speziell interessierende Meßdaten jederzeit abgelesen werden. Solche exakten Protokolle können sich für das Erkennen von Störungsanbahnungen und das Suchen nach Störungsursachen als sehr nützlich erweisen. Die Rechenspeicher ermöglichen darüber hinaus die Aufbewahrung von Daten auch über beliebige Zeiträume. Ein Abruf kann dann von Hand oder zyklisch, also stündlich, täglich oder monatlich erfolgen. Auch Grenzwertüberschreitungen jeder Art können selbst bei Eingriffen von Hand auf den Prozeßrechner geführt und ausgedruckt werden.

9.5.1 Protokollierung des Prozeßablaufes

Die erfaßten Informationen werden auf Druck- und Lesegeräte ausgegeben. Große Erleichterung gegenüber der herkömmlichen Überwachung bringen die Betriebsprotokolle und Monatsprotokolle. Wichtige Betriebswerte der Anlage werden hierbei augenblicklich oder durch Handanforderung ausgedruckt. Eine Aufzeichnung kann auch bei Lastsprüngen automatisch erfolgen.

Der Rechner speichert auch Verbrauchs- und Leistungswerte für die Tages- und Monatsprotokolle ab. Damit sind die für diese Zeiträume zutreffenden Brennstoffverbrauchswerte, die erzeugte elektrische Arbeit, der Eigenbedarf und andere typische Werte erfaßt. Durch das Monatsprotokoll, das charakteristische Betriebswerte eines bestimmten Lastpunktes festhält, erfolgt der Vergleich mit früheren Werten. Auf diese Weise sind langfristige Entwicklungen, wie Verschleiß und Alterung erkennbar. Auch Störungsprotokoll und Störungsablaufprotokoll haben sich in den ersten Anlagen bereits bewährt. Es besteht bereits im herkömmlich betriebenen Dampfkraftwerk eine umfang-reiche optische und akustische Gefahrenmeldung. Durch den Rechner wird diese nunmehr objektiv und zeitrichtig festgehalten. Daneben werden auch Grenzwertüberschreitungen, Kenngrößen und Gradienten im Störungsprotokoll ausgedruckt, wobei diese Meldungen im Klartext erfolgen. Anstehende Störungen werden ausgedruckt oder auf Datensichtgeräten angezeigt.

Das Störungsablaufprotokoll ermöglicht einen genauen Einblick in den Störungshergang. Zu diesem Zweck speichert der Rechner eine größere Anzahl von Meßgrößen eines gleitenden 5-min-Intervalles, d. h. ständig werden neue Werte aufgenommen und die 5 min alten Werte gelöscht. Durch ein Programm kann nun der Rechner einer bestimmten Störungsmeldung die zur Störungsaufklärung typischen und notwendigen Meßwerte zuordnen. Sobald eine Störungsmeldung auftritt, erfolgt der Ausdruck des Ablaufes der vorausgegangenen 5 min und der weiteren Entwicklung. Diese detaillierte Aufgliederung kann die Behebung der Störung erheblich erleichtern und beschleunigen und damit die Ausfallzeit reduzieren helfen. Auch für die Analyse der Schadensursache, seines Entstehens und seines Verlaufes sind diese Unterlagen von hohem Wert, denn nach einem Störungsfall kann das Personal meist nur sehr partielle und nicht selten recht widersprüchliche Angaben machen.

Eine weitere wichtige Anwendung eingesetzter Prozeßrechner stellt das Aufzeichnen von Meßwertprotokollen dar. Hierbei kann für jeden Meßwert, der aus der Anlage auf den Prozeßrechner kommt, eine zeitabhängige Meßwertverfolgung im Abfragezyklus dieses Meßwertes vorgenommen werden. Dabei wird z. B. im Abstand von 5 min ein Temperaturwert aufgezeichnet. Die Bezeichnung der Meßstellen wird mit der Zeit der Anwahl im Klartext ausgedruckt. Es können je nach Fabrikat 10 bis 20 Meßwerte gleichzeitig auf diese Weise ausgedruckt werden. Dies ist eine große Hilfe bei der Prozeßbeobachtung.

Die Betriebszeitüberwachung ermöglicht die Erfassung der Betriebszeiten und der Schalthäufigkeiten verschiedener Anlageteile. Die Vorteile solcher Aufzeichnungen können in einer besseren Revisionsplanung liegen. Hierbei wird zu einem bestimmten Zeitpunkt eine Liste aller gewünschten Anlageteile mit ihren angefallenen Betriebszeiten ausgedruckt.

Schaltprotokolle werden gedruckt, um Schaltzustände festzuhalten. Hierbei können alle Zu- und Abschaltungen beliebiger Aggregate und Leistungsschalter sowie Handauslösungen erfaßt werden.

Interessante Anwendungsmöglichkeiten bietet der Prozeßrechner auch für die Kenngrößenermittlung bzw. die Langzeitüberwachung. Einzelwerte lassen sich dabei zu neuen Kennwerten größerer Informationskraft verarbeiten. Derartige Kenngrößen ermöglichen eine Aussage über Betriebszustände und Belastungszustände von Anlageteilen. Werden bestimmte Normwerte über- oder unterschritten, so erfolgt ein Ausdruck im Protokoll. Damit erfüllt die Kenngrößenermittlung folgende Funktionen:

— Aufdecken von Störungsanbahnungen,
— Störungsaufklärung und
— Erfassen von unwirtschaftlichen Betriebszuständen.

So unterliegen z. B. die Speisepumpen aufgrund extremer Betriebsverhältnisse Verschleißerscheinungen, die sich während ihrer Lebensdauer in Veränderungen der Pumpenkennlinien niederschlagen. Hier kann eine Kenngröße (aus Druck und Fördermenge) der neuwertigen Pumpe mit derjenigen der gebrauchten Pumpe verglichen werden. Dadurch wird eine Aussage über den Zustand der Pumpe ermöglicht und Störungsanbahnungen können erkannt werden.

Die sichere Betriebsweise eines Generators wird durch eine Kenngröße aus den Meßwerten Wirk-, Blindleistung, Spannung, Wasserstoffdruck des Kühlsystems und Kaltgastemperatur überprüft. Das aus diesen gemessenen Werten resultierende Belastungsdiagramm wird ständig mit dem vorgegebenen Belastungsdiagramm verglichen. Bei Überschreitungen bestimmter Grenzen werden entsprechende Hinweise, die eine Korrektur des Betriebszustandes veranlassen sollen, ausgedruckt.

Für die Feststellung von Rohrreißern in Speisewasservorwärmern wird im Rahmen der Störungsaufklärung die Speisewassermenge nach der Speisepumpe und vor dem Kesseleintritt gemessen. Abweichungen, die über die Meßtoleranz hinausgehen, werden als Rohrreißer registriert.

Ein Beispiel für die Auffindung eines unwirtschaftlichen Betriebszustandes mag durch die Überwachung der Kondensatorgrädigkeit angesprochen sein. Der Kenngrößen-Istwert wird aus den Meßwerten von Kühlwasseraustrittstemperatur und Kondensatordruck ermittelt. Diese Kenngröße wird dann mit dem für den jeweiligen Lastpunkt errechneten Wert verglichen und bei eventuellen Abweichungen der Betriebszustand z. B. durch Kondensatorreinigung dem Idealzustand angepaßt.

9.5.2 Aufbau und Funktion der Prozeßrechneranlage

Kern der Anlage ist die Zentraleinheit. Sie umfaßt vor allem den Kernspeicher mit Steuereinheiten, die die Arbeitsabläufe des Rechners steuern, und die Bedienungsvorrichtungen. Hinzu treten als externe Elemente die Geräte zur Datenein- und ausgabe, wie Lochkarten- und Lochstreifengeräte, Drucker und Datensichtgeräte.

Die peripheren Speicher (im Gegensatz zum Kernspeicher der Zentraleinheit) sind durchweg Geräte, die in ähnlicher Form auch in der kommerziellen Datenverarbeitung Anwendung finden. Beim Prozeßrechner sind zusätzlich besonders die Prozeßsignalumformer wichtig, die die eigentliche Verbindung von den Meßstellen und Signalgebern mit dem Rechner herstellen. Die zur Meßwertverarbeitung notwendigen Größen aus dem Prozeß werden am Meßort durch Meßwertgeber erfaßt und analog oder digital an die Prozeßsignalumformer gegeben. Hier werden Werte in eine für den Rechner verwertbare Form umgewandelt. Diese Funktion der Prozeßsignalumformung wird durch die Prozeßelementsteuerung veranlaßt; sie sorgt auch für die Weiterleitung der Werte in den Rechner. Die Verarbeitung der Meßwerte erfolgt hier entsprechend einem Programm, das im Kernspeicher festgehalten ist und in maschinenorientierten Programmsprachen eingegeben wird. Änderungen in der Aufgabenstellung und Arbeitsablauf der Prozeßrechner lassen sich relativ einfach durch Programmänderungen verwirklichen. Nach der Verarbeitung werden die

Ergebnisse abgespeichert oder von Ausgabegeräten ausgedruckt.

Der Prozeßrechnereinsatz im Kraftwerk ist grundsätzlich positiv zu beurteilen, jedoch ist es umstritten, von welcher Blockgröße an und mit welchen Aufgabenstellungen ein Rechner eingesetzt werden soll. Die heutigen Anlagen leisten fast nur Protokollierungsarbeiten; Aufgabenlösungen wie die Langzeitüberwachungen stehen dagegen noch in den Anfängen.

Die gesamten Funktionen des Prozeßrechners verkörpern keine grundsätzlich neuen Methoden; sie entbinden das Betriebspersonal lediglich von einem Teil der Routinefunktionen oder erleichtern Datenbereitstellungen. Es muß aber bedacht werden, daß ein Teil der Rechnerfunktionen schon bisher mit den bereits zur Verfügung stehenden Geräten recht gut bewerkstelligt wird. Z. B. gibt es bereits Störungsprotokollschreiber, die unabhängig von einem Prozeßrechner im Störungsfall mit hoher zeitlicher Auflösung ein exaktes Störungsprotokoll in einem Ziffernschlüssel niederschreiben. Für die Meßdatenverarbeitung besteht also keineswegs eine solche Notwendigkeit zum Einsatz wie etwa für die automatische Steuerung.

Nicht zuletzt muß man auch beobachten, wie weit diese sehr junge Entwicklung Modetendenzen unterliegt. Momentan-, Punkt- und Mittelwertschreiber werden auch durch Datenreihen eines Schnelldruckers nicht ersetzt, denn für die optische Kontrolle ist der digitalen Angabe eine analoge Darstellung vorzuziehen. Ähnliches gilt z. T. auch für den Ersatz analoger Anzeigen durch digitale. Wenngleich eine Datenkonzentration möglich ist, produziert eine Meßdatenverarbeitung dennoch fast unüberschaubares Datenmaterial, das nur noch auf Wunsch ausgewertet wird. Die Gefahr, immer mehr Aufwand, z. B. auch durch periphere Speicher, zu treiben und damit letztendlich nur „Zahlenfriedhöfe" zu schaffen, ist groß.

Abschließend noch kurz zu den ungefähren Kosten derartiger Prozeßrechneranlagen. Für eine Anlage mit reiner Meßwertaufzeichnung belaufen sich diese heute auf ca. 600 000 DM, bei gleichzeitiger Kenngrößenüberwachung auf rund 1,5 Mio. DM. Allgemein ergibt sich auch für die Rechner wie schon bei der Funktionsgruppensteuerung eine starke Kostendegression des Rechnereinsatzes mit wachsenden Blockgrößen, da die Ausstattung bei gleichen Funktionen von der Blockgröße unabhängig ist.

Literatur

Bücher

AEG Hilfsbuch, 9. Aufl. Berlin: Elitera 1967

Bödefeld, Th.; Sequenz, H.: Elektrische Maschinen, 6. Aufl. Wien: Springer 1962

Bonfert, K.: Betriebsverhalten der Synchronmaschine. Berlin, Göttingen, Heidelberg: Springer 1962

Buchhold, Th.; Happold, H.: Elektrische Kraftwerke und Netze, 4. Aufl. Berlin, Heidelberg, New York: Springer 1963

Kaminski, A.: Stabilität des elektrischen Verbundbetriebes. Berlin: Verlag Technik 1959

Lueger, Lexikon der Technik: Band 6, Energietechnik und Kraftmaschinen 4. Aufl. Stuttgart: Deutsche Verlags-Anstalt 1965

Moeller, F.: Elektrische Energietechnik. Stuttgart: Teubner 1963

Prassler, H.; Priess, A.: Aufgaben zur Starkstromtechnik Mannheim: Bibliogr. Inst. 1967

Schaefer, H.: Drehstrom-Motoren. Berlin, Köln, Frankfurt: Beuth 1963

Schaefer, H.: Die Auswirkungen des technologischen Wandels auf die Energietechnik. VDE-Fachber. 39. Berlin: VDE Verlag 1976

Schönfeld, H.: Die wissenschaftlichen Grundlagen der Elektrotechnik, 3. Aufl. Berlin, Göttingen, Heidelberg: Springer 1960

Schröder, K.: Große Dampfkraftwerke, 3 Bände. Berlin, Göttingen, Heidelberg: Springer 1959/68

VDE Bezirksverein Nordbayern e. V. S. 25/33. Berlin: VDE Verlag 1961

VDEW: Begriffsbestimmungen in der Energiewirtschaft, Teil 1: Elektrizitätswirtschaftliche Grundbegriffe 4. Ausg. Frankfurt: Verlag der Elektrizitätswerke

Wanke, K.: Wassergekühlte Turbogeneratoren in AEG-Dampfturbinen, S. 159/168. Berlin AEG-Verlag 1963

Zeitschriftenaufsätze

Achenbach, H.: Verschiedene Arten der Erregung von Synchronmaschinen. Elektrizitätswirtschaft 62 (1963) Nr. 15

Hagedorn, G.: Erregungseinrichtungen für große Schenkelpolsynchronmaschinen. Elektrotech. Z. (B) 19 (1967) S. 257–260

Henning, H.: Kennliniensteuerung bei der Spannungsregelung von Generatoren im Parallelbetrieb. Regelungstechnik 4 (1965) Nr. 12

Kraft, E.: Verschiedenes von wassergekühlten Generatoren. Elektrizitätswirtschaft 61 (1962) Nr. 10, S. 341–347

Kümmel, F.: Der selbsterregte Asynchrongenerator mit annähernd konstanter Spannung. Elektrotech. Z. (A) 76 (1955) Nr. 21, S. 769–775.

Buchwald, K.; Merz, K.: Grenzleistungen von Dampfturbogruppen. Vortrag aus: Kraftwerke 1975. VGB Dampftechnik GmbH, Essen

Piller, W.; Wolff, U.: Das Blockheizkraftwerk, Kennzeichen und erste Erfahrungen. Energie 29 (1977) Nr. 11

Piller, W.; Schaefer, H.; Wolff, U.: Einflußgrößen bei der Wahl von Kraftwerksstandorten verschiedener Kraftwerksarten und Blockgrößen. Raum-Forschung und Raum-Ordn. 35 (1977) Nr. 4

Piller, W.; Rudolph, M.: Schaefer, H.; Wolff, U.: Energetische Überlegungen zur Modifikation von Kraft-Wärme-Kupplungen. Fortschr.-Ber. VDI Düsseldorf: VDI-Verlag 1975

Schaefer, H.: Verbesserung der Energienutzung. Atomwirtsch., Atomtechn. 20, (1975) Nr. 9

Schaefer, H.: Energieversorgung der Zukunft, rationell oder rationiert. Brennstr. – Wärme – Kraft 25 (1973) Nr. 7

Schaefer, H.: Aspekte der künftigen Energieversorgung. Brennst. – Wärme – Kraft 22 (1970) Nr. 5

Schmid, B.: Zur Frage des Schutzes von Turbosätzen in Blockkraftwerken Elektrizitätswirtschaft 56 (1957) Nr. 12

Tittel, J.: Neue Probleme im Parallelbetrieb von Synchronmaschinen. Siemens-Z. 25 (1951) Nr. 3, S. 123–132

U.C.P.T.E.: Sicherstellung der Eigenbedarfsversorgung von Wärmekraftwerken. Sonderdruck Mai 1972

Wanke, K.: Schnittmodell des Kernkraftwerkes Biblis Siemens-Mitt. Nr. 9/1975, S. 4–7

Westphal, B.: Ständererdschluß von Generatoren. Siemens-Z. 27 (1953) Nr. 3

Wienken, F.: Der Großtransformator in der Energieübertragung. Siemens-Z. 30 (1956) Nr. 5–7, S. 286–305

Sachverzeichnis